中央宣传部　新闻出版总署　农业部
推荐"三农"优秀图书

无公害农产品高效生产技术丛书

蜂　产　品

陈黎红　韩胜明　主编

中国农业大学出版社

主　编　陈黎红　韩胜明

编　者　陈黎红　韩胜明　薛运波　王　强
　　　　徐　明　周　婷　李景胜　孙　峰
　　　　王建梅　王秀红

指　导　张复兴

致读者

尊敬的读者朋友：

您好！您面前的这本书是我们精心为您准备的，是我社出版的“无公害农产品高效生产技术丛书”中的一种。这套丛书是我社成立20年来在农业科技实用图书领域出版成果的一个缩影。丛书体现了我们对广大读者的真情实感，是我们为“三农”服务的又一具体行动。

本套丛书以无公害品质和高效生产技术为切入点，将市场需求、政府倡导与农业生产者的切身利益高度结合，将无公害农产品生产技术有关的理论贯穿于实际操作技术之中，以达学以致用之根本目的，尤其在体例上集各家所长，创立了比较适合读者阅读的全新体例。归纳起来主要有3个特点：

1. 创立全新体例，方便读者阅读

站在读者的角度创立全新的体例，通过设置有关栏目使读者轻松阅读，并较快掌握所需要的知识。首先，在每章前设置了200～300字的“阅读指南”栏目，向读者介绍本章内容的重点，阅读的方法，学习的目的与要求等。其次，在每章后设置了5道左右“提示问答”题。这些题目以生产中经常遇到的，或模棱两可，或熟视无睹，但对生产实际颇有影响的技术问题或现象为主要内容。问题的设置能促使读者深入思考有关技术问题，继而对自身日常的操作予以审视、参照，从而较快掌握相关技术。

2. 以实用性为根本要求，适当讲授相关理论

本套丛书以无公害生产实用技术为主要内容，打破农业科技图书“只讲操作，不讲理论”的模式，力求使理论通俗化。主要体现在3个方面：①理论的阐述以技术内容的需要为原则，以有利于读者确实掌握相关技术,提高灵活处理生产实际中遇到问题的能力。②强化理论的阐述与实际操作技术的融合,提高读者学习相关理论的自觉性和积极性。③尽量避免使用专业词汇,而更多地采用读者惯用的语言和方式。

3. 以国家标准或行业标准为依据,技术内容系统、科学、规范

本套丛书以国家标准(GB)或农业行业标准(NY)为依据,系统地阐释了相关农产品无公害生产技术,具有很高的可信度和权威性,尤其是对有关技术要点的分析,颇具实用价值,使规范技术普及化,为生产者提高产品质量,获得更高的效益提供技术支持和保障。

2005 年是全国全面推进"无公害食品行动计划"最关键的年头,值此我们推出这套"无公害农产品高效生产技术丛书"旨在紧密配合此计划,更广泛深入地开展无公害食品行动,满足广大读者对无公害农产品生产技术的深层次需求,为全面提高我国农产品质量安全水平和市场竞争力,做出我们的贡献。

中国农业大学出版社

2005 年 8 月

序

民以食为天，蜂产品作为食品的一部分，其质量安全越来越受到消费者的关注和政府的重视。2002 年元月，欧盟对我国包括蜂蜜在内的动物源性食品实行禁进后，更加引起了我国消费者和政府对蜂产品质量安全的高度重视，世界各国也提高了食品（包括蜂产品）质量安全的标准，加大了食品质量安全的控管。为此，我国政府制定颁布了一系列法律、法规，保障人民身体健康。

为了加强对无公害蜂产品的管理，提高蜂产品质量，保护生态环境，维护消费者权益，促进我国食品业健康可持续发展，我国政府又全面推进"无公害食品行动计划"，并实施无公害产品认证制度，以指导农产品生产，引导农产品消费。2002 年 7 月 25 日农业部颁发了 137 项无公害食品系列标准，其中与养蜂、蜂产品有关的就有 6 项。目前，被列入第一批无公害农产品认证的蜂产品有蜂蜜、蜂王浆、蜂胶和蜂花粉。

鉴于无公害蜂产品生产是改变我国蜂产品质量面貌的重要途径，主编和她的同伴们集中精力撰写了这本书，这些年富力强的作者都是长期从事养蜂生产的研究者和实践者，是国内外蜂产品标准、法律、法规的研究者和国内养蜂与蜂产品标准制定的参与者，他们对蜜蜂生物学、标准蜂场的选择、蜂场的转换与建设、蜜粉源及饲料、蜂机具、蜂群管理、引种和繁殖、蜜蜂病虫害、蜂产品生产等进行了深入浅出的讲解，并详细介绍了我国及国际蜂产品标准以及取得无公害蜂产品认证的程序，使广大养蜂工作者在生产无公害蜂产品时有了行动的规范与指南，是广大养蜂工作者全面掌握无公害蜂产品技术与方法的一本好书。我郑重地推荐给大家，让我们一道为提高蜂产品质量、保护生态环境、维护消费者的权益、促进我国养蜂业健康可持续发展而努力。愿这些年富力强的养蜂科研工作者和实践者们多出让养蜂人员读得懂、做得到、做得好的好书，以飨大家！

中国养蜂学会理事长 张复兴

2006 年 10 月 于北京

目　录

第一章

我国养蜂业概况及在国际上的地位

阅读指南　本章主要介绍了中国养蜂业概况、进展、现状及其在国际上的地位。中国是养蜂大国，2000年，据美农业部统计，世界蜂群总量为5 490万群，中国蜂群拥有量达700多万群，占全世界蜂群总数的1/8；中国是世界蜂产品生产大国，蜂蜜年产量25万t，蜂王浆2 000多t，蜂花粉约3 000 t，蜂蜡约3 000 t，蜂胶约400 t；中国还是一个蜂产品出口大国，每年近50%的蜂产品用于出口，全球90%的蜂王浆来自于中国。

然而，也不容乐观，中国养蜂业仍存在着许多问题，养蜂生产模式和蜂产品质量问题，是中国养蜂业亟待解决的主要问题。政府倡导实行无公害蜂产品生产对今天的蜂产品生产具有深远意义。

第一节 我国养蜂业概况

一、中国是养蜂古国

人类的出现仅有 300 多万年，而据古化石研究，蜜蜂的历史至少 1 亿年以上。人类最早是在自然界搜寻蜜蜂的蜜，了解蜜蜂的习性和好处后，开始了饲养驯化蜜蜂。对蜜蜂及蜜的认识可追溯到 3 000～4 000 年以前，关于养蜂的文字记载，早在春秋末期，越国政治家范蠡所著的《致富全书》中就已记述了有关养蜂、采蜜和驱除害虫的方法。书中范蠡指出养蜂可以致富，在今天仍有现实意义，养蜂仍然是一项不占田、不占地、投资少、见效快，帮助广大农民脱贫致富的好门路。

养蜂是随着农业生产的发展而发展的。春秋之后，由于铁器的发展，进一步促进了农业生产，养蜂业也随着逐渐发展扩大。到了汉代，养蜂业已经发展成为一种专业了。几千年来，我们的祖先为我们留下了丰富的养蜂知识遗产，养蜂史话，悠悠千载。今天我们可以毫不夸张地说，中国是一个养蜂古国。

二、中国是养蜂大国

20 世纪初期，我国引进了西方的意大利蜂、活框蜂箱和养蜂新技术。由于意蜂采蜜量高、效益大，养蜂曾风行一时，养蜂业有了迅速发展。但后因基础不扎实，饲养技术水平跟不上养蜂业的发展，致使蜂病大流行，导致养蜂失败，绝大多数蜂场破产。解放前夕，全国饲养蜜蜂仅 50 多万群。解放后，国家大力发展养蜂，不论在养蜂业上还是养蜂技术和理论研究上，都取得了长足的发展，特别是王浆生产技术的研究推广，人工授精技术的研究推广，中蜂活框饲养技术的研究与推广，都为我国养蜂业的发展起了巨大的推动作用。改革开放以来，我国养蜂业的发展更是突飞猛进，目前，我国蜂群数达到了 700 多万群，是解放前夕的 14 倍，占全世界蜂群总数的 1/8(2000 年，美农业部统计，世界蜂群总量为 5 490 万群)，居世界首位。有 20 多万名养蜂工作者，是世界蜂业之最。我们可以自豪地说，我国不仅仅是世界上的养蜂古国，而且也是世界上的养蜂大国。

第二节　我国蜂产品现状及在国际上的地位

一、中国是世界蜂产品生产大国

中国不仅在蜂群数量、养蜂人数上占世界首位，各种蜂产品品种、单产、总产量以及出口量也居世界首位。蜂蜜产量由解放初期的 8 000 t 提高到现在的25 万 t；蜂王浆产量也由解放初期的零发展到现在的 2 000 多 t；蜂花粉约 3 000 t，蜂蜡约 3 000 t，蜂胶约 400 t，其他还有数量充足的蜂毒、蜂蛹、蜜蜂幼虫等。总蜂产品年产值达 20 多亿元。我国蜂产品总产量的 50％以上用于出口，全球 90％的蜂王浆来自于中国。与其他养蜂国家相比，中国蜂产品不仅在产量上占绝对优势，而且种类齐全，除了大宗产品蜂蜜、蜂王浆和蜂花粉外，还有同样备受消费者青睐的蜂胶、蜂蛹、蜜蜂幼虫、蜂蜡、蜂毒等，这是任何一个养蜂国不可比拟的。中国的蜂产品在国际蜂业中占据了举足轻重的地位。

二、中国还是一个蜂产品出口大国

蜂产品已成为我国农产品中名副其实的出口创汇产品，出口量长期以来居世界首位，每年近50%的蜂产品用于出口，这个比例在我国农产品中不多见！2001年全国蜂蜜产量25.2万t，出口10.67万t，占42.34%，占世界蜂蜜贸易量的43%。2002年全国蜂王浆产量2 000 t，出口1 176 t，占总产量的58.8%。养蜂重点省更可体现出农业中的小产业创大汇。如湖北省，2001年蜂产品出口创汇额就占全省农产品出口创汇额的8%，居各类农产品出口创汇额的第四位，仅次于生猪、大米和烟草。我国蜂产品内销市场近几年已有长足的发展，相当数量的蜂产品已改变依赖国外市场的局面，而在国内消费。相信，再过几年，中国还将成为世界上最大的蜂产品消费大国。

三、蜂产品是中国养蜂业的重要命脉

中国养蜂生产不同于国外，国外养蜂主要用于蜜蜂授粉，顺带生产蜂蜜，而中国养蜂则相反，主要用于蜂产品生产。蜂产品成为中国养蜂生产的主要目的。20万蜂农靠生产蜂产品求得生存，蜂产业也靠生产蜂产品求得发展，整个蜂产业的兴衰取决于蜂产品的产量、质量、价格和国内外市场。

第三节　我国养蜂业存在的主要问题

虽然我国养蜂业有了较大的发展，蜂群数量、蜂产品产量等皆居世界前列。在世界经济不景气的情况下，我国蜂产品市场仍保持较为稳定的发展态势，取得令人鼓舞的成绩。2001年12月11日，我国正式成为世贸组织成员，将享受多边贸易体系多年来促进贸易自由化的成果，享受多边的、稳定的、无条件的最惠国待遇，这无疑为我国蜂产品开拓了庞大的国际市场。然而，世态不容乐观，2002年1月，我国蜂产品出口遭到了欧盟的禁进，并迅速波及到日本、美国、加拿大、沙特等我国

蜂蜜出口主市场。一时间，中国蜂产品的国际市场乌云密布，危机四伏，国家、行业、企业和蜂农利益严重受损，整个蜂业陷入了前所未有的困境。我们在谴责某些国家故意设置技术壁垒和抬高"门槛"的同时，也在正视我国蜂业发展现状，客观总结自身存在的问题，蜂产品质量不高确实是当前我国蜂产业最突出的问题。

抗生素和其他蜂药残留超标、酵母菌和甘油等衍生物含量超标、铁锈污染、掺杂造假，这些长期积累下来的问题，终于于入世后的第一个年度在国际上暴发了。

目前，中国的养蜂生产模式与蜂产品质量问题是中国养蜂业亟待解决的主要问题。

第四节　实行无公害蜂产品生产的意义

面对中国养蜂业的主要问题和严峻形势，政府给予了极大的关注和重视。农业部适时地推出了"无公害食品行动"，出台了一系列无公害蜂产品标准，要求生产无公害蜂产品，真可谓是雪中送炭。抓好源头是提高我国蜂产品质量、突破以上壁垒的重要途径。严格按照无公害蜂产品生产技术规范或生产技术操作准则，指导无公害蜂产品的生产行为规范操作，坚决禁用农业部明令禁止生产经营和使用的药物防治蜜蜂病虫害，对蜂药、蜂具、蜂饲料的生产经营和使用实行生产经营许可证和推广使用证管理制度，以降低和杜绝蜂产品蜂药残留量，等等，这些都将使我国养蜂生产、蜂产品生产逐步标准化、规范化，这将是改变我国蜂产品质量面貌的重要途径。

总之，推行"无公害蜂产品生产"对确实有效地提高我国蜂产品质量，促进国际贸易，推动我国养蜂业的可持续健康发展，有效提高加入世贸组织后我国蜂业的适应能力和竞争能力，有着深远的意义。

提示问答

1. 中国蜂群拥有量是多少？
2. 中国各种蜂产品产量是多少？
3. 中国蜂产品出口比例是多少？
4. 中国养蜂业在国际上的地位和目前存在的主要问题是什么？
5. 无公害蜂产品生产的意义是什么？

第二章

无公害蜂产品概况

阅读指南　本章主要介绍了蜂产品及无公害蜂产品的概念，无公害蜂产品的背景、现状与前景，以及被农业部列入无公害认证的蜂产品品种种类。

第一节　无公害蜂产品概念

蜜蜂从自然界中采集以及蜜蜂自身分泌的物质统称为蜂产品(bee products)，包括蜂蜜、蜂王浆、蜂花粉、蜂胶、蜂蜡和蜂毒。此外，还可包括蜜蜂自身不同发育阶段的营养体及其蜂巢等所有可以被人类加工利用的产品，如蜜蜂(蜂王)幼虫、(雄蜂)蛹、蜜蜂成虫(即蜜蜂)、蜂粮、蜂巢等。蜂产品是营养全面的纯天然的永恒的高级营养滋补食品。

无公害蜂产品是指产地环境、生产过程、产品质量符合无公害蜂产品标准和规范要求，经政府指定的机构认证合格获得认证证书并许可使用无公害农产品(蜂产品)标志的未经加工产品及初加工的食用蜂产品。

规范生产的蜂产品本身就应该符合无公害蜂产品质量要求。

第二节 无公害蜂产品的背景、现状与前景

步入21世纪，我国国民经济迅速发展，人民生活从温饱型向小康型过渡，食品保健品消费水平逐步提高，人们不仅返朴自然，更崇尚原生态食品，而且对食品的营养、卫生、安全也提出了更高的要求。同时，我国已成为世贸组织（WTO）的成员国，国际市场一体化的趋势，要求各成员国按照国际惯例和标准进行国际贸易，绿色壁垒已取代关税壁垒。2002年1月25日，欧盟以产品中氯霉素残留超标为由，对中国实行包括蜂蜜在内的动物源食品的禁进，就是典型的一例。面对欧盟对我国蜂蜜的禁进，反省自己的产品质量，采取措施，从源头抓起，提高我蜂产品质量已迫在眉睫。

党的十六大强调加强产品质量安全管理工作，要求“健全农产品质量安全体系，增强农业的市场竞争”。为了贯彻落实党的十六大精神，适应新形势下农业和农村经济结构战略调整和加入WTO需要，党中央、国务院要求加快实施“无公害食品行动计划”，于是，农业部决定在全国范围内全面推进“无公害食品行动计划”，即通过健全体系，完善制度，对农产品质量安全实施全过程监管，有效改善和提高全国农产品质量安全水平，力争5年基本实现食用农产品无公害生产，保障消费安全。作为农产品之一的蜂产品也列入了计划，步入了行列。于是，在蜂产品的基础上诞生了“无公害蜂产品”的名称和概念。

随着GDP的增长，人民生活水平的提高，规范蜂产品生产，提高蜂产品质量已势在必行，蜂产品质量安全已受到消费者的关注，也成为了养蜂业的重中之重，还将是中国蜂业和蜂农新的经济增长点。

无公害蜂产品是蜂产品生产的基本要求，也是消费者安全的基本保障，更是绿色、有机蜂产品的基础，实施和推广无公害蜂产品有着深远的意义和广阔的前景。

截至2004年6月份，通过全国统一无公害农产品认证的单位有2 838家，通过认证的产品有3 959个，其中种植业产品3 344个，渔业产品567个，畜牧产品448个。

目前，被列入无公害认证的蜂产品品种有蜂蜜、蜂王浆和蜂花粉。

提示问答

1. 什么是无公害蜂产品？
2. 无公害蜂产品的前景如何？
3. 农业部对哪几种蜂产品实行无公害蜂产品认证？

第三章

无公害蜂产品生产应具备的条件和要求

阅读指南 本章主要介绍了无公害蜂产品生产对养蜂场地条件及蜂场卫生要求，蜂群条件及养蜂生产的要求，生产人员的条件及知识与技术水平要求，生产机具条件以及养蜂生产过程中的合理规范使用药物要求和中国养蜂学会用药要求。

第一节 养蜂场地条件及蜂场卫生要求

一、养蜂场地条件

无公害蜂产品的生产，首先要求养蜂场场地要有一个良好的环境。

(1)蜂场周围 3 km 内要有丰富的天然蜜粉源植被，以供蜜蜂采集花蜜和花粉。

(2)良好的无污染的水源,便于蜜蜂汲取干净的水,要求水质符合 NY 5027 中幼畜禽的饮用水标准。

(3)放蜂场地还应选择地势高燥、向阳背风、排水良好、小气候适宜的场所,远离铁路、公路、大型公共场所。

(4)无污染的周边环境,要求蜂场周围空气质量符合 GB 3095 中空气质量功能区二类区的要求。

(5)蜂场周围 3 km 内须无大型蜂场,以蜜、糖为生产原料的食品厂,远离化工区、矿区、农药厂库、垃圾处理场及经常喷施农药的果园和菜地;不得选择到疫病区放蜂。

(6)除以上几点外,产地环境必须符合"无公害农产品产地环境的标准"(见附录)要求。

二、蜂场卫生要求

(1)保持蜂场清洁卫生,定期进行消毒。

(2)蜂箱、蜂具按规定进行定期消毒,及时淘汰霉变、被巢虫蛀咬和传染病发生后的巢脾。不用被蜜蜂病原体污染的饲料喂蜂。

(3)在蜜蜂传染病发病期间,及时隔离患病蜂群,清理蜂尸、杂物,将清扫物深埋或焚烧,并在蜂场地面撒生石灰消毒。患病蜂群不得参加生产。疑似病群也应远离健康蜂群,进行隔离观察,确认无病后方可回场参加蜂产品生产。

(4)病蜂的蜂产品、蜂具等不得带回健康蜂场。

(5)蜂场库房墙壁、地面应易于消毒处理,蜂产品与蜂具在库房内要分类摆放整齐、整洁。

(6)移动蜂场也要保持蜂场、帐篷内人员宿所整洁卫生。

第二节　蜂群条件及生产要求

一、蜂群条件

无公害蜂产品生产的蜂群要求选用符合生产需要的优质高产种蜂，无传染性疾病的健康蜂群，群势达8框蜂以上，蜜粉饲料充足。在生产过程中要求饲养强群，生产原生态蜂产品。

二、生产要求

1.生产日志　所有蜂场进行无公害蜂产品生产时，都要求建立"养蜂生产日志"，即要做好养蜂生产的原始记录，记录每天养蜂生产的情况，包括蜂场地点、环境、气候、蜜源种类、蜂群情况、饲喂情况、蜂病与用药情况（病因、病种，使用蜂药的时间、地点、药物名称、用法、用量、疗程、休药期、用药人签名等），蜂箱、蜂具清洁、消毒以及生产、交付等情况，以保证蜂产品质量的可追溯性。

2.蜂农档案　养蜂户登记号、蜂农姓名、养蜂人数、联系方式、养蜂历史、蜂种及蜂群数、常年放蜂场地、摇蜜机材料、参加培训情况等。

3.蜜蜂病虫害防治统计　每年要根据养蜂日志，总结年度蜂病及用药统计记录，包括蜂病诊断、治疗方案、治疗效果等。

第三节　生产人员的条件和要求

一、卫生条件

从事无公害蜂产品生产的养蜂人员要求身体健康，无传染病，具有良好的个人卫生意识。生产蜂产品人员要求穿戴工作服、工作帽、口罩，保持手和工作服清洁。采集蜂产品时，工作服（含帽、口罩）必须是整洁卫生的，手须用75%的酒精进行消毒。

从事无公害蜂产品生产的养蜂人员每年应进行一次体检，患有传染病者不得从事无公害蜂产品生产。

二、知识与技术水平要求

从事无公害蜂产品生产的养蜂员至少应达国家劳动部规定的“养蜂初级工”技术水平或相当水平。具有一定的文化知识，具备一定的养蜂生产、安全用药、蜂箱及器具消毒与蜂病防治等基本知识和养蜂生产基本技能。

从事无公害蜂产品生产的大型养蜂场、联合体/社，至少具有1名“养蜂高级工”或相当水平的养蜂技术人员，2名以上“养蜂中级工”或相当水平的养蜂技术人员，数名“养蜂初级工”。具备蜂产品安全与标准化生产技术、蜂病防治及用药知识，掌握蜂箱消毒程序，填写养蜂日志，了解国内外先进养蜂模式、国内外相关的政策法规和蜂产品质量要求等。

从事养蜂生产活动的人员每年应至少接受一次养蜂生产技术和法规制度的培训。

第四节 生产机具条件要求

选用符合国家标准要求的无污染的养蜂机具，要保持清洁，定期消毒，所有的机具和容器在生产和采集蜂产品时都要用75%的酒精进行消毒。

一、无公害蜂蜜生产的机具和设备要求

1. 巢础　采用纯净蜂蜡巢础或塑料巢础。

2. 割蜜刀　采用不锈钢制品。

3. 摇蜜机　采用不锈钢或无毒塑料制造的摇蜜机。

4. 储蜜容器　使用符合食品卫生要求装蜜容器（包括桶、罐、瓶等）。

以上机具，也可向中国养蜂学会咨询，使用面向蜂农的统一标准的优惠用具。

二、无公害蜂王浆生产的机具和设备要求

1. 采浆框　采用外围尺寸与巢框一致的采浆框，每框安装3～5条台基条。台基条可自由拆装。

2. 台基条　采用无毒塑料制造的台基条，每条可放25～33个杯形台基。

3. 台基　采用高12 mm、台口内径为9～12 mm的无毒塑料台基。

4. 移虫针　采用牛角或无毒塑料舌片制成的移虫针。

5. 取浆器具　采用无毒、不污染蜂产品的材料制作的器具取浆，也可采用小型真空吸浆器取浆。

6. 其他用具及设备　镊子、刀片、盛浆瓶、冰箱或冰柜、纱布、毛巾、消毒酒精、浆框盛放箱、巢脾承托盘等。

第五节　合理规范使用药物要求

从事无公害蜂产品生产的蜜蜂，应选择抗病的品种，饲养强群，保证蜜蜂群有充足、富含营养物质的饲料，增强自身的抗病能力，呵护蜜蜂，给蜜蜂以福利，保证蜜蜂身体健康，减少疾病。蜜蜂疾病以综合防治为主，必要时用药物进行治疗和消毒，所用的药物必须符合《中华人民共和国兽药典》、《中华人民共和国兽药规范》、《进口兽药质量标准》等的相关规定，所用药物必须具有《兽药生产许可证》和产品批准文号，或者具有《进口兽药许可证》许可的。所用药物的标签必须符合《兽药管理条例》和《兽药标签和说明书管理办法》的规定。生产者选择药物时，必须首先阅读标签上的说明，以判断药物是否正规药品。无公害蜂产品生产用药可参考以下几个规定和要求合理规范用药。

一、食品动物禁用的兽药及其他化合物清单

为保证动物源性食品安全，维护人民身体健康，根据《兽药管理条例》的规定，2002 年，农业部发布了《食品动物禁用的兽药及其他化合物清单》(以下简称“清单”)，并于 2002 年 5 月 21 日实施，以规范用药。无公害蜂产品生产遵守此规定，即凡是“清单”(见附录)中禁用的药物一概不得使用。

二、蜜蜂饲养兽药使用准则

2002 年 1 月，欧盟对我国蜂产品禁止进口之后，我国政府加大了

对养蜂及蜂产品生产的管理力度，出台了一系列相关标准（详见第四章），为提高我国蜂产品质量做出了强有力的保障。无公害蜂产品生产要求遵循中华人民共和国农业行业标准 NY/T 5138—2002《蜜蜂饲养兽药使用准则》（见附录）。但是，其中规范性附录“蜂蜜饲养允许使用的药物及使用规定”中仍允许使用欧盟禁用的“甲硝唑”和不建议使用的“双甲脒”，此两项不能与国际接轨，建议无公害蜂产品生产者禁用甲硝唑，慎用最好不用双甲脒。

三、中国养蜂学会用药要求

为了争取欧盟尽快解禁，2002 年 11 月，中国养蜂学会在全国掀起“蜂产品质量安全与标准化生产技术”培训，统一培训教材，统一规范用药，尤其是对学会会员。养蜂生产规范用药在 NY/T 5138—2002《蜜蜂饲养兽药使用准则》的基础上又做了补充要求，该“要求”不仅细化了农业部《食品动物禁用的兽药及其他化合物清单》中与养蜂有关的药物，而且强调了禁止使用欧盟禁用的硝基咪唑类药物（如甲硝唑、地美硝唑及其盐、酯等制剂）和欧盟不建议使用的“双甲脒”等。在此，仍建议从事无公害蜂产品生产也应与国际接轨，在使用蜂药时参考下面的“中国养蜂学会对养蜂生产用药要求”。

（1）禁用药物：

①氯霉素及其盐、酯（包括琥珀氯霉素）及制剂；

②氨苯砜及制剂；

③硝基呋喃类：呋喃唑酮、呋喃它酮、呋喃苯烯酸钠及制剂；

④硝基咪唑类：甲硝唑、地美硝唑及其盐、酯及制剂；

⑤杀虫脒（克死螨）；

⑥毒杀芬（氯化烯）；

⑦激素类等；

⑧氰霉素；

⑨磺胺类。

(2)慎用、少用最好不用的蜂药药物：

①其他抗生素；

②双甲脒(螨克)。

(3)凡曾用过氯霉素及其制剂的蜂群，要求更换旧巢脾。

(4)对症用药、适量用药，做好用药记录，严格遵守休药期。蜂产品生产前1个月不得使用任何药物。

总之，无公害蜂产品生产，要求饲养蜜蜂强群，保护蜜蜂福利，呵护蜜蜂健康。在不得以情况下，必须使用国家允许的无污染的、高效、无毒、无残留蜂药防治蜜蜂病虫害，并要严格遵循各类药物的用药量和休药期，尽可能地选用天然的中草药和无污染、无毒、无残留的化学制剂如甲酸、蚁酸等加以防治。

提示问答

1. 无公害蜂产品生产对养蜂场地条件及蜂场卫生有什么要求？
2. 用于无公害蜂产品生产的蜂群有什么条件和要求？
3. 无公害蜂产品生产的生产人员的条件及技术要求是什么？
4. 你了解农业部的《食品动物禁用的兽药及其他化合物清单》吗？哪些是蜜蜂禁用的药物？
5. 你了解NY/T 5138—2002《蜜蜂饲养兽药使用准则》吗？
6. 中国养蜂学会的用药要求是什么？

第四章

我国无公害蜂产品标准生产法规及国际蜂产品标准

阅读指南 本章主要介绍了我国无公害蜂产品生产标准法规及国际蜂产品标准。国内法规方面主要介绍了养蜂生产者关注的《畜牧法》。国内标准主要介绍：2002 年 7 月 25 日农业部颁发的 2002 年 9 月 1 日实施的 6 项无公害蜂产品标准和准则；2003 年农业部颁发的 4 项无公害蜂产品生产技术规范；《蜂蜜》(GB 18796—2005)强制性国家标准；《蜂王浆》国家标准等其他蜂产品及其相关标准。国际法规与标准中，主要介绍 CAC《蜂蜜》国际标准和“日本肯定列表制度”。

第一节　我国无公害蜂产品生产法规

近年来，政府高度重视食品安全问题，制定颁布了一系列法律、法规，以保障人民身体健康，促进了畜牧业的持续稳定健康发展。与无公害蜂产品生产有关的法律、法规及规章有《农业法》、《畜牧法》、《食品卫生法》、《产品质量法》、《中华人民共和国动物防疫法》、《兽药管理条例》、《饲料和饲料添加剂管理条例》、《种畜禽管理条例》、《无公害农产品管理办法》、《无公害农产品标志管理办法》、《动物防疫条件审核管理办法》、《动物免疫标识管理办法》、《禁止在饲料和动物饮用水中使用的药物品种目录》、《食品动物禁用的兽药及其他化合物清单》、《允许使用的饲料添加剂品种目录》等。

2006 年元旦前夕，党和政府又向全国养蜂业赠送最宝贵的新年礼物——颁布了《中华人民共和国畜牧法》（以下简称《畜牧法》），养蜂业从此有法可依了。《畜牧法》的公布是蜂业界的最大喜事！是全国几十万蜂农、蜂业工作者几十年来祈盼的愿望，在党和政府的关怀下，在新世纪之初，终于实现了！全国养蜂业、养蜂生产者的合法权益从现在起将得到法律的保护。《畜牧法》的公布无疑将对我国蜂业发展起到巨大的推进作用。

《畜牧法》中专项或涉及蜂业的就有 4 条之多，它们是：第二条“……蜂、蚕的资源保护利用和生产经营，适用本法有关规定”；第四十七条“国家鼓励发展养蜂业，维护养蜂生产者的合法权益。有关部门应当积极宣传和推广蜜蜂授粉农艺措施”；第四十八条“养蜂生产者在生产过程中，不得使用危害蜂产品质量安全的药品和容器，确保蜂产品质量。养蜂器具应当符合国家技术规范的强制性要求”；第四十九条“养蜂生产者在转地放蜂时，当地公安、交通运输、畜牧兽医等有关部门应当为其提供必要的便利。养蜂生产者在国内转地放蜂，凭国务院畜牧兽医行政主管部门统一格式印制的检疫合格证明运输蜂群，在检疫合格证明有效期内不得重复检疫”。

养蜂是一项不争田、不占地、投资少、见效快的空中农业，是有百利无一害、无污染的节约型经济，是解决“三农”问题、建设社会主义新农村、促使农民脱贫致富的捷径，养蜂业已成为现代生态农业中的重要组成部分。第四十七条明确了养蜂业在国民经济中的重要地位，是国家鼓励发展并保护的产业，任何单位和个人不得阻碍养蜂和养蜂业的发展,不得破坏蜂种资源,不得乱砍乱伐蜜粉源植物,不得损害蜂群,不得破坏养蜂器具,保证养蜂产品质量安全及维护养蜂生产者的利益,不得违反国家财政规定进行乱收费、乱罚款,养蜂者的人身安全及其财产受国家保护。同时指出蜜蜂为农、林、果、蔬等作物授粉能够大幅度地提高作物的质量和产量,其所产生的经济效益和生态效益更加可观,是蜂产品经济效益的百倍,是解决和替代人工授粉的最佳天然科技手段,是我国养蜂业亟待发展和推广的一个重要产业。各有关部门应有计划地积极宣传和推广蜜蜂授粉业,并大力提倡有偿蜜蜂授粉,促进双收双盈。第四十八条要求养蜂生产者在养蜂生产过程中,要遵循国家及农业部的有关规定,进行规范养蜂生产和用药。可以理解:养蜂生产的最基本要求也要按照 NY/T 5139—2002《蜜蜂饲养管理准则》、NY/T 639—2002《蜂蜜生产技术规范》、NY/T 638—2002《蜂王浆生产技术规范》、NY/T 637—2002《蜂花粉生产技术规范》、NY/T 629—2002《蜂胶生产技术规范》进行养蜂生产;按照《兽药管理条例》、NY/T 5138—2002《蜜蜂饲养兽药使用准则》、农业部 193 号公告《食品动物禁用的兽药及其他化合物清单》、农业部 235 号公告、中国养蜂学会在全国开展的“蜂产品安全与标准化生产”中的要求,进行规范生产和用药;不得乱用、滥用蜂药,不得使用不符合规定、危害蜂产品质量安全的药品。

不得使用不符合国家技术规范和要求的、污染蜂产品、危害蜂产品质量安全的养蜂器具;不得使用不符合国家技术规范和要求的,盛装过药品、燃料油、食用油或其他化工产品的容器盛装蜂产品,蜂产品包装必须符合 GB 14881《食品企业通用卫生规范》、GB 14963—2003《蜂蜜卫生标准》、GB 18796—2005《蜂蜜》国家强制性标准及其他国家相关标准和要求,以确保蜂产品的质量。

生产出的蜂产品质量安全必须符合 GB 18796—2005《蜂蜜》强制性国家标准和即将出台的 GB 9697—2006《蜂王浆》强制性国家标准、“蜂胶、蜂花粉等国家蜂产品质量标准、卫生标准和兽药残留最高限量”,确保蜂产品的质量安全。

第四十九条既保护了我国蜂农的利益，又要求蜂群定期检疫，以保证蜂产品的质量安全。我国疆土辽阔，蜜粉资源丰富，气候不一。“追花取蜜，转地放蜂”，已成为我国养蜂生产的特色，养蜂生产者转地放蜂受国家允许并保护。任何单位和个人不得阻止转地养蜂生产者在当地安置蜂群，各地农业畜牧兽医等有关部门应积极指导安排良好环境的养蜂场地，不得收取占地费；当地公安部门有责任维护转地养蜂生产者的人身和财产安全，积极协助解决发生的意外事故和纠纷，保护养蜂生产者的合法权益；蜂群运输过程中，属于生、活动物，在港口、路口应优先放行，允许运蜂车辆进入高速公路，以避免运蜂车辆由于天气炎热、堵车或停滞时间过长而导致蜜蜂窒息而死，造成不必要的损失；允许蜜蜂及蜂产品列入“绿色通道”；为养蜂生产提供必要的便利。

养蜂生产的蜂群，必须严格按国家有关规定进行检疫，合格者发给国务院畜牧兽医行政主管部门印制的统一格式的检疫合格证明，检疫按照国家有关规定收费并开具发票，不得擅自乱收费。蜂群转地时，要求养蜂生产者携带检疫合格证明，不得伪造或持假的检疫合格证明；在检疫合格证明有效期内，均不得对定地或转地蜂群进行重复检疫收费。

第二节　我国蜂产品标准

1965—2005 年，40 年之间，我国各相关部门先后制定了数十种不同类别的如行业和国家标准。下面主要介绍目前我国养蜂及蜂产品生产主要执行和引用的标准。

一、无公害蜂产品标准及生产技术规范与准则

无公害蜂产品标准是我国入世之后，为了进一步地规范养蜂生产，

提高蜂产品质量，政府从不同角度颁发了许多与养蜂、蜂产品相关的标准，是一套较新的行业标准。

2002年7月25日，农业部颁发了137项无公害食品系列标准，其中与养蜂、蜂产品有关的6项，自2002年9月1日实施。名称如下（全文见附录）：

- NY 5134—2002　无公害食品 蜂蜜
- NY 5135—2002　无公害食品 蜂王浆与蜂王浆冻干粉
- NY 5136—2002　无公害食品 蜂胶
- NY 5137—2002　无公害食品 蜂花粉
- NY 5138—2002　无公害食品 蜜蜂饲养兽药使用准则
- NY 5139—2002　无公害食品 蜜蜂饲养管理准则

2003年，农业部又颁发了4项蜂产品生产技术规范，它们是（全文见附录）：

- NY/T 639—2002　蜂蜜生产技术规范
- NY/T 638—2002　蜂王浆生产技术规范
- NY/T 637—2002　蜂花粉生产技术规范
- NY/T 629—2002　蜂胶

目前，无公害蜂产品的生产与认证基本是依据这些标准来执行的。除此之外，所用蜂药还需符合《兽药管理条例》，凡农业部《食品动物禁用的兽药及其他化合物清单》上规定禁用的药物一律不得使用。

二、蜂产品标准

（一）蜂蜜国家标准

我国不同部委曾经颁布过多部蜂蜜标准，如1965年，对外贸易部颁布了WM 21—65《蜂蜜》，1982年，商业部出台了GHO 12—82《蜂蜜》。1998年，出台了国家标准《蜂蜜》（GB/T 18796—1998）后，GHO 12—82《蜂蜜》被废止，则蜂业界一直引用该《蜂蜜》国家标准，该标准又于2002年重新修订成国家标准《蜂蜜》（GB/T 18796—2002），但是仍然是推荐性标准，不能统一强制规范全国蜂蜜质量，与国际蜂蜜标准接轨稍差。为了提高蜂蜜质量，为了更好地与国际接轨，也为了统一规范国内蜂蜜市场，在全国同仁的呼吁下，该标准又于2005年重新修订，此次修订为较全面的强制性国家标准，内容基本与国际接轨，是我国目前较为全面的一部蜂蜜国家标准，遗憾的是该标准中的附录A"常见单一花种蜂蜜的感官特性"没有经过实验数据来制定。2005年11月26日，国家质量监督检验检疫总局、国家标准化管理委员会正式批准发布了此标准，即强制性国家标准《蜂蜜》(GB 18796—2005)(见附录)。该标准要求生产企业自2006年3月1日起实施，流通领域自2006年11月1日起实施。

每一位从事无公害蜂产品生产者，除了要注意学习该标准的质量指标和药残限量外，更要注意学习该标准对蜂蜜的定义和适用范围。蜂蜜的定义是："蜜蜂采集植物的花蜜、分泌物或蜜露，与自身分泌物结合后，经过在巢脾内转化、脱水、储存至成熟的过程而成的天然甜物质。"说明了只有生产成熟蜜，才能符合国家强制性《蜂蜜》标准。标准适用的范围："本标准规定了蜂蜜的定义及其被从巢脾中分离出来后的品质、包装、标志、运输储存要求"，"本标准适用于所有的蜂蜜，包括各种直接食用的蜂蜜"。表明了养蜂生产者生产出的蜂蜜原料，即从蜂巢中提取出的蜂蜜，只要用于食品或食用，则受此标准约束。也说明养蜂生产蜂蜜时，要生产成熟蜜。

(二)蜂蜜相关标准

目前，常用的与蜂蜜相关的标准有：

- GB 14963—1994　蜂蜜卫生标准(国家标准)
- GB 9828—1988　蜂蜜包装(国家标准)
- GH/T 1001—1998　预包装食用蜂蜜(行业标准)
- GH/T 1015—1999　蜂蜜包装钢桶(行业标准)
- GB 7718　预包装食品标签通则(国家标准)

(三)蜂王浆国家标准

2002年8月23日，中华人民共和国国家质量监督检验检疫总局颁布了国家推荐性标准《蜂王浆》(GB/T 18796—2002),代替 GB/T 9697—1988,并于 2003 年 3 月 1 日开始实施。国家强制性标准即将出台。

(四)蜂花粉国家标准

1989 年,国家曾颁布了“蜂花粉国家标准”,即国家推荐性标准《蜂花粉》(GB/T 11758—89),但 1999 年 7 月 19 日,中华全国供销合作总社发布了蜂花粉行业新标准《蜂花粉》(GH/T 1014—1999),并于 1999 年 11 月 1 日开始实施,同时替代了《蜂花粉》(GB/T 11758—89)。

由此,目前引用的就是行业标准《蜂花粉》(GH/T 1014—1999)。

(五)蜂胶标准

目前,尚无蜂胶国家标准。蜂业界引用的都是无公害食品标准系列中的 NY 5136—2002《蜂胶》及商业部颁布的行业标准《蜂胶》(SB/T 10096—92),有待制定新的国家标准。

(六)蜂蜡标准

蜂蜡目前亦无国家标准,只有商务部 1982 年颁布的《蜂蜡》(GHO 13—82)部标和当时国内贸易部 1993 年发布的行业标准《蜂蜡》(SB/T 1090—93)。据悉农业部正在制定蜂蜡新标准。

(七)蜜蜂蜂毒标准

目前,尚无国家、行业标准。引用的是中国养蜂学会蜂产品专业委员会的实验标准。

(八)蜂王幼虫和雄蜂蛹标准

蜂王幼虫和雄蜂蛹目前仍无正式的行业标准或国家标准,中国养蜂学会雄蜂蛹生产基地用的都是该学会根据外商要求而制定的“中国养蜂学会雄蜂蛹标准”,企业用的都是企业自己制定的企业标准或外商提供的要求。据悉中国养蜂学会已向政府部门建议制定此项标准。

第三节　国际蜂产品标准

国外养蜂业主要用蜜蜂为农作物授粉，而不是蜂产品的生产。蜂产品大都只是生产蜂蜜，绝大多数国家只有蜂蜜和蜂蜡能够成为商品，但也有少数几个国家生产蜂花粉和蜂胶，蜂王浆、雄蜂蛹、幼虫等更是少之甚少，除了中国外，基本都形不成大宗商品，世界上 90％的蜂王浆来自于中国。因此，目前，国际上通用的、公认的蜂产品标准只有蜂蜜国际标准，而无其他蜂产品国际标准。

一、蜂蜜国际标准

国际标准《蜂蜜》是由联合国粮农组织和世界卫生组织（FAO/WHO）的食品法典委员会（CAC）于 1987 年制定，并于 2001 年修订的 CAC《蜂蜜》标准——REVISED CODEX STANDARD FOR HONEY（CODEX-STAN 12-1981, Rev. 1-1987, Rev. 2-2001）（翻译稿见附录）。由于 WTO 的有关协议要求并鼓励成员国使用协调一致的国际食品贸易标准，WTO 还明确规定 CAC 食品标准在食品贸易中具有准绳作用，解决国际食品贸易争端必须以 CAC 标准或风险分析的结论为基础。于是，CAC 食品标准成为促进国际贸易和解决国际贸易争端的依据——保护成员国利益的合法武器。在以往的国际食品贸易争端中，违背 CAC 标准的一方往往败诉。可见，国家食品标准只有与国际标准接轨，才能减少进出口贸易中的争端。

欧盟、美国、加拿大等国皆参照此标准来制定本国的标准，甚至有的国家不制定本国蜂蜜标准，而是直接引用 CAC《蜂蜜》国际标准，以便使他们的产品与国际接轨。那么，我国无公害生产者生产出的产品也应符合 CAC《蜂蜜》国际标准，以保证我国的蜂产品质量与国际接轨。

该标准对蜂蜜的定义可以简单地理解为：蜂蜜就是不可以从中取走任何物质，也不可以添加任何物质。也就是要求必须生产成熟封盖蜜。

二、其他国家蜂产品标准

世界其他蜂蜜主产国或蜂产品消费国也有各自国家标准，主要简介如下：

（一）蜂蜜标准

- 欧盟蜂蜜标准
- 美国蜂蜜标准
- 加拿大蜂蜜分级条例
- 日本蜂蜜标准
- 墨西哥蜂蜜标准
- 拉丁美洲蜂蜜标准
- 德国蜂蜜标准

（二）蜂王浆标准

- 日本蜂王浆标准（见附录）：日本是我国蜂王浆的主要消费国，了解日本蜂王浆标准将有助于提高我国无公害蜂产品生产的蜂王浆质量。
- 罗马尼亚蜂王浆标准（略）：可咨询中国养蜂学会。

（三）日本肯定列表

日本"肯定列表制度"（positive list system）是2006年日本为加强食品中农业化学品（包括农药、兽药和饲料添加剂）残留管理而采取的一项新措施。在该制度下，日本的农业化学品残留可分为5类：①豁免物质，这类化学品在通常情况下不会对人体健康产生影响，因此不需要制定限量要求；②不得检出的化学品，这类物质在所有食品中均不得检出；③暂定最大残留限量标准（以下简称"暂定限量"），即日本根据

CAC标准、日本本国现有标准、参考国际相关标准及其他信息针对其化学品在具体食品农产品的残留制定的标准;④虽未制定暂定限量但在“肯定列表制度”执行后仍然有效的现行标准;⑤一律限量标准(以下简称“一律标准”),即对以上4类未涵盖的其他所有农业化学品在所有农产品中的残留制定的统一标准。

2003年5月30日日本发布了《食品卫生法》修正案,当年10月,健康、劳动与福利部公布了“临时最大残留限量标准”第一次草案,2004年8月公布了“临时最大残留限量标准”第二次草案、“统一限量标准”草案以及“豁免物质”最终草案。在广泛征求国内外意见的基础上,2005年6月21日,日本通过WTO秘书处正式向各WTO成员通报了“肯定列表制度”及其残留限量新标准最终草案,并且将在《食品卫生法》修正案发布3周年(2006年5月29日)开始生效,在此以后日本将禁止超过以上标准的食品销售。

在“肯定列表制度”及其相关限量标准最终草案中:

(1)豁免物质共68种,包括杀虫剂和兽药13种、食品添加剂50种和其他物质5种。

(2)在任何食品中不得检出的农业化学品15种;在部分食品中不得检出的农业化学品8种,涉及84种食品和166个限量标准。

(3)暂定限量共涉及农药、兽药和饲料添加剂734种,食品农产品264种(类),暂定限量标准51 392条。

(4)沿用原限量标准而未重新制定暂定限量标准,即在“肯定列表制度”仍然有效的现行标准共涉及农业化学品63种,农产品食品175种,残留限量标准2 470条。

(5)“一律标准”是对未涵盖在上述标准内的所有其他农业化学品或其他农产品制定的一个统一限量标准,即0.01 mg/kg。

从食品安全管理的角度来看,日本“肯定列表制度”有其科学合理的一面,该制度将农业化学品引入的危及食品安全的所有因素置于控制之下,成为食品安全管理体系中的重要组成部分。但是“肯定列表制度”与日本现行农业化学品残留管理体系有着本质的区别。依据日本现行规定，允许含有未制定最大残留限量标准的农业化学品的食品销售。而“肯定列表制度”下的限量新标准覆盖了所有农业化学品和农产品，且多数限量指标也比现有标准严格，所有超标产品均被禁止销售。因此，“肯定列表制度”及其残留限量新标准的要求比日本现行管理制度及标准明显提高。

另外，在该制度下的食品安全风险保护水平明显高于日本现有保护水平。而且由于对每种产品制定的限量标准众多，常常超过200种农业化学品，增加了全面执行的难度。这给日本有关执法部门在执行上留下了很大的随意性空间，从而可能对我国输日食品农产品构成潜在的歧视性威胁。

日本是我国农产品出口的第一大市场。据统计2004年中国农产品总出口数量为1 884万t，总出口金额为324.8亿美元。其中对日出口农产品数量为482万t，占总出口数量的25.5%；对日出口农产品金额为67.6亿美元，占总出口金额的20.8%。其中对日出口蜂产品38 889 t，出口金额为5 336.6万美元。初步研究显示，“肯定列表制度”的实施将会给我国食品农产品对日出口带来严重影响，特别是对水产品、蔬菜、水果、茶叶等大众产品影响更大。

日本对蜂蜜要求不得检出的农业化学品主要有氯霉素、洛硝达唑、甲硝唑、地美硝唑、呋喃类抗生素以及乙酸去甲雄三烯醇酮、地塞米松、克仑特罗等。蜂蜜中其他限量要求需要查表，因为日本“肯定列表制度”及其残留限量新标准的内容庞杂。

日本“肯定列表制度”在所有食品中均不得检出的农兽药名单15种：

①CYHEXATIN、AZOCYCLOTIN/环己锡、三唑锡；

②PROPHAM/苯胺灵；

③CAPTAFOL/敌菌丹；

④AMITROLE/杀草强；

⑤2,4,5-T/2,4,5-T；

⑥DAMINOZIDE/丁酰肼；

⑦DIETHYLSTILBESTROL/己烯雌酚；

⑧COUMAFOS/COUMAPHOS/库马福司/蝇毒磷；

⑨RONIDAZOLE/洛硝达唑；

⑩METRONIDAZOLE/甲硝唑；

⑪DIMETRIDAZOLE/地美硝唑；

⑫CHLORAMPHENICOL/氯霉素；

⑬CHLORPROMAZINE/氯丙嗪；

⑭NITROFURANS/呋喃类抗生素；

⑮CARBADOX including QCA/卡巴氧，包括 QCA。

表 4-1 为日本在部分食品中不得检出的农业化学品及农产品名单。

表 4-1 日本在部分食品中不得检出的农业化学品及农产品名单

药品英文名/药品中文名	食品名称（举例）
TRIAZOPHOS/三唑磷	麦、稻、可可豆、咖啡豆、马铃薯、蚕豆等
TRENBOLONE ACETATE/乙酸去甲雄三烯醇酮	鸡、猪、鱼、奶、蜂蜜等动物产品
PARATHION/对硫磷	稻、马铃薯
ETHYLENE DIBROMIDE(EDB)/二溴乙烯	腰果（未成熟，带豆荚）、番木瓜
ENDRIN/异狄氏剂	桃子、温州橘等水果，菠菜、豌豆等蔬菜
DIELDRIN，ALDRIN/艾氏剂，狄氏剂	西瓜、草莓等水果，茶，蔬菜
DEXAMETHASONE/地塞米松	蜂蜜、禽、鱼等
CLENBUTEROL/克仑特罗	鸡等畜禽产品、蜂蜜

日本对蜂蜜要求不得检出的农业化学品主要有氯霉素、洛硝达唑、甲硝唑、地美硝唑、呋喃类抗生素以及乙酸去甲雄三烯醇酮、地塞米松、克仑特罗等。

提示问答

1. 我国无公害蜂产品标准有哪些？内容是什么？

2.我国无公害蜂产品生产规范有哪些？内容是什么？

3.《蜂蜜》(GB 18796—2005)强制性国家标准中对蜂蜜有哪些新规定？

4.国际蜂产品标准有哪些？

5.你了解CAC《蜂蜜》标准的内容吗？它的蜂蜜定义是什么？

6.日本2006年又出台了什么新规定？“肯定列表制度”中哪些与蜂蜜有关？

第五章

无公害蜂产品认证

阅读指南 本章主要介绍了无公害蜂产品的认证。讲述了无公害蜂产品生产产地认定条件和程序，允许实施无公害农产品认证的蜂产品种类，申报无公害蜂产品认证的条件及要求，申请无公害蜂产品认证检验要求以及蜂产品认证的程序。

为了加强对无公害产品的管理，维护消费者权益，提高蜂产品质量，保护生态环境，促进我国养蜂业健康可持续发展，我国政府全面推进“无公害食品行动计划”，并实施无公害农产品认证制度。对无公害农产品进行认证，是指导农产品生产、引导农产品消费、推进“无公害食品行动计划”的重要措施。实施无公害蜂产品认证的产品范围由农业部、国家认证认可监督管理委员会共同确定、调整。国家鼓励生产单位和个人申请无公害农产品产地认定和产品认证。

无公害农产品认证分为产地认定和产品认证。产地认定工作由省级农业行政主管部门根据《无公害农产品管理办法》的规定组织实施；产品认证由农业部农产品质量安全中心具体负责组织实施。

无公害蜂产品认证参照无公害农产品执行。目前，被列入第一批实施无公害农产品认证的蜂产品有蜂蜜、蜂王浆、蜂胶和蜂花粉。

第一节　无公害蜂产品生产产地认定

一、无公害蜂产品生产产地认定条件

(1)无公害蜂产品生产产地应符合下列要求：

①无公害蜂产品生产产地环境应符合无公害农产品产地环境的标准要求；

②无公害蜂产品生产应具备一定的生产规模。

(2)无公害蜂产品的生产管理应当符合下列条件：

①生产过程符合无公害蜂产品生产技术的规范要求；

②有相应的专业技术和管理人员；

③有完善的质量控制措施，并有完整的生产和销售记录档案；

④从事无公害蜂产品生产的单位或者个人，应当严格按规定使用农业投入品，禁止使用国家禁用、淘汰的农业投入品；

⑤无公害蜂产品产地应当树立标示牌，标明范围、产品品种、责任人。

二、无公害蜂产品产地认定程序

省级农业行政主管部门组织实施本辖区内无公害蜂产品产地的认定工作。要求进行产地认定的应按以下步骤：

(1)提交书面申请和相关材料。申请无公害蜂产品产地认定的单位或者个人(以下简称申请人)，应当向县级农业行政主管部门提交书面申请，书面申请应当包括以下内容：

①申请人的姓名(名称)、地址、电话号码；

②产地的区域范围、生产规模；

③无公害蜂产品生产计划；

④产地环境说明；

⑤无公害蜂产品质量控制措施；

⑥有关专业技术和管理人员的资质证明材料；

⑦保证执行无公害蜂产品标准和规范的声明；

⑧其他有关材料。

(2)县级农业行政主管部门初审。县级农业行政主管部门自收到申请之日起，将在10个工作日内完成对申请材料的初审工作。申请材料初审不符合要求的，将书面通知申请人。

(3)上报省级农业行政主管部门。申请材料初审符合要求的，县级农业行政主管部门应当逐级将推荐意见和有关材料上报省级农业行政主管部门。

(4)现场检查。省级农业行政主管部门自收到推荐意见和有关材料之日起，将在10个工作日内完成对有关材料的审核工作，符合要求的，组织有关人员对产地环境、区域范围、生产规模、质量控制措施、生产计划等进行现场检查。

现场检查不符合要求的，也会书面通知申请人。

(5)产地环境检测。现场检查符合要求的，将通知申请人委托具有资质的检测机构，对产地环境进行检测。不符合要求的，将书面通知申请人。

(6)颁发证书。省级农业行政主管部门对材料审核、现场检查和产地环境检测结果符合要求的，应当自收到《现场检查报告》和《产地环境检测报告》之日起，30个工作日内颁发无公害农产品产地认定证书，并报农业部和国家认证认可监督管理委员会备案。

《无公害蜂产品产地认定证书》有效期为3年。期满需要继续使用的，应当在有效期满90日前按照本办法规定的无公害农产品产地认定程序重新办理。

第二节　无公害蜂产品产品认证

一、允许实施无公害农产品认证的蜂产品

无公害农产品的认证工作由农业部农产品质量安全中心承担，蜂产品的认证自然也不例外。凡是生产农业部宣布的“实施无公害农产品认证的产品目录”内标有的产品，均可申请产品认证。目前，允许参加无公害农产品认证的蜂产品有蜂蜜、蜂王浆、蜂胶和蜂花粉。

二、实施无公害认证的蜂产品标准

参加无公害认证的蜂产品有蜂蜜、蜂王浆、蜂胶和蜂花粉，在实施认证时，产品质量分别参照 NY 5134—2002《蜂蜜》、NY 5135—2002《蜂王浆与蜂王浆冻干粉》、NY 5136—2002《蜂胶》和 NY 5137—2002《蜂花粉》执行。

三、申报无公害蜂产品认证的条件及要求

(1)申请无公害蜂产品认证的产品，应是产自省级农业行政主管部门认定的无公害蜂产品产地；

(2)申请无公害蜂产品认证的产品，应当在“实施无公害农产品认证的产品目录”范围内；

(3)申请无公害蜂产品认证的产品，应当填写《无公害农产品认证申请书》及要求的书面材料；

(4)申请无公害蜂产品认证的产品应当符合检验要求。

四、申请无公害蜂产品认证检验要求

(1)凡 2002 年 3 月 1 日之后经农业部有关部级检测机构(或经具有国家计量认证的质检机构)检验合格的产品,其检验报告视同有效,可作为申请材料一同上报,免检;

(2)未经符合资质的检测机构检验的产品,可委托第一批指定的无公害农产品认证检测机构检测(检测机构名单可从网上查询,中国养蜂学会会员可免费向养蜂学会咨询),检验合格的,检验报告与申请书一同上报。

(3)已获得省级无公害农产品认证的产品,原申报材料与全国统一标志无公害农产品认证申报要求内容基本相符的,可只填写申请书,原申报材料一同上报即可。

五、蜂产品认证的程序

(1)申请和提交材料。单位和个人(以下简称申请人)可以通过省、自治区、直辖市和计划单列市人民政府农业行政主管部门或者直接向中心申请产品认证,并提交以下材料:

①《无公害农产品认证申请书》(可从网上下载或咨询中国养蜂学会);

②《无公害农产品产地认定证书》(复印件);

③产地《环境检验报告》和《环境评价报告》;

④产地区域范围、生产规模;

⑤无公害农产品的生产计划;

⑥无公害农产品质量控制措施;

⑦无公害农产品生产操作规程;

⑧专业技术人员的资质证明;

⑨保证执行无公害农产品标准和规范的声明;

⑩无公害农产品有关培训情况和计划；

⑪申请认证产品的生产过程记录档案；

⑫“公司加农户”形式的申请人应当提供公司和农户签订的购销合同范本、农户名单以及管理措施；

⑬要求提交的其他材料。

申请人向中心申领《无公害农产品认证申请书》和相关资料。

(2)农业部农产品质量安全中心自收到申请材料之日起，将在 15 个工作日内完成申请材料的审查。

(3)申请材料不符合要求的，农业部农产品质量安全中心会书面通知申请人。申请材料不规范的，也会书面通知申请人补充相关材料。申请人自收到通知之日起，应当在 15 个工作日内按要求完成补充材料并报该中心。

(4)申请材料符合要求的，农业部农产品质量安全中心则组织有资质的检查组进行检查，对其申请认证产品进行抽样检验，并进行全面评审。

(5)合格者，由农业部农产品质量安全中心签发《无公害农产品认证证书》；不合格者，将书面通知申请人。

(6)获得无公害蜂产品认证的产品将报农业部和国家认监委备案。由农业部和国家认监委公告。

《无公害农产品认证证书》有效期为 3 年，期满后需要继续使用的，证书持有人应当在有效期满前 90 日内按照本程序重新办理。

提示问答

1. 无公害蜂产品的认证对生产产地有什么要求？

2. 无公害蜂产品认证对生产产地的认定条件和程序是什么？

3. 目前，哪几种蜂产品可以实施无公害农产品认证？

4. 无公害蜂产品认证的条件和要求是什么？

5. 无公害蜂产品认证都有哪些检验要求？

6. 蜂产品认证的程序是什么？

第六章

蜜蜂生物学

阅读指南　蜜蜂是一种社会性全变态昆虫，原始的蜜蜂出现于渐新世，距今已有 3 000 万～4 000 万年。人类饲养蜜蜂仅有几千年历史。人类饲养蜜蜂技术的改进和提高总是伴随着蜜蜂生物学研究的相应进展而实现。

第一节　蜂群的组成

蜂群是能够繁衍生息的一个独立生物单位。一群蜂通常由一只蜂王、上万只工蜂和数百只雄蜂组成。蜂群在越冬等个别情况下也可以没有雄蜂。一群蜂的大小取决于工蜂的数量，蜂种不同蜂群的大小也不一样。意蜂的强群工蜂可达 5 万～6 万只，中蜂强群工蜂也不过 3 万～4 万只。

蜂群具有自己独特的气味，各蜂群间有严格的群体界限。在自然状态下，工蜂具有排斥它群工蜂和蜂王的特性，蜂王之间也互不相处，只有当蜂群中蜂王衰老或伤残而培育出新蜂王，进行新老交替时，两蜂王才能和平相处。

一、蜂群中的三型蜂

蜂群中3种不同类型的蜜蜂称为三型蜂(图6-1)。三型蜂有着不同的分工，但又相互依赖，以保持群体在自然界里的生存和种族繁衍。

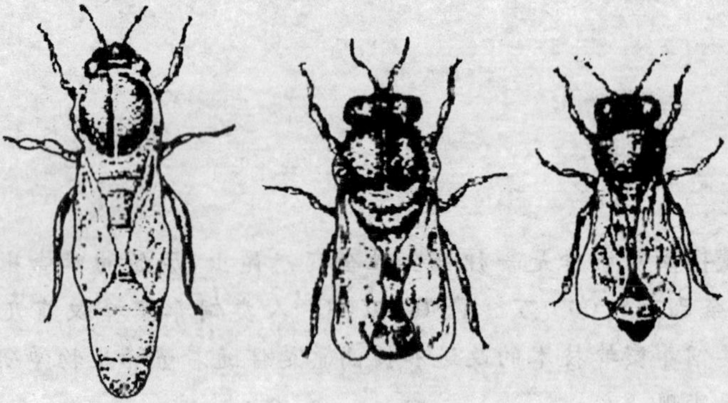

蜂王　　雄蜂　　工蜂

图6-1　蜂群中的三型蜂

(一)蜂王

蜂王是蜂群中体长最长的蜜蜂，由产在王台里的受精卵发育而成的，它是生殖器官发育健全的雌性蜂，能够产卵繁殖。西方蜜蜂(意大利蜂、卡尼鄂拉蜂、高加索蜂、东北黑蜂等)蜂王发育的周期为16天，其中卵期为3天，未封盖幼虫期为5.5天，封盖期为7.5天；蜂王的寿命一般为3～5年，其产卵力和维持群势的能力通常1～1.5年最强，随其年龄的增长而逐渐减弱。为保持蜂王旺盛的产卵力和维持强群的能力，养蜂生产中一般每年更换1次蜂王。

处女王羽化出房后不久，就开始寻找其他处女王或王台，如果两个处女王同时出台相遇，它们就会展开一场生死搏斗，只留下一个强壮的处女王；对于其他王台，处女王会把它们咬破，用螫针刺死里面的蜂王蛹。处女王出房的最初几天，偶尔飞出巢外试飞认巢，6 天性成熟，8～9 天为交尾高峰期。处女王于晴暖午后飞出巢外进行交尾。最后一次交尾后 1～2 天开始产卵，此后蜂王专心产卵繁殖。

新蜂王产卵的最初几日，日产卵只有几十粒，随着日龄的增长，产卵量不断增多，2～18 月龄的蜂王产卵力最强。一只好的意蜂蜂王在群势 6 框蜂，气温 20～25℃，蜜粉源充足的情况下，日产卵量可达 1 500～2 000 粒，一只中蜂蜂王日产卵量可达 700～1 300 粒。蜂王产卵时，其周围总有十数只工蜂护卫，工蜂不断地以蜂王浆饲喂蜂王。蜂王产卵前，先查看巢房，它把头部伸进巢房看几秒钟，如果这个巢房是完整干净的空巢房，它就往前移动一下，把背弓起，将腹部插入，产一粒卵，然后蜂王在巢房沿上转 180°，退出腹部，继续寻找巢房产卵。蜂王产卵从巢脾中央而稍偏巢门的巢房开始，螺旋形向四周延伸。它能在各个巢房准确地产卵，在工蜂房产下受精卵，雄蜂房产未受精卵。当蜂王衰老、受伤或蜂群壮大到需要分蜂时，蜂王才把受精卵产在王台基中，培养新的蜂王，从而完成蜂群的继续繁衍增殖。

（二）工蜂

工蜂是蜂群中最小的蜜蜂，是蜂群组成的主体，它的职能是饲喂幼虫，筑造巢房，清理巢内垃圾，安全防卫，酿造食物，采集花蜜、花粉、水、蜂胶和无机盐等。它是由蜂王产在工蜂房中的受精卵发育而成，是生殖器官发育不完全的雌性蜂。西方蜜蜂工蜂发育的卵期为 3 天，未封盖幼虫期为 6 天，封盖期为 12 天，共计 21 天；中蜂卵期为 3 天，未封盖幼虫期为 6 天，封盖期为 11 天，共计 20 天。工蜂的寿命一般为 40 天，未参加哺育和采集活动的越冬工蜂寿命可长达 4～5 个月。

（三）雄蜂

雄蜂是蜂群中最粗壮的蜜蜂。它是由蜂王产在雄蜂房中的未受精卵发育而成的。西方蜜蜂雄蜂的发育卵期为 3 天，未封盖幼虫期 6.5 天，封盖期 14.5 天，共计 24 天；中蜂雄蜂的发育卵期为 3 天，未封盖幼虫期 6.5 天，封盖期 13.5 天，共计 23 天。雄蜂寿命可长达 45～70 天。

二、蜂群中蜜蜂的分工

蜂群中的蜜蜂有着严密的分工，它们相互依赖，分工明确各司其职，共同完成种族繁衍的任务。蜂王在蜂群中的主要职能是产卵繁殖，而雄蜂的唯一职能就是与处女王交尾。工蜂在蜂群中的职能较为复杂，清理巢房、清运垃圾、采集酿造蜂蜜、采集花粉酿制蜂粮、哺育幼虫、采集涂敷蜂胶、泌蜡筑造蜂巢、守卫御敌等工作几乎都由工蜂承担。

工蜂自羽化出房之后，随着日龄的增长，基本上是按着其生理上的发育去执行各种相关的工作。幼蜂出房后的前 3 天，其典型的工作是打扫刚羽化过蜜蜂的巢房。出房 1 天左右开始以蜂粮饲喂 3 日龄以上的大幼虫。6 日龄后，开始以自身分泌的蜂王浆饲喂 3 日龄以下的小幼虫和蜂王。12 日龄以后的工蜂工作逐渐复杂起来，这个阶段的内勤蜂从蜂巢里把废屑和死蜂清除出去；把花粉团添装在巢房里，将其咬碎并掺入蜂蜜和唾液酿制蜂粮；接受外勤蜂采来的花蜜并添加转化酶，使花蜜转化成蜂蜜；分泌蜂蜡筑造巢脾，给巢房里的大幼虫和成熟蜂蜜封上蜡盖。这个阶段的内勤蜂还接受外勤蜂采回的蜂胶，加入上颚腺分泌物，加工制成蜂胶，并将其涂敷于蜂群中所需要的部位。到内勤蜂的最后阶段，其中的一些工蜂变为守卫蜂进行御敌。20 日龄后，工蜂成为外勤蜂，从事采集工作。

所有日龄的工蜂都主动或被动地投入巢内温度的调节工作。它们靠煽风使水分蒸发，降低巢温；靠吃蜜代谢、肌肉活动和紧密地团聚在一起来产生和保持热量。蜂群中每只内勤蜂并非是严格机械地按其日龄段进行单一分工，一只工蜂在一个短暂时间里能够从事多种工作。在一个缺乏某日龄段工蜂的非正常蜂群中，工蜂也会根据蜂群工作内容的需要，提前进入或重新恢复所缺乏日龄段工蜂的职能。内勤蜂正是这样既有相对分工，又较灵活地完成蜂群内各项繁琐的工作。

第二节　蜜蜂的行为

一、工蜂采集花蜜与酿造蜂蜜

当侦察蜂发现蜜源后，飞回蜂巢，将这一信息通过蜜蜂舞蹈告知采集蜂，采集蜂径直飞到蜜源处的花上，将其喙伸到蜜腺上，逐朵逐朵地汲取花蜜，并将花蜜暂时储存在蜜囊中，蜜囊中的花蜜储满后，采集蜂便飞回蜂巢，将花蜜从蜜囊中反吐出交给内勤蜂，或直接吐入空巢房中。采集蜂出巢一次能平均采回 40 mg 花蜜，要拜访几十到上千朵花，一只采集蜂平均每天要出巢 10 多次。在蜜源丰富时，工蜂采集半径为 3 km；蜜源缺乏时，平原区采集半径可扩展到 5 km 左右；空中飞行高度可达 1 km。采集蜂在采集花蜜过程中，把涎腺分泌的转化酶混入花蜜中，使得花蜜开始从蔗糖不断转化成果糖和葡萄糖，再经过酿蜜工蜂不断加入转化酶和蒸发水分，经几十小时的转化浓缩后，花蜜才变成了蜂蜜，被工蜂储存于边脾空巢房或子脾边角空巢房中，并以蜡封存，作为蜂群将来消耗的食物。

二、工蜂采集花粉与酿造蜂粮

采集花粉的工蜂发现粉源后，便飞临暴露于空中的雄花蕊，用上颚和前足迅速地将花粉刮下来，同时用喙湿润花粉，使花粉粘住。花粉很多时，采粉蜂在雄蕊上滚爬，身体上的绒毛粘满花粉，蜜蜂在飞行中利用前足把头部的花粉刷下，用中足把胸部的花粉刷下，并接受前足的花粉，后足收集腹部的花粉及接受中足扫下的花粉，两后足交替将花粉传到花粉耙上，通过其跗节巧妙的按压动作，将花粉送到胫节的花粉篮内。这样一批批的推送，花粉团就越积越大，花粉篮装满后，采集蜂飞回蜂巢，将花粉团卸到巢脾的储粉区空巢房中。内勤蜂用上颚把卸入空巢房的花粉团咬碎，掺入蜂蜜和唾液，用头顶实，制成蜂粮。巢房中储存的花粉达一定量时，蜜蜂便加上一层蜂蜜。必要时，饲喂蜂用这种酿好的蜂粮来饲喂雄蜂和工蜂的较大幼虫。刚出房的幼蜂也会取食一定的花粉来完成其继续发育。花粉是蜂群所需蛋白质、维生素等营养的主要来源。

三、工蜂泌蜡与筑巢

蜂群的家园是由一张张蜡质巢脾垂直地面平行悬挂排列有机组合而成的，当蜂群壮大，外界有充足蜜源，蜂巢中蜜蜂拥挤而又无储蜜巢房时，蜂群就开始筑造新巢脾。如果蜂群所处的地方没有供蜜蜂扩巢的空间，蜂群便会发生自然分蜂，选择新的场所，建造新的家园。人类正是利用蜜蜂这一习性，用人工巢础，吸引蜜蜂筑造一定尺寸的巢脾。

一般 13 日龄的工蜂蜡腺成熟，开始分泌蜡质，修建巢房。蜜蜂的蜡腺位于第 4～7 腹节的腹板前部，各具一对光滑透明的卵圆形蜡镜，蜡以液态经过蜡镜的微孔渗出，在蜡镜表面凝固，形成蜡片。筑巢时，工蜂足拉足串联挂在巢础框或要造巢的地方，腹部对着筑巢的地方，分泌蜡片，并用后足基跗节上的硬刺戳取蜡片送到上颚，混入上颚腺分泌物，再用口器将蜡片咀嚼为可塑性蜡团，然后粘在欲修筑的地方。靠成千上万只蜂的点点粘垒，将巢房慢慢建造起来。造脾的工蜂能把自身调到地球引力方向，而且能发现自身对垂直面的微小偏差，并作出调整。一般筑造一个工蜂房需要 50 个蜡片，筑造一个雄蜂房则需 120 个蜡片。工蜂分泌 1 kg 蜂蜡约需 400 万个蜡片，要消耗 3.5～7 kg 蜂蜜。

蜜蜂是天才的建筑师，它巧妙地把自己的巢脾建成一个个排列整齐的正六角形空柱体，并且前后两面巢房相对，每一个巢房的房底和外壁都会与另一个巢房所共用，这样既极大地节省了建筑材料，又使巢脾非常牢固。

四、蜂王和雄蜂的婚配

在正常情况下，雄蜂在 8～12 日龄性成熟，具有交配能力，最有效交配期为 25～35 日龄。西方蜜蜂处女王的交配一般多在 7～15 日龄，因此，人工育王一般要在雄蜂大量出房时开始。

蜂王的交尾场地通常在离蜂场 2～5 km 范围内。处女王一般在气温超过 20℃的晴暖午后 2～4 时出巢婚飞，这段时间也正是雄蜂出游的高峰期。婚飞出游的处女王，分泌性外激素，诱使许多性成熟的雄蜂追逐它。能有机会与蜂王进行交配的雄蜂一般是那些飞在最前边的强壮者。当雄蜂追上蜂王，便落在蜂王腹部的背上，用所有 6 只足把它抱住，它的头伸在蜂王胸部上面。雄蜂的腹部向下弯曲，直至和蜂王腹部尖端相接触。如果蜂王张开它的螫针腔，雄蜂的阳茎翻出，完成交配射精。射精后的雄蜂立刻瘫痪松开蜂王，向后方倒下去，在 2～3 s 后，两只蜂分开。如果不能迅速分开，则它们可能一同跌落地上，几分钟之内分开。瘫痪的雄蜂随后死去。蜂王一次婚飞可与数只雄蜂交配，婚飞的蜂王一次受精不足时，可在同一天或次日进行数次交尾，直到蜂王的受精囊中储满精液。

蜂王交配返巢，螫针腔常拖带一小段白色线状物，即“交尾标志”，它是雄蜂黏液腺排出物等堵塞螫针腔所致。交配后的蜂王通过腹部弯曲动作，使阴道褶瓣闭合，阻断精液外流，再经输卵管肌肉收缩，把精液挤入受精囊。蜂王完成最后一次交尾后 1～2 天便开始产卵，从此蜂王不再交尾。

五、自然分蜂

蜂王大量产卵，工蜂的有效哺育，只能实现蜜蜂个体数量的增多，而不能实现蜂群数量的增加。蜂群通过自然分蜂这一方式来实现蜂群数量的增多。

当外界蜜粉源丰盛，气候适宜时，蜂王大量产卵繁殖，工蜂有充足的食物哺育幼虫，蜂群迅速壮大。蜂群中充满了具有很强哺育能力的青幼年工蜂，而蜂王的产卵力有一定的限度，哺育蜂分泌的蜂王浆不能得到充分地利用，哺育力过剩。由于营养的积累，部分工蜂卵巢开始发育，形成解剖学上的产卵工蜂，它们骚动不安。同时由于工蜂个体数量的增多，蜂王信息素分配到每只工蜂的数量减少，对工蜂的抑制力减弱，促成了蜂群分蜂热的产生。客观上，由于蜂群强壮，流蜜期工蜂大量采蜜，储蜜占用了巢房，使蜂王无处产卵，蜂群的筑巢空间又很窄小，蜂群不能扩大蜂巢，造成蜂巢拥挤，巢内空气流通不畅，巢温上升，促进了蜜蜂停工，酝酿分蜂。

蜂群产生分蜂热后，工蜂便开始在巢脾边缘筑造台基，并驱使蜂王在其中产卵，当蜂王在不同时间于不同王台中产卵后，哺育蜂便减少对蜂王的饲喂，蜂王营养不足，使卵巢缩小，体重减轻，停止产卵。当新蜂王快羽化出房时，一部分蜜蜂拥护着老蜂王飞离原蜂巢，将旧巢留给新蜂王和其余的蜜蜂。如果留下的蜂群仍很强大，首先出房的处女王，还会带着一部分工蜂飞离蜂巢，进行第二次分蜂。就这样，蜂群完成了其数量上的增加。人工分群正是蜜蜂自然分蜂现象的利用。

六、蜜蜂间信息的传递

蜜蜂属社会性昆虫，进行着社会化生活，蜂群中个体之间也同人类一样有着种种的信息交流。它们没有语言文字，主要是通过蜜蜂舞蹈、发声及蜜蜂信息素等进行信息传递。

蜜蜂舞蹈是蜜蜂利用不同形式、不同摆动频率的肢体动作来传递某种信息的肢体语言。目前研究最深入的蜜蜂舞蹈是圆舞(图 6-2)和 8 字舞(图 6-3)。圆舞表示跳舞工蜂在离巢百米之内发现蜜源,告诉同伴出巢采集。8 字舞则表示跳舞工蜂在离巢百米之外发现蜜源。另外发现的蜜蜂舞蹈还有新月舞,分蜂时蜜蜂以"之"字形召唤同伴的"呼呼"舞,以及报警舞、清洁舞、按摩舞和背腹颤动舞等。

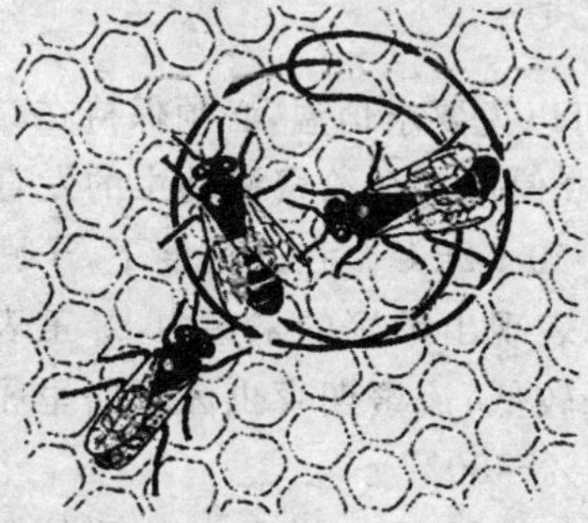

图 6-2　蜜蜂圆舞

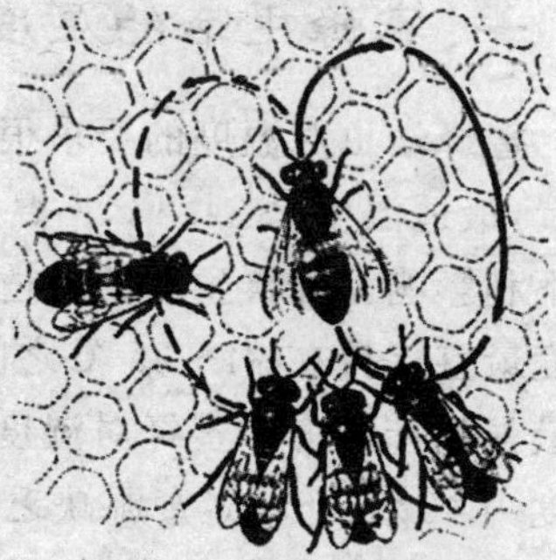

图 6-3　蜜蜂 8 字舞

蜜蜂在生活中也常发出一些声音传达某种信息。例如大流蜜时蜂场常"嗡嗡"声大作,可能是激励同伴积极采蜜和酿蜜的劳动号子。蜂群失王几小时内,蜂群产生"噗噗"声传递信息。处女王羽化出房时,先出房的处女王会发出"吱吱"的叫声,同群其余王台里的成熟处女王也会发出同样的应答声。

蜜蜂间除靠上述方式传递信息外,很多信息靠化学物质传递,这些可在同类间行使信息传递的物质称信息素。蜜蜂的信息素主要有蜂王信息素、工蜂信息素、雄蜂信息素和幼虫信息素。它们在蜜蜂行为中传达着许多复杂信息。如蜂王信息素可使工蜂感知蜂王的存在;工蜂信息素可作为一种导航信号,告诉蜜蜂返巢路径,还可作为一种报警信号,引导其他蜜蜂攻击敌方;蜜蜂幼虫信息素可使工蜂感知幼虫的存在,告诉工蜂幼虫所处的饥饿状态,使工蜂对其饲喂。

第三节　蜜蜂生活的温湿度条件与营养

一、蜜蜂生活的温度与湿度

蜜蜂幼虫对温度的要求很严格，可以说要求恒温，必须保持在34～35℃，最适温度是 34.4℃。温度偏高或偏低都会给蜜蜂幼虫的发育带来不利影响。蜂群生活的最适气温是 20～25℃。在此温度下，子脾的温度最宜保持在 34～35 ℃之间，工蜂表现出最好的采集力，蜂王表现出最强的产卵力。蜜蜂对湿度的要求较低，流蜜期育虫区蜂路里相对湿度为 40％～65％，蜜源缺乏期为 76％～80％ 。

单只蜜蜂在静止状态下，体温和气温是一样的。当气温低于13℃，西方蜜蜂便不能飞行，低于 7℃便被冻僵。当温度高于 45℃，单只蜜蜂就会死亡。温度高于 40℃，幼虫就会全部死亡。群体状态下，蜜蜂依靠群体的活动，能调节巢温。当气温升高时，蜜蜂常以静止、疏散、采水煽风、离巢等方式降温，而且会根据气温升高幅度的大小，对参加煽风工蜂的数量和煽风强度做出相应调整。当气温降低时，蜜蜂又以代谢产热、运动产热、密集、结团等方式升高和保持巢温。气温下降到 5℃以下时，蜜蜂便集结成外紧内松的蜂团，并靠代谢产热将蜂团中心温度维持在 13℃以上，蜂团表面温度保持在 6～8℃。蜂团内的蜜蜂代谢所产生的热量传导到蜂团外层，外层蜜蜂相互紧靠保温。气温越低，蜂团越紧，以这种方式，蜂群可以顺利度过零下几十度的严寒。

二、蜜蜂的营养

蜜蜂的幼虫期和成虫期都需要蛋白质、糖类、维生素、矿物质和水分等多种营养素，但需要量在不同时期有明显的差异。

处于成长发育期（幼虫期、幼蜂期）的蜜蜂对蛋白质类营养的需要量较大。三型蜂的幼虫对蛋白质类营养的种类、数量要求也不尽相同。蜂王在幼虫期和成蜂期全部食用营养丰富的蜂王浆，蛋白含量相对丰富。工蜂和雄蜂幼虫期只食用 3 天蜂王浆，其后食用由花粉和蜂蜜混合成的蜂粮；成年工蜂的幼蜂仍在生长，有些腺体在发育，仍需要食用蛋白质含量较高的花粉；直到成蜂中后期，对蛋白质的需求才减少，糖类成了它们的主要食物。

蜜蜂需要的蛋白质类物质主要由花粉提供，花粉不足，蜂王产卵就会减少。在蛋白质来源缺乏时，工蜂还会动用体内积存的蛋白质，以王浆形式供给小幼虫和蜂王，造成工蜂寿命缩短。蜂群缺乏花粉严重时，常造成蜂群拖子。一般哺育一只蜂约需花粉 145 mg，一群蜂一年要消耗 20～30 kg 花粉。

蜜蜂所需糖类，主要为蔗糖、葡萄糖、果糖、松三糖和麦芽糖。一群蜂全年消耗糖 80～90 kg。主要由蜜蜂从花蜜中采集。蜜蜂的营养除了对蛋白质和糖类的需要外，还需要生物素、叶酸、烟酸、泛酸、吡哆酸、核黄素和硫胺素。此外还需要肌醇和维生素 C 等其他成分。蜜蜂对矿物质元素也同样需要，主要为磷、钾、钙、镁、铁、钠等。在蜜蜂所需要矿物质元素中，对钠的需要要比对钾的需要少得多，在给蜂群喂盐时，食物或水中的含盐量不得超过 0.1%，否则会导致成年蜜蜂寿命缩短。

提示问答

1. 蜂群是怎样组成的？三型蜂各期分别多少天？
2. 蜂群中的蜜蜂是怎样分工的？
3. 蜜蜂需要何种营养？蜜蜂生活的适宜温湿度是多少？

第七章

无公害蜂产品高效生产的标准蜂场选择

阅读指南 养蜂场地的周边环境(如空气污染、水土污染、小气候等)、蜂场的卫生和清洁都会直接影响蜜蜂的健康,直接或间接影响蜂产品质量及养蜂效益。在选择放蜂场地、摆放蜂群和管理蜂场过程中蜂场管理者必须高度重视。

第一节 蜂场的环境与场地要求

无公害蜂产品生产,在选择蜂场场址、摆放蜂群时,除重点考虑蜜源、蜂群密度、交通、地势、小气候及易对蜜蜂造成危害,对蜂产品造成污染的周边农药厂、化工厂、采矿厂及经常喷施农药的果园、农作物等因素外,蜂场周围的环境,如空气质量、土壤状况、水源质量等,都是重点考虑的问题。在严重污染的空气、水、土壤环境中生长的蜜粉源植物，通过根系组织或经根外吸收的有害物质残留在花粉和花蜜中，对蜂产品造成污染。

我国过去几十年曾大量使用的有机氯农药“六六六”和“滴滴涕”，为防治植物病虫害、发展农业生产发挥了巨大的作用，但同时，它们又是一类性质稳定、持久、难以分解的高残留农药，这种农药水溶性低，脂溶性高，通过食物链积累在生态系统中，造成恶性循环，它们经挥发被植物根外吸收，造成对环境的不良影响。在许多国家和地区相继发现因其使用而带来的严重后果。在一些曾大量使用过该农药的地区，人体脂肪、血液和乳汁中有机氯残留量显著上升，对人体神经系统、内分泌系统、免疫功能、生殖机能等造成了不可忽视的危害。自 1962 年发现其残毒及环境问题至今，世界上已有 20 多个国家宣布禁用，中国也于 1983 年 4 月 1 日起停止生产“六六六”和“滴滴涕”。30 多年来，我国累计施用“六六六”490 多万 t，“滴滴涕”40 多万 t，由于部分地区的大量使用，严重污染了环境，至今，我国蜂产品中仍能检出“六六六”和“滴滴涕”的残留。到目前为止，“六六六”和“滴滴涕”的残留，仍是被广泛关注的问题。建立蜂场或转地放蜂必须周全考虑放蜂场地与环境。

一、空气质量

人类长期农牧活动产生的一些物质及自然过程如闪电产生的二氧化氮等物质浓度很低，对人类和自然环境不产生危害。人为的空气污染虽然从人类祖先原始穴居时代就已开始，但真正对人类、动物、植物造成威胁的空气污染是从煤、汽油等作为能源并广泛应用之后，它们燃烧产生的二氧化硫、一氧化碳、粉尘等严重污染了大气。目前认为，对动植物包括蜜蜂危害较大的大气污染物有硫的氧化物、氟化物、氮氧化物、固体颗粒等。大气中常常含有两种以上的污染物，多种污染物共同造成对大气的复合污染。

蜜蜂饲养需要的大气环境应空气清新，至少符合 GB 3095 中空气质量功能区二类以上的要求。蜂场摆放的地点应远离产生工业废气严重的工厂、矿区及严重空气污染的大城市。一般蜂场周围大气质量应符合下述标准：空气中总悬浮颗粒物日平均≤0.30 mg/m^3，二氧化硫日平均≤0.15 mg/m^3，二氧化氮日平均≤0.12 mg/m^3，氟化物日平均≤1.80 μg/dm^3。

二、土壤与水源

蜂场应选择土质良好，有利于蜜源植物生长、开花泌蜜丰富的地区放蜂。远离曾大量施用过“六六六”、“滴滴涕”的农区。少数有较严重镉、汞、砷、铅等水土污染或土壤中上述重金属含量过高的区域不宜放蜂。

放蜂场地附近应有良好的水源供人、蜂饮用。蜂场附近最好有一条水质清纯的小溪，供蜜蜂采水。蜜蜂饮用水的水质应符合表 7-1 水质标准。

表 7-1　蜜蜂饮用水水质要求

项　　目		标准值
感官性状及一般化学指标	色度/(°)	≤30
	浑浊度/(°)	≤20
	臭和味	不得有异臭、异味
	肉眼可见物	不得含有
	总硬度(以 $CaCO_3$ 计)/(mg/L)	≤1 500
	pH 值	6.4～8
	溶解性总固体/(mg/L)	≤2 000
	氯化物(以 Cl^- 计)/(mg/L)	≤250
	硫酸盐(以 SO_4^{2-} 计)/(mg/L)	≤250

续表 7-1

项　　目		标准值
细菌学指标	总大肠菌群/(个/100 mL)	≤1
毒理学指标	氟化物(以 F^- 计)/(mg/L)	≤2.0
	氰化物/(mg/L)	≤0.05
	总砷/(mg/L)	≤0.2
	总汞/(mg/L)	≤0.001
	铅/(mg/L)	≤0.1
	铬(六价)/(mg/L)	≤0.05
	镉/(mg/L)	≤0.01
	硝酸盐(以 N 计)/(mg/L)	≤30

如放蜂场地蜜源良好，蜂场附近地表水源的水质又不符合上述要求，为防止蜜蜂采用不卫生之水，蜂场应尽快设置喂水器，并诱导蜜蜂到喂水器处采水。并对喂水器进行定期清洗和卫生消毒。

三、交通及水电设施

蜂场场址应选在交通便利，运输车辆可顺畅出入，蜂场及工作人员生活用电便利的地方。现代化的大型蜂场，应具备较稳定的电源。随着人民生活水平的不断提高，人们对健康的渴求越来越强烈，对蜂产品的品质要求也越来越严格。人们吃的蜂王浆要求是最新鲜的、最优质的。因此，定地饲养的大型蜂场，蜂王浆、蜂王幼虫、雄蜂蛹的保鲜用电就显得越来越重要。

近年来，我国的养蜂企业逐渐开始重视蜜蜂文化的宣传和建设，将蜜蜂产品的销售和蜜蜂知识的宣传相结合。在大城镇的商业区设立蜜蜂产品的销售窗口，组织蜂产品消费者及对蜜蜂文化有兴趣的潜在消费者到自办或联办的蜂场休闲、旅游、观光、消费，用新鲜、优质的蜂产品及蜂产品文化吸引消费者。这种蜂场除必须具备丰富的蜜源和优良的小气候等条件外，更重要的还要结合周边区域的自然风光、历史古迹等。此类蜂场要尽可能选择路途近，交通、通信便利，环境幽雅宁静，空气清新的地方建设。

四、蜂场周围的蜂群密度

蜂场周围蜂群密度过大对养蜂生产不利，不仅会使蜂场的蜂蜜、蜂花粉、蜂胶产量降低，还易在蜂场间传播蜜蜂疾病。在蜜粉源缺乏期，蜂场间还易引起盗蜂。蜂群密度过小，又不能充分利用蜜源。在蜜粉源丰富的情况下，半径 1 km 范围内蜂群数量不宜超过 100 群。

相邻蜂场的蜜蜂采集路线不宜重叠。在蜜源与蜂场间再设蜂场，两蜂场的蜜蜂飞向同一个方向采蜜，蜜源流蜜期结束后，离蜜源较近的蜂场易被盗蜂侵害。

五、人、蜂的安全环境

养蜂的场所对周边环境的要求：一是能够保证养蜂人的安全；二是能够保证蜂群的安全；三是养蜂不要给周边人群的安全构成威胁。

蜂场建立及放蜂场所，应无伤害人类的野兽，不能有发生山洪、泥石流、塌方等危害人的生命及财产安全的隐患。山区还应特别注意森林火灾。

蜂场和放蜂场所，应躲避蜜蜂的天敌，如熊、黄喉貂、青蛙、胡蜂等。蜂场不要选在污水排放较重的工厂、农药厂、农药仓库及经常喷施农药的果园附近，以免引起蜜蜂中毒死亡和污染蜂产品。蜂场不要建在糖厂、糕点厂、罐头厂、果脯厂等附近，蜜蜂飞去采糖，不但影响厂方，也会造成蜜蜂死亡。蜂场正前方要避开路灯、诱虫灯等强光源照射，以防止夏季夜晚蜜蜂飞向光源造成不必要的损失。蜂场附近应无其他大型蜂场，否则，不但会造成蜂场间相互争夺蜜源，也容易传播蜜蜂疾病，蜜源缺乏时还会引起蜂场间蜜蜂互盗。

蜂场应远离铁路、厂矿、机关、学校、畜牧场等地方，蜜蜂性喜安静，烟雾、声响、震动都会惊扰蜜蜂，并容易发生人畜被螫事故。

六、蜂场场址与蜂群的摆放

(一)蜂场场址

放置蜂群的场址周围小气候,会直接影响蜜蜂的飞翔天数,日出勤时间长短,采集蜜、粉的飞行强度,以及蜜源植物的泌蜜量。蜂场场址要求平坦、开阔、地势高燥、背风向阳、排水良好,小气候适宜。阴坡,低洼潮湿,山顶、谷口风大地带及蜂场前有障碍物的地方均不适宜摆放蜂群。

低洼的地区易积水和潮湿,不利于蜂群的健康;山顶、谷口风大,不利于蜜蜂飞翔;山谷雾多、日照少,影响蜜蜂出巢采集时间;阴暗的场所摆放蜂群,蜜蜂出巢晚,归巢早,对日出勤量影响较大;蜂场前有障碍物,蜜蜂出巢进巢必须绕过障碍,增加了蜜蜂的飞翔活动,给蜂群采集造成困难;裸露的岩石上、水泥地面,夏天吸热快,冬天散热快,不利于蜂群适宜生活温度的保持;大江、大河、水库边也不宜建定地蜂场,以免蜂王交尾及大风天工蜂采水落入水中,造成死亡。

蜜源植物的开花泌蜜与气候及温湿度均有密切关系。降水量适宜的湿润地区,蜜源植物生长旺盛,泌蜜丰富。花期阴雨连绵的地区,不利于蜜蜂的采集活动。适宜的温度条件下,蜜腺细胞中的水与糖易溶解,蜜源植物泌蜜丰富。光质、光强和日照时间的变化都能给蜜源植物的生长发育、生理变化、形态结构和花蜜分泌带来深刻影响。强风使蜜源植物蒸腾加剧,生长发育受阻,花朵被揉落。干热风能使蜜腺分泌的花蜜中的水分迅速蒸发,糖分凝结,使蜜蜂无法采集,甚至使花朵枯焦。如北方的刺槐花期,如遇干热风天气,蜂群产蜜量一般都会减少,严重时还会绝收,因此蜂场场地的选择要充分考虑放蜂场地的气候因子。

山区蜂场,宜建在山腰或近山麓的南面向阳坡地上。背有高山屏障,南面是开阔地,蜂场中间布满稀疏的林木,这样的场地冬天、早春可防寒,盛夏可免遭烈日暴晒。平原地区,蜂场北面可砌一道防风墙,防止冬、春的寒风侵袭蜂群。

(二)蜂群的摆放

蜂场建设完成后,就要在蜂场中摆放蜂群。蜂群摆放的排列方式多种多样,应根据蜂群的数量、蜂场场地面积、蜂种等灵活掌握。但都应以管理方便、蜜蜂容易识别蜂巢位置、不易引起盗蜂为原则。

1. 中蜂的摆放排列　中蜂认巢能力差,容易错投它群,并且盗性强。中蜂排列不能太紧密,以防蜜蜂错投它群,引起蜜蜂斗杀和盗蜂。中蜂蜂箱的排列应根据地形、地物适当分散排列,各蜂箱的巢门方向应尽可能错开。在山区丘陵地带尽可能利用斜坡、树丛或大树布置蜂群,使各个蜂箱巢门的方向、位置、高低无序错落,箱位目标区别显著,易于蜜蜂识别。

蜂箱宜放置在砖或木、竹桩上,一是防止地面上的敌害进入蜂箱,二是防止地面潮湿气体使箱底腐烂。放置蜂箱时,还要注意使蜂箱后部稍高于蜂箱前部,以防止雨水通过巢门进入蜂箱。

2. 西方蜜蜂的摆放　我国西方蜜蜂的摆放主要以单箱排列、双箱排列、一字形排列、环形排列为主要方式。这些蜂群的摆放方式各有特点,可根据场地大小、蜜蜂数量和蜜蜂饲养管理的需要加以选择。不管如何排列蜂群,摆放时都应将箱底垫起,以减慢箱底腐烂速度。

(1)单箱排列:这种摆放方式适用于蜂群数量少、场地宽敞的蜂场。单箱排列可以单箱单列和单箱多列。每排蜂箱之间距离 1～2 m,排与排之间相距 2～3 m。前后排蜂箱交错摆放,以利于蜜蜂进入蜂巢。

(2)双箱排列:这种蜂群摆放方式适用于规模大、蜂群数量多的蜂场。双箱排列可分为双箱单列和双箱多列两种方式。双箱排列方式就是将两个蜂箱并列靠在一起为一组,多组蜂群摆成一排。两组之间相距 1～2 m,各排之间相距 2～3 m,前后排蜂箱尽可能错开摆放。

(3)一字形排列:这种摆放蜂群的方式多用于场地较小、蜂群较多,或在气温较低的季节方便蜂群保温。一字形排列只适用于单箱体饲养的蜂群。一字形的排列方式就是将蜂群一箱紧靠一箱地集中摆成一排放置,巢门朝向同一个方向。用这种方法排列蜂群,占地面积小,易箱外保温。但蜂群易偏集,蜂群加继箱后,不便管理操作。

(4)环形排列：在定地蜂场中，这种蜂群排列方式并不多见，多见于转地蜂场途中临时放蜂。环形摆放既能使蜂群相对集中，又能防止蜂群偏集。环形排列时，将蜂箱排列成圆形或方形，巢门朝内。

第二节　蜂场的卫生和消毒

蜂群有自我卫生清理的本能，患病死亡的蜜蜂幼虫或成蜂尸体会被蜜蜂清理出巢，落到蜂场附近。患病蜜蜂的粪便会污染蜂场及建筑物等。导致白垩病的蜂球囊菌孢子有很强的生命力，在干燥状态下可活 15 年；导致蜜蜂慢性麻痹病的病毒在蜂尸中，可保持毒性达 2 年。蜂场的卫生与消毒，就是为了有效清除和杀灭这些被蜜蜂清理出箱外的病原体，从而达到预防和减少疾病传播的目的。蜂场附近蜜蜂经常采集的被污染的水源，也是导致和传播蜜蜂疾病的场所。蜜蜂副伤寒杆菌主要生存于污水坑中，蜜蜂采水时，病菌从消化道进入蜜蜂体内，在其肠道大量繁殖，通过粪便排出体外，从而污染蜂场、蜂箱巢脾等。通过污染的巢脾中的饲料等再传给健康蜜蜂，导致蜂群发病。因此，蜜蜂采集的水源也应定期进行卫生消毒。

一、蜂场的卫生保洁

经常对蜂场进行卫生清洁，定期清除蜂场内的杂草，及时把蜂场中的死蜂清理干净，并对清理的死蜂进行焚烧或深埋地下处理。生产前，还应对蜂产品生产场所进行卫生清洁，以防止粉尘等污染蜂产品。对蜂场定期撒些石灰粉，与土混合压实，可起到杀灭病原微生物的作用。

二、蜂场的消毒

蜂场一旦有蜂群患病，病原物会随病尸被清巢工蜂拖到箱外，为杀灭这些病原体，清理完蜂场死蜂后，可用0.5%的次氯酸钠或0.5%的过氧乙酸水溶液对蜂场地面或越冬室喷洒消毒。也可用5%的漂白粉乳剂对蜂场及越冬室进行喷洒消毒，蜂场建筑物、越冬室或蜂场树木粉刷10%～20%的石灰乳进行消毒。石灰乳可自制，方法是先将生石灰用少量水化开，然后加水配成含石灰10%～20%的石灰乳。

蜜蜂采集的水源，一定要保持洁净。蜜蜂经常采水的水池等如果不很大，最好定期向水里投放些漂白粉进行消毒。如水源面积很大无法控制，就应及时在蜂场设置蜜蜂喂水器，并诱导蜜蜂到该处采水。对喂水器也应定期清洗消毒。另外，为防止蜜蜂到不洁之地采无机盐而传染疾病，给蜜蜂喂水时可在水中加入少量食盐，浓度不超过0.1%。

提示问答

1. 无公害养蜂需要什么样的自然环境？
2. 怎样对蜂场进行卫生保洁？

第八章

无公害蜂产品生产的蜂场转换与建设

阅读指南　在蜜蜂疾病的防治过程中，曾被蜂药污染的蜂蜜和蜂花粉在巢房的储存过程中会吸附或溶入巢脾。养蜂者在从事商品蜂产品生产前，虽会把被直接污染的蜂产品特别是蜂蜜事前取出，但残存在巢脾中的有害蜂药还会缓慢地释放在蜂产品特别是蜂蜜里，从而间接污染蜂产品。因此，在蜂场建设过程中，对新购买的蜂群和曾因蜂群患病用药污染的蜂群，在进行无公害蜂产品生产前必须进行转换。

第一节　蜂场的转换

一、蜂场进行无公害生产前需进行转换

据河北省青龙县养蜂联合体负责人赵景民师傅介绍，在他们的养蜂联合体中，有些蜂场的蜂群曾饲喂过抗生素类蜂药。荆条花流蜜前，

虽将蜂群中存蜜全部取净，但用这些污染过的巢脾生产的蜂蜜，经有关部门检测仍有抗生素残留。后来用新造巢脾全部更换掉被抗生素污染的巢脾后，重新生产出的蜂蜜才完全达到了无公害蜂蜜的标准。由此可见，一般生产性蜂场，如果曾给蜂群使用过禁用蜂药，特别是近期使用过氯霉素等易融入巢脾的禁用抗生素，在进行无公害蜂产品生产前，必须对生产蜂群进行换脾转换。否则这些融入巢脾的蜂药，很难被清除，随着时间的推移这些蜂药又会溶入蜂蜜，对蜂蜜造成直接污染。

二、无公害生产蜂场的转换

进行转换的蜂群，在投入无公害生产前至少 21 天，就应着手对其进行转换。其转换的最佳时机是利用蜂群的断子期。这时转换简单，只需用洁净的蜜粉脾、空脾替换出蜂群中受到污染的巢脾即可。

如在繁殖期进行转换，除用洁净蜜粉脾、空脾替换掉被污染的蜜粉脾和空脾外，还要随子脾的逐渐羽化出房慢慢淘汰掉这些被污染的巢脾，这一过程至少要延续 21 天。如果蜂场中没有洁净的巢脾，在撤出蜂群中的污染蜜、粉脾和空脾的同时，就要给蜂群加巢础筑造新巢脾，同时于撤脾当晚用优质白砂糖糖浆奖励饲喂蜂群，直至用新脾替换掉蜂群中的全部被污染巢脾为止。正式开始无公害蜂产品生产，特别是进行无公害蜂蜜生产前，取净蜂群中由饲料糖转化而成的储蜜，就可进行无公害蜂产品生产了。

第二节　蜂场的建设

一、蜂场的设施建设

蜂场的建设应根据蜂场场地的大小、蜂场所处地点的气候特点、养蜂的规模、蜂场的经营形式、养蜂生产的类型等，确定蜂场的建筑面积、功能区划等。如纯生产型蜂场，在房屋建筑上，就要重点考虑养蜂生产用的养蜂室、越冬室、生产车间、办公室、车库、仓库、员工宿舍、厨房、卫生间等。而观光示范兼销售型蜂场，就应采取园林化布置，在房屋建筑上还要考虑展示厅、接待室、营业室等。

（一）养蜂室

养蜂室是饲养蜜蜂的房屋，也称为室内养蜂场，一般适于小型或业余蜂场。山区室内养蜂，可有效避免狗熊等大型兽类蜜蜂天敌的危害。养蜂室内，气温较平稳，受外界温度变化的影响较小，蜜蜂较容易调节巢温，有利于蜂群的生活和繁殖发展。蜂群开箱管理不受风吹、雨淋，延长了蜂箱的使用寿命。但建筑成本较高。

养蜂室通常在蜜源丰富、背风向阳、地势较高的场所。养蜂室呈长方形，蜂箱顺室内墙壁排放，蜂箱的巢门通过通道穿过墙壁通向室外。养蜂室的高度根据蜂箱层数确定。长度亦需根据蜂群数量决定。一般室内蜂群多双箱一组排列，两组间隔 60～70 cm，室内两排蜂箱后壁间留出通道，通道宽一般为 1.2～1.5 m，通道和两排蜂箱所占位置的距离之和即为养蜂室的宽度。

养蜂室以土木或砖木结构为主。养蜂室的门开在侧墙，正对通道；墙壁上方开通气窗，窗上安装遮光板，平时放下遮光板，保持室内黑暗，检查和饲喂蜂群时，打开遮光板。通气窗上安装脱蜂口，以使在开箱时少量趋光飞出的蜜蜂飞到室外。养蜂室的地面用水泥铺设，也可在夯实的养蜂室地面上铺上一层砖。室外墙壁上的巢门口，可涂上不同颜色，以减少蜜蜂迷巢。

（二）越冬室

越冬室是高寒地区蜂群越冬的场所。我国东北、西北地区冬季严寒，气温常在－20℃以下，很多养蜂者习惯于蜂群室内越冬。越冬室要求隔热、防潮、黑暗、安静、通风、防鼠等。越冬室内的温湿度保持相对稳定，以－4～4℃为宜。越冬室有地下越冬室、半地下越冬室、地上越冬室等。

1. 地下越冬室　地下水位较低的地区可以修建地下越冬室。地下越冬室比较节省材料，成本低，保温性能好。可以是临时的简便防潮地窖，也可以是永久性的越冬室。地下越冬室应注意防潮。

越冬室内温湿度的控制主要由越冬室的进出气孔调节。越冬室的大小，可视蜂群的数量决定，一般一个 10 框标准箱应占约 0.6 m^3 的空间，进出气孔的大小和数量应按每个蜂箱 3～5 cm^2 的面积设计。放两排蜂箱越冬的地下室，一般地下室深 2.7 m 左右。永久性地下室的墙壁可用砖石垒砌，地面用水泥铺成，顶盖可用水泥预制板或方木承重，上面再铺一层 30 cm 厚的黏土保温。室门留在一侧，靠斜坡路通向地面。地下越冬室在顶部加设通气孔，通气孔通透顶盖，将室内潮湿空气排出。越冬室顶部与地面平齐，可在上面修筑仓库等，以充分利用地面空间。

2. 半地下越冬室　在地下水位较高，天气寒冷的地区，较适合建设保温性能较强的半地下越冬室。半地下越冬室的特点是一半在地下，一半在地上。根据土质情况，地下还需打 30～50 cm 的地基。从地下部分地基开始，用石头或砖砌成墙壁，地上部分为两层，中间约 30 cm 空隙填充保温材料。为防潮湿，在室内地面铺上油毡或塑料薄膜，在其上再铺一层厚约 20 cm 的干沙土。也可将地下部分做防水处理后，再用水泥铺地面。越冬室的房顶由保温、防雨材料构成。半地下室的进气孔留在墙壁基部，出气孔均匀地分布在靠顶部的墙上或室顶上。

3. 地上越冬室　地下水位较高的地区，越冬室应修建在地上。地上越冬室与一般房屋所不同的是有两层墙，两层墙间留有 30～50 cm 空隙，用于填塞保温材料。房顶除防雨外，还必须保温。进气孔设在两侧墙壁，沿地面伸出室外，出气孔设在房顶部墙壁上，也可像烟囱一样从房顶直接伸出室外。一般住房也可改建成简易的地上越冬室，但需加一层内墙，以增加保温效果。长江中下游放蜂归乡的蜂群密度大，由于冬季气温较高，蜂群活动量大，不能安静越冬或蜂群间互盗，为了提高蜂群的越冬效果，常采用室内越冬。南方的越冬室，墙壁可较薄，应重点考虑越冬室的通风降温、避光黑暗、防潮等。

（三）蜂群遮荫棚架

蜂棚多三面砌墙以避风，一面开阔向阳。顶部用石棉瓦等不透光防雨材料搭建。蜂棚下单向排列蜂箱，蜂棚宽 1.3～15 m，高 2 m 左右，长宽根据蜂群数量而定。蜂棚多见于华北和黄河流域。

遮荫架是南方气候较炎热地区常见的蜂场建筑设施。遮荫架是在排放蜂群的地点搭起的篷架。支架可用钢管或水泥制成，顶棚用不透光的建筑材料，也可在棚架背部种植葡萄、藤蔓瓜类植物，夏季靠植物枝叶遮荫。棚顶宽度为 2.5 m 左右，高度为 2 m 左右，长度依地势和摆放蜂群数量而定。

（四）挡风屏障

北方平原冬季西北风较多，蜂场如无天然挡风屏障，冬季和初春的寒风影响蜂群的安全越冬和春天蜂群的繁殖。为抵御寒冷的北风对蜂群的侵袭，蜂场需建挡风屏障。

挡风屏障应设在蜂群的北侧及西侧两个方向，建挡风屏障的材料可因地制宜，永久建筑可用砖石砌成牢固的围墙；临时性挡风屏障可用土坯垒砌，或用灰土直接夯实成墙，也可用木板、厚实的玉米秸秆等围成挡风屏障。挡风屏障要牢固，尤其在风力较大的地区，防止屏障被风刮倒。挡风屏障高度应为 2～2.5 m。

（五）生产车间、生活及办公场所

蜂场的生产车间主要包括蜂具制作间、蜂产品生产车间、库房等。办公场所主要包括办公室、接待室、会议室等。生活场所主要包括职工宿舍、食堂、卫生设施等。

1. 生产车间　蜂具制作室是蜂箱制作、修理和巢框组装、上础的房间。蜂具制作室内要配备各类工具橱柜，配备木工、钳工、上础工具等，还要配齐蜂群管理的常用工具。

蜂蜜、蜂王浆生产操作室要求清洁、宽敞、明亮，墙壁和地面能用水冲洗，便于保洁。大型蜂场的蜂蜜生产间最好能依山而建，上层为取蜜操作间，下层为蜂蜜过滤和分装车间。蜂王浆生产操作间是移虫、取浆的场所，要求向阳、室内明亮，室内配置移虫、取浆操作台和蜂王浆冷冻保鲜设备。移虫操作台上方要配备光源,以方便阴天等光线不足的情况下正常移虫。

蜂机具和蜂产品储存的仓库要求宽敞、清洁、阴凉、干燥、无污染。

2. 办公场所　办公场所关系到蜂场的形象,要求整洁、大方。观光型蜂场,接待室还应配备养蜂科普知识介绍的实物、图片文字说明等,以满足观光者的好奇心和提高对蜜蜂的兴趣。销售营业场所最好设蜂产品展示区,并配有产品简介,设顾客休息区,配备沙发、茶几、桌椅等,方便顾客在休息的同时品尝蜂产品。

3. 生活建筑　根据蜂场的规模大小、功能等建设适当面积的职工宿舍、厨房或食堂、卫生设施等。

二、蜂群选购

蜂场初建都需要购买蜂群。购买蜂群应着重考虑购买时间、购买蜂群的蜂种、所购买蜂群的质量好坏、养蜂机具是否受到蜂药污染、随蜂群机具的尺寸是否标准、蜂群是否健康等问题。

(一)购买时间

购买蜂群最好是春暖花开季节,或当地购蜂后仍有一段时期的蜜粉源植物开花季节。春暖花开或有蜜粉源的季节,气候适宜蜜蜂的包装转运;购买蜂群后,蜂群较容易饲养;当年就可投入生产或繁殖。即使最后一个蜜源不能进行生产活动,但至少也可保证蜂群饲料的储备和培育一批适龄的越冬蜂。在南方越夏和北方越冬前,蜜粉源植物花期都已结束就不宜购买蜂群。蜜蜂的安全越夏或安全越冬都需要做细致的工作,要有大批适龄工蜂,这时购买的蜂群难以把握蜂群质量,并且还需购买饲料糖,增加了开支;另外,蜂群的越夏和越冬管理有一定的难度,管理方法不当,极易造成蜂群损失。

(二)所购蜂群的蜂种特性

蜂种没有一个集一切优点的绝对良种,现存蜂种均有其优点,也各有其不足。在选择蜂种前必须对其种性特点进行深入研究,我国现有蜂种的品质特性状况，请参阅本书有关章节。选择蜂种应从能适应当地自然条件、能适应现实饲养管理条件和生产繁殖能力强、经济性能好、容易饲养等方面综合考虑。所选蜂种最好是经养蜂生产技术推广及主管部门经几年实践验证，正在该地区大范围推广的优良品种。

1. 适应当地的自然条件　当地自然条件主要是指气候、蜜粉源、病敌害等。针对这些自然条件购买的蜂种应重点考虑蜂种的越冬或越夏性能，即抗寒和耐热能力；对大宗蜜粉源和零星蜜源的利用能力；对蜜蜂病敌害的抵抗能力等。所选购的蜂种必须适应当地的自然条件。

2. 适应现实的饲养管理条件及生产目的　不同蜂种，生产不同产品的能力有所不同。“浆蜂”分泌蜂王浆、采集花粉能力很强；黑体色蜂种善于利用零星蜜源，节省饲料，采蜜能力较强。不同的蜂种对副业或专业养蜂、定地或转地养蜂以及对蜜蜂饲养管理水平的要求均有所不同。因此，选择蜂种应考虑所选购蜂种能否适应现有的饲养管理条件和生产目的。

3. 繁殖能力强，经济性能好　所选购的蜂群，蜂王产卵能力强，工蜂的育虫能力强，工蜂的采集能力强，寿命长。蜂王产卵力强、工蜂哺育力强、工蜂寿命长才能有效维持强群，才能充分表现出良好的群体采集力，才能获取大量的蜂产品，取得较好的经济效益。

4. 性能温驯、易管理　蜂种的温驯性、盗性、分蜂性、清巢能力、认巢能力等直接关系到蜂群的管理难易程度。蜂群的分蜂性弱，维持强群能力强，清巢能力强，认巢能力强，可直接减少养蜂人员开箱检查次数及箱底清理、蜂群偏集处理等工作，减轻劳动强度；蜂群温驯、盗性弱，养蜂人员在蜂群检查等管理中，会减少许多蜂螫的痛苦和预防处理盗蜂的麻烦，使蜂群管理轻松方便。

（三）选购的蜂群

蜂群最好是从连年高产、稳产、无传染性蜜蜂疾病的蜂场购买。养蜂技术水平较高的蜂场，对蜜蜂的种性特性较为重视，在养蜂生产中注重良种的选育。购买蜂群时要注意蜂群质量，蜂箱、巢脾质量。

1. 蜂群质量　购买季节不同，蜂群的群势要求标准也不相同，一般早春不少于2足框蜂，夏季在5足框蜂以上。蜂群质量的好坏可通过箱外观察和开箱检查全面了解。

在蜜蜂出勤高峰时段观察蜂群巢门口，进出巢的蜜蜂较多，携粉归巢蜂比例大。巢前死蜂较少，基本没有蜜蜂在箱前地面上爬行，没有翅足不全的蜜蜂。无较多、较稀薄的蜜蜂粪便，巢门口前无白色或黑色的幼虫僵尸，可基本判定该蜂群健康正常。

开箱检查时，工蜂安静，不惊慌乱爬，不激怒螫人，说明蜂群性情温驯；工蜂体色正常，大部分工蜂体表绒毛多而新鲜，则表明蜂群健康，年轻工蜂比例大。蜂王体大、胸宽、腹长丰满、爬行稳健，全身密布绒毛且光泽鲜艳，产卵时腹部屈伸灵活、动作稳健，产卵整齐成片，说明蜂王质量较好。蜂群中子脾多，面积大，封盖子脾整齐成片，无花子；小幼虫底部浆多，大幼虫发育饱满有光泽，无花子、无烂子现象，说明该蜂群健康状况良好。蜂群内边脾储蜜充足，其他巢脾上边角有储蜜，说明蜂群饲料充足。这样的蜂群可以放心购买。

2. 蜂箱及巢脾质量　购买蜂群时，还应注意所购蜂群使用的蜂箱应坚固、严密，巢脾巢框周正、尺寸标准。购蜂后一般需马上运走，若蜂箱破损、不牢固，在蜂群运输途中就会出现麻烦。巢脾尺寸不标准，就不便于今后的蜂群管理。所购买蜂群的巢脾质量好坏与蜂群的繁殖发展关系密切，老黑的旧巢脾，繁殖出的工蜂个体小，采集力差；雄蜂巢房多的巢脾，繁殖出的蜂群中雄蜂数量多，饲料消耗量大。因此，所购蜂群中发黑、残缺、雄蜂房多的劣质巢脾要尽量少。

3. 蜂机具是否受到污染　购买蜂群前必须向卖主了解清楚，蜂群在出售前是否曾使用过违禁蜂药。被蜂药污染过的蜂机具特别是巢脾，若干年内仍会污染蜂蜜等蜂产品，在进行无公害蜂产品生产前，对受到污染的蜂群必须进行转换。

提示问答

1. 在进行无公害蜂产品生产前，为什么需对被污染的蜂群进行转换？怎样转换？

2. 蜂场建设应注意哪些问题？

第九章

无公害蜂产品生产的蜜粉源及饲料

阅读指南 蜂蜜和蜂花粉来源于蜜粉源植物，是蜜蜂赖以生存的保证。为保证蜂群的有效繁殖，在没有自然蜜源时，养蜂者必须用人工饲料对蜂群进行饲喂。天然蜜源中的有毒蜜源植物和人工饲料中的有害添加剂都会污染蜂产品，在无公害蜂产品生产过程中应予以防范。

第一节 无公害蜜粉源场地的选择

一、蜜粉源植物

蜜粉源植物包括栽培蜜粉源植物和野生蜜粉源植物。蜜粉源植物又可分为可获得大量商品蜜、花粉的主要蜜粉源植物和能够提供蜜蜂自身生活及繁殖之用的辅助蜜粉源植物。不论栽培蜜粉源植物还是野生蜜粉源植物，选择放蜂场地时，都要求蜜粉源植物面积大，数量多，长势好，泌蜜稳定。下面就我国主要蜜粉源植物和主要辅助蜜粉源植物作一简要介绍，供选择养蜂场地时参考。

（一）主要蜜粉源植物

主要蜜粉源植物是指数量多、分布广、花期长、泌蜜丰富或花粉多、蜜蜂喜欢采集、能生产大量商品蜂蜜、蜂花粉的植物。

1. 油菜（*Brassica campestris* L.）　别名芸薹、菜薹，十字花科，为一年或二年生草本植物。油菜主要分为 3 种类型：白菜型，如黄油菜；芥菜型，如辣油菜；甘蓝型，如胜利油菜。

油菜分布很广，主要分布于广东、广西、浙江、江苏、安徽、江西、上海、福建、台湾、云南、贵州、四川、湖南、湖北、河南、河北、山东、山西、甘肃、宁夏、青海、西藏、新疆、内蒙古、辽宁、黑龙江、吉林等地。花期因地而异，花期较长，蜜粉丰富，蜜蜂喜欢采集。油菜适应性强，在土层深厚、土质肥沃而湿润的土壤中泌蜜较好。泌蜜适宜温度 18～25℃，相对湿度 70%～80%。花期 30～40 天，主要泌蜜期 25～30 天。最早花期 12 月份，最晚次年 7 月份。蜜粉均丰富，是我国重要蜜源和粉源植物。蜜蜂每群产蜜量 10～30 kg。

2. 紫云英（*Astragalus sinicus* L.）　别名红花草、草子、燕儿草，豆科，为一年生或二年生草本。

主要分布于长江中下游及以南各省区，其中种植面积较大的有湖南、湖北、江西、安徽和浙江等省。紫云英在湿润的沙土、重壤土、石灰质冲积土上泌蜜良好，开花期因地区、插种期和品种不同而有差异，一般花期在 1～5 月份。泌蜜期 20 天左右，蜜粉丰富。早熟品种花期约 33 天，中熟品种花期约 27 天，晚熟品种花期约 24 天。泌蜜适宜温度 20～25℃，相对湿度 75%～85%，晴暖气温高，泌蜜量大。蜜蜂每群采蜜量 20～50 kg。

3. 荔枝（*Litchi chinensis* Sonn.）　别名荔枝母、大荔、离枝，无患子科，常绿乔木，有早、中、晚三大品种。

荔枝主要分布于广东、福建、台湾、广西、海南、四川、云南、贵州。其中广东、福建、广西、台湾面积较大，是我国荔枝主产区。荔枝喜温暖湿润的气候，在土层深厚、有机质丰富的冲积土壤中生长最好。花期1～4月份，群体花期30天，主要流蜜期20天左右。温度20～28℃，相对湿度80%以上，泌蜜最多，若遇北风或西南风则不泌蜜。有明显的大小年现象，花期蜜多、粉少。大年每群意蜂产蜜10～25 kg，丰年30～50 kg。

4. 苕子（*Vicia cracca*. L.）　别名蓝花草子、巢菜、广布野豌豆，豆科，为一年生或多年生草本。

苕子种类多，分布广，我国约有30种，主要分布于江苏、安徽、山东、陕西、云南、贵州、四川、湖南、湖北、广西、甘肃等省区。苕子耐寒、耐旱、耐瘠薄，适应性强。花期3～6月份，花期20～25天。泌蜜适宜温度24～28℃。蜜粉丰富。每群意蜂产蜜量15～40 kg。

5. 柑橘（*Citrus reticulate* Blanco）　别名宽皮橘、松皮橘，芸香科，常绿小乔木或灌木。

柑橘分布区域广，以广东、湖南、四川、浙江、福建、湖北、江西、广西、台湾等地面积较大。柑橘喜温暖湿润的气候，花期2～5月份，花期20～35天，盛花期10～15天。泌蜜适宜温度22～25℃，相对湿度70%以上。蜜粉丰富。每群意蜂可产蜜10～50 kg，丰年高达50 kg。

6. 龙眼（*Dimocarpus longan* Lour.）　别名桂圆、益智、圆眼，无患子科，常绿乔木。

龙眼主要分布于福建、广西、广东、台湾、四川、海南、云南，贵州也有少量种植。龙眼适于土层深厚而肥沃和稍湿润的酸性土壤，开花期3月中旬至6月中旬，品种多的地区花期长达30～45天，泌蜜期15～20天。蜜泌适宜温度24～26℃，相对湿度70 %～80%。有大小年现象，花期蜜多粉少。一般群产蜜15～20 kg，丰年可达50 kg。

7. 刺槐（*Robinia pseudoacacia* L.）　别名洋槐，豆科，为落叶乔木。

刺槐主要分布于山东、河南、河北、辽宁、陕西、甘肃、山西、江苏、安徽等地。刺槐喜湿润肥沃土壤，适应性强，耐旱。开花期 4～6 月份，一个地方的花期 10～15 天，主要泌蜜期 7～10 天。气温 20～25℃，无风晴暖天气，泌蜜量最大。每群意蜂产蜜量可达 30～70 kg。

8. 柿树（*Diospyros kaki* L. f.） 别名柿子，柿树科，乔木。

柿树主要分布在河南、河北、山东、山西、陕西等地。柿树耐寒、耐旱，适应性强。山东、河南开花期 5 月上旬，花期 15～20 天。气温20～28℃，相对湿度 60%～80%，晴天天气泌蜜量大。有大小年，大年蜜蜂每群蜂蜜产量 10～20 kg。

9. 白刺花（*Sophora viciifolia* Hance） 别名狼牙刺、苦刺，豆科，灌木。

白刺花主要分布于陕西、甘肃、宁夏、山西、云南、四川、西藏等地。白刺花耐寒、耐旱，适应性强。开花期多数地方为 5 月份，花期长约 30 天，泌蜜期 20～25 天。气温 25～28℃，相对湿度 70%以上，泌蜜量最大。蜜粉丰富。每群意蜂产蜜量 15～30 kg，丰年高达 40 kg。

10. 沙枣（*Elaeagnus angustifolia* L.） 别名桂香柳、银柳，胡颓子科，落叶乔木或灌木。

沙枣主要分布于新疆、甘肃、宁夏、陕西、内蒙古，是我国西北地区夏季主要蜜源植物。沙枣喜光，抗旱性极强，并耐寒冷，抗风沙。开花期 5～6 月份，花期长约 20 天。地下水丰富、较湿润的地方，泌蜜量较大。蜜粉丰富。每群意蜂可产蜜 10～15 kg，丰年可达 30 kg。

11. 枣树（*Ziziphus jujuba* Mill.） 别名红枣、大枣、白蒲枣，鼠李科，为落叶乔木。

枣树主要分布于河北、山东、山西、河南、陕西、甘肃等省的黄河中下游冲积平原地区，其次为安徽、浙江、江苏等省。枣树耐寒、耐高温、耐旱、耐涝。花期 5 月份至 7 月上旬，花期 25～30 天。气温 26～32℃，相对湿度 50%～70%，泌蜜量大。蜜多粉少。每群意蜂可产蜜 15～25 kg，丰年高达 40 kg。

12. 山乌桕［*Sapium discolor*（Champ.）Muell. -Arg.］ 别名野乌桕、山杠、山柳、红心乌桕，大戟科，为落叶乔木或灌木。

山乌桕广泛分布于南方热带、亚热带山区，主要分布于福建、广东、广西、云南、贵州、江西、湖南、浙江等地山区土层深厚、肥沃、含水丰富的山坡和山谷森林中。4 月中下旬形成花序，5 月中下旬开花，花期约 30 天，泌蜜期 20～25 天。泌蜜适宜温度 28～32℃。蜜粉丰富。每群意蜂可产蜜 15～20 kg ，丰年最高可达 50 kg。

13. 老爪头（*Cynanchum komarovii* Al. Iijinski） 别名牛心朴子，萝摩科，多年生直立半灌木。

老爪头主要分布于内蒙古、宁夏和陕西省交界的毛乌素沙漠及周围各县。老爪头耐寒、耐热、耐旱、耐瘠、抗风沙。开花期通常 5 月下旬至 7 月下旬，群体花期 40～50 天。泌蜜适宜温度 27～30℃。蜜多粉少。每群意蜂可产蜜 30～40 kg，丰年 50 kg 以上。

14. 紫苜蓿（*Medicago sativa* L.） 别名苜蓿、紫花苜蓿，豆科，多年生草本。

紫苜蓿主要分布于黄河中下游和西北地区。以陕西、新疆、甘肃、山西和内蒙古面积较大，其次是河北、山东、辽宁、宁夏等地区。紫苜蓿耐寒、耐旱、耐瘠薄，适应性强。开花期 5～7 月份，花期约 30 天。蜜多粉少。泌蜜适宜温度为 28～32℃，每群意大利蜂产蜜量 15～30 kg，丰年最高可达 50 kg。

15. 草木樨（*Melilotus albus* Desr.） 别名白花草木樨、青子、白甜车轴草，豆科，为二年生草本。

草本樨广泛分布于北方各省区的牧区，大部分地区开花期为 6 月中旬至 7 月下旬，花期约 30 天。晴天气温 25～30℃，相对湿度 60%～80%，泌蜜量最大。蜜粉丰富。每群意蜂可产蜜 20～40 kg，丰年高达 60 kg。

16. 乌桕［*Sapium sebiferum*（L.）Roxb.］ 别名卷子、木樟、木蜡树，大戟科，落叶乔木。

乌桕主要分布于秦岭至淮河以南各省区及台湾、海南。浙江、四川、湖北、贵州、湖南、云南栽培较多，其次是江西、广东、福建、安徽、河南等。开花期多数省份为 6～7 月份，花期约 30 天。泌蜜适宜温度

25～32℃，气温30℃，相对湿度70%以上时泌蜜最好。蜜粉丰富。每群意蜂可产蜜20～30 kg，丰年可达50 kg以上。

17. 荆条[*Vitex negundo* L. var. *heteropohylla* (Franch.) Rehd] 别名荆柴、荆子、荆棵，马鞭草科，为落叶灌木。

华北是荆条分布的中心，主产区为辽宁、河北、北京、山西、山东、内蒙古、河南、安徽、陕西、甘肃。荆条耐寒、耐旱、耐瘠，适应性强。开花期6～8月份，主花期30天。气温25～28℃泌蜜量大。蜜多粉少。每群意蜂可产蜜25～40 kg。

18. 芝麻(*Sesamum orientale* L.) 别名胡麻、脂麻，胡麻科，为一年生草本。

芝麻主要分布在黄淮平原和长江中下游地区，其中河南、湖北、安徽面积较大。适于地势高、排水良好、土质松软的土壤。花期早的为6～7月份，晚的为7～8月份，花期30～40天。泌蜜适宜温度25～28℃。蜜粉丰富。每群意蜂可产蜜10～15 kg。

19. 椴树 为椴树科落叶乔木。常见的有紫椴(*Tilia amurensis* Rupr.)和糠椴(*Tilia mandshurica* Rupr. et Maxim.)两种。紫椴别名籽椴、小叶椴，糠椴别名大叶椴。

椴树主要分布于长白山、完达山和小兴安岭林区，主产区为黑龙江、吉林。紫椴开花期为7月上旬至下旬，花期约20天；糠椴为7月中旬至8月中旬，花期为20～25天。两种椴树花期交错重叠，群体花期35～40天。泌蜜适宜温度20～25℃。蜜多粉少，有大小年。大年每群意蜂可产蜜20～30 kg，丰年可达100 kg。

20. 向日葵(*Helianthus annuus* L.) 别名葵花、转日莲，菊科，为一年生草本。

向日葵主要分布于黑龙江、辽宁、吉林、内蒙古、新疆、宁夏、甘肃、河北、山西、山东等地。花期7月中旬至8月中旬，主要泌蜜期20天。气温18～30℃泌蜜良好。蜜粉丰富。每群意蜂可产蜜15～40 kg，高时可达100 kg。

21. 荞麦(*Fagopyrum esculentum* Moench.) 别名三角麦，蓼科，

一年生草本。耐旱、耐瘠，生育期短，适应性强。

我国大部分省区都有栽培，主要分布在西北、东北、华北和西南，以甘肃、陕西、内蒙古面积较大，其次是宁夏、山西、辽宁、湖北、江西和云贵高原。花期由北向南推迟，早荞麦多为7～8月份，晚荞麦多为9～10月份，花期30～40天，盛花期约24天。泌蜜适宜温度25～28℃。蜜粉均丰富，是我国主要蜜源和粉源。每群意蜂可产蜜30～40 kg，丰年高达50 kg以上。

22. 棉花（*Gossypium hirsutum* L.）　别名陆地棉、高地棉、大陆棉，锦葵科，为一年生草本。花粉黄色。

全国大部分省区都有栽培，主要产区为黄河中下游地区、新疆和渤海湾沿岸，其次是长江中下游地区。其中山东、河北、河南、新疆、江苏和湖北面积较大。开花期7～9月份，花期长达70～90天。泌蜜适宜温度35～38℃。泌蜜丰富。每群意蜂可产蜜10～30 kg，高时达50 kg以上。

23. 野坝子（*Elsholtzia rugulosa* Hemsl.）　别名野拔子、野苏麻、扫巴茶、皱叶香薷，唇形科，草本至半灌木。

野坝子是我国西南地区野生的冬季主要蜜源植物，主要分布于云南、贵州、四川等省。开花期随纬度南移和海拔高度下降而推迟，10月中旬至12月中旬开花，花期40～50天。泌蜜适宜温度17～22℃。蜜多粉少。每群蜂可产蜜15～20 kg，丰年可达50 kg。

24. 大叶桉（*Eucalyptus robusta* Smith）　别名桉树，桃金娘科，常绿乔木。大叶桉喜温暖、湿润气候。

大叶桉主要分布于长江以南各省区，广东、海南、广西、四川、云南、福建、台湾等地较多，湖南、江西、浙江和贵州的南部地区也有种植。开花期8月中下旬至12月初，花期长达50～60天，盛花期30～40天。19～20℃泌蜜量最多。蜜多粉少。每群蜂产蜜量10～30 kg。

25. 枇杷［*Eriobortrya japonica*（Thunb.）Lindl.］　别名卢橘，蔷薇科。

枇杷主要分布于浙江、福建、江苏、安徽、台湾省，为冬季主要蜜源。

开花期10～12月份，泌蜜期为30～35天。泌蜜适宜温度18～22℃，相对湿度60%～70%。夜凉昼热、南风天气泌蜜多。每群可产蜜5～10 kg。

26. 柠檬桉(*Eucalyptus citriodora* Hook F.) 别名留香久，桃金娘科，常绿乔木。比较耐旱，适应性强。

柠檬桉主要分布于广东、广西、海南、福建、台湾，其次是江西、浙江南部、四川、湖南南部、云南南部等。始花期，雷州半岛11月中旬，广州、南宁12月上旬，花期长达80～90天。气温18～25℃，相对湿度80%以上的天气泌蜜量最大。蜜多粉少。每群蜂可产蜜8～15 kg。

27. 柃(*Eurya* spp.) 别名野桂花、山桂，山茶科，为常绿灌木或乔木。我国柃属植物有78种，均为优良的蜜源植物。喜温暖、凉爽湿润的气候。

柃广泛分布于长江以南各省区和台湾、海南，少数种类北到秦岭南坡。我国柃蜜生产区主要是湖北、广西、江西，其次是广东、福建、云南。开花期早桂花10～11月份，中桂花11～12月份，晚桂花12月份至次年2月份，花期10～15天。泌蜜适宜温度18～22℃，蜜粉丰富。中蜂每群可产蜜10～20 kg，丰年可高达35 kg。

28. 鹅掌柴[*Schefflera ocaophylla* (Lour.) Harms] 别名鸭脚木、公母树，五加科，常绿乔木或灌木。喜光、温暖湿润的气候及土层深厚的酸性土壤。

鹅掌柴主要分布于福建、台湾、广东、广西、海南、云南等地山区。开花期10月份到次年5月份，纬度高和海拔高处先开花，群体花期长达60～70天。泌蜜适宜温度18～22℃。蜜粉丰富。每群中蜂可产蜜10～15 kg，丰年可达30 kg。

29. 胡枝子(*Lespedeza bicolor* Turcz.) 别名梢条、杏条，豆科，落叶灌木，丛生。

胡枝子分布在全国各地，尤以东北荒山区最多。花期东北7月中下旬至8月中下旬，主要花期泌蜜20多天。泌蜜适温25～30℃，晴天温度高湿度大的条件下泌蜜量多。每群可产蜜10～15 kg。

30. 茶(*Camellia sinensis* O. Ktze)　别名茶叶树，山茶科，落叶灌木或小乔木。花粉黄色，蜜粉丰富，花蜜对蜜蜂有毒，蜜蜂采食后，幼虫腐烂。在饲养管理上，采用繁殖区与采蜜区分开、繁殖区脱粉补喂糖浆繁蜂、生产区适时取蜜的方法，可生产大量优质商品蜂花粉。

茶主要分布于广东、广西、福建、云南、湖北、湖南、江西、安徽、陕西、河南等地，冬季开花。

31. 党参(*Codonopsis pilosula* Nannf.)　别名台参、仙草根，桔梗科，多年生草本。

我国西北地区栽种较多。花期 6～8 月份，泌蜜丰富，同时花粉较多，花粉为黄色。党参花期能收获蜂蜜，取得较纯的党参蜂花粉。由于党参是重要的药用植物，因此其蜂花粉很受消费者的欢迎。

32. 椰子(*Cocos nucifera* L.)　棕榈科常绿乔木。

分布于海南、云南及台湾南部，花期 7～8 月份，有蜜有粉，花粉丰富，花粉黄色。除供蜜蜂繁殖外，还能收到商品蜂花粉。

33. 玉米(*Zea mays* L.)　别名包米，禾本科一年生草本，栽培作物，异花授粉植物。花粉为淡黄色。

全国各地广泛分布，是养蜂的主要粉源植物。春玉米 6～7 月份开花；夏玉米 8 月初至 9 月上旬开花。花期一般 20 多天。蜜蜂采集玉米花粉的时间大都是在上午 9 时以前；9 时以后，太阳升起，花粉被晒干，无黏着力而飘散。玉米开花时，蜜蜂采集花粉活跃，它除了供蜜蜂群内繁殖外，还可以收集大量的商品蜂花粉。

34. 莲(*Nelumbo nucifera* Gaertn)　别名荷、荷花，睡莲科，多年生水生草本。花期 6～10 月份，花粉丰富。可收到较纯的商品蜂花粉。

35. 芝麻菜(*Eruca sativa* Gars.)　别名芸芥，十字花科，一年生栽培油料作物。

主要分布于宁夏固原地区，陕西延安和榆林地区，甘肃的临夏、庆阳、河西和平凉地区，青海海东地区，新疆伊犁地区，山西雁北地区的大同、忻县地区，内蒙古，河北张家口地区等。花粉为黄色，花期 6～7 月份。蜜粉丰富。除能提供生产商品蜂蜜外，还能生产较纯的芝麻菜商品蜂花粉。

36. 翅碱莲(*Suaeda heteroptera* Kitagaw)　别名黄须菜、碱莲菜，藜科，一年生草本。

分布于东北、华北、西北、山东、河南、浙江和江苏等地。花期 7～8 月份，花粉淡黄色，数量多。能为蜂群繁殖提供大量花粉，并能收到商品蜂花粉。

37. 马尾松(*Pinus massoniana* Lamb.)　松科常绿乔木。花期3～4 月份，花粉丰富。除了供蜂群繁殖外，也能生产蜂花粉，主要分布于淮河流域和汉水流域各省。

(二)主要辅助蜜粉源植物

养蜂场地除具有大宗的主要蜜源植物，周围 3 km 范围内，还应有丰富的辅助蜜粉源植物。辅助蜜粉源植物是指具有一定数量，能够分泌花蜜、产生花粉，能被蜜蜂采集利用，提供蜜蜂本身维持生活和繁殖之用的植物。主要蜜粉源植物花期过后，或蜜多粉少的主要蜜源植物流蜜期，同时具有较好的辅助蜜粉源，才能保证蜂群正常繁殖所需的营养。辅助蜜粉源植物在我国分布区域很广，种类也很多，下面仅对一些重要的辅助蜜粉源植物作一简要介绍。

1. 山鸡椒[*Litsea cubeba* (Lour.) Pers.]　别名山苍树、木姜子，樟科，落叶灌木或小乔木，雌雄异株。花期 12 月份到来年 2 月份，花期长达 30 天。蜜粉丰富，主要分布于我国长江以南各省。

2. 蚕豆(*Vicia faba* L.)　别名胡豆、南豆，豆科。一年生草本。花期 2～3 月份，蜜粉丰富，分布于我国南方各省。

3. 柠檬(*Citrus limonia* Osbeck)　别名黎檬，芸香科，常绿小乔木。花期 2～3 月份，蜜粉丰富，主要分布于广东、广西、福建等地。

4. 榆(*Vlmus pumila* L.)　别名家榆、白榆，榆科。落叶乔木。花期 3～4 月份，花粉为紫黑色。分布在东北、华北、西北、华东等地区。同属种类的若干种都是较好的粉源植物，能为蜜蜂提供优质花粉，对早春蜂群繁殖能起到良好的促进作用。

5. 杨梅[*Myrica rubra* (Lour.) Sieb. et Zucc]　别名株红，杨梅

科，长绿乔木。花期3～4月份，花粉较多。主要分布于华东、广东、云南、贵州等省区。

6. 山桃[*Prunus davidiana*(Carr.)Franch]　别名野桃、花桃，蔷薇科，落叶乔木。花期3～4月份，蜜粉丰富。分布于河北、山西、山东、内蒙古、河南、陕西、甘肃、四川、贵州、湖北、江西等地。

7. 杏(*Prunus armeniaca* L.)　别名杏子，蔷薇科，落叶乔木。花单生，白色或粉红色，花期3～4月份，蜜粉较多，全国各地都有分布。

8. 李(*Prunus salicina* Linda)　别名李子，蔷薇科，小乔木。花期3～5月份，蜜粉丰富，全国各地都有分布。

9. 梅[*Prunus mume*(Sieb.)et Zucc.]　别名千枝梅、酸梅、梅子，蔷薇科，落叶乔木。花期3～4月份，蜜粉较多，分布于全国各地。

10. 樱桃(*Prunus pseudocerasus* Lindl.)　蔷薇科，乔木。花期4月份，蜜粉多，全国各地都有分布。

11. 沙棘(*Hippophae rhamnoides* L.)　别名酸刺、醋柳，胡颓子科，落叶乔木或灌木。花期3～4月份，蜜粉丰富，分布于四川、陕西、山西、河北等地。

12. 山杨(*Populus davidiana* Dode)　别名响杨、明杨，杨柳科，乔木。花期3～4月份，蜜粉较多，广泛分布于东北、华北地区。

13. 旱柳(*Salix matsudana* Koidz.)　杨柳科，落叶灌木或乔木，同属的种类多，全国各地都有分布。花期南方为3～4月份，北方为4～5月份，蜜粉多，花粉为黄色。花期不但能采集少量蜂蜜，而且也能收集部分蜂花粉。

14. 苹果(*Malus pumila* Mill)　蔷薇科，落叶乔木。花期4～6月份，蜜粉丰富，主要分布于辽宁半岛、山东半岛、河南、河北、陕西、山西、四川等地。

15. 五味子[*Schisandra chinensis*(Turcz.)Baill]　别名北五味子、山花椒，木兰科，落叶藤本植物。花期5～6月份，蜜粉较多。分布于湖南、湖北、云南东北部、贵州、四川、江西、江苏、福建、山西、陕西、甘肃等地。

16. 鹅掌楸[*Liriodendron chinense*(Hemsl.)Sarg.] 别名马褂木，木兰科，落叶乔木。花期4～6月份，蜜粉较多，主要分布于长江以南各省。

17. 紫穗槐(*Amorpha fruticosa* L.) 别名紫花槐、棉槐，豆科，落叶灌木，各地广为栽培，尤其北方种植较多，花期5～6月份，有蜜有粉，花粉红色。

18. 芒(*Miscanthus sinensis* Anderss.) 别名芭茅，禾本科多年生草本植物，花期5～6月份，花粉淡黄色，数量丰富，蜜蜂爱采集，有利于蜂群的繁殖，主要分布于南方各省山区。

19. 栾树(*Koelreuteria paniculata* Laxm.) 别名栾、黑色叶树，无患子科，落叶乔木。花期6月份，花粉丰富，分布于东北、华北、华东、西南、陕西、甘肃等地。

20. 合欢(*Albizzia julbrissin* Durazz.) 别名绒花树、马缨花，豆科，落叶乔木。花期5～6月份，蜜粉较多，分布于河北、江苏、江西、广东、四川等地。

21. 牛奶子(*Elaeagnus umbellate* Thunb.) 别名甜枣、剪子股，胡颓子科，落叶乔木。花期5～6月份，泌蜜丰富，分布于长江流域及以北各省。

22. 柚子[*Citrus grandis*(L.)Osbeck] 别名抛栾，芸香科，常绿乔木。花期5～6月份，蜜粉丰富，主要分布于福建、广东、广西、云南、贵州、四川、江西、湖南、湖北、浙江等地。

23. 臭椿[*Ailanthus altissima*(Mill.)Swingle] 别名椿树，苦木科，落叶乔木。花期5～6月份，蜜粉丰富，全国各地都有分布。

24. 枸杞(*Lycium chinense* Mill.) 别名仙人仗、狗奶子，茄科，蔓生灌木。花期5～6月份，泌蜜丰富，分布于东北、宁夏、河北、山东、江苏、浙江等地。

25. 板栗(*Castanea mollissima* BI.) 别名栗子、毛栗，壳斗科，落叶乔木。花期5～6月份，花期20天，花粉丰富，在全国各地广泛分布。

26. 南瓜[*Cucurbita moschata*(Duch.)Poiret.] 别名香瓜、饭瓜，

葫芦科，一年生蔓生草本。花期 5～8 月份，花粉丰富，全国各地广泛栽培。

27. 黄瓜（*Cucumis sativus* L.）　别名胡瓜，葫芦科，一年生蔓生或攀援草本。花期 5～8 月份，蜜粉丰富，全国各地都有栽培。

28. 西瓜（*Citrullus vulglaris* Schrad.）　别名寒瓜，葫芦科，一年生蔓生草本。花期 6～7 月份，蜜粉较多，全国各地都有栽培。

29. 蚊子草［*Filipendula palmata*（Pall.）Maxim］　别名合叶子，蔷薇科，多年生草本。花期 7 月份，蜜粉丰富，分布于东北、内蒙古、新疆等地。

30. 柽柳（*Tamarix chinensis* Lour.）　别名西湖柳、山川柳，柽柳科，落叶小乔木或灌木。花期 7～9 月份，泌蜜较丰富，分布于东北、华北及秦岭以南各省。

31. 珍珠梅［*Sorbaria sorbifolia*（L.）A. Br.］　别名山高粱条子，蔷薇科，灌木。花期 7～8 月份，蜜粉丰富，分布于东北、华北山区。

32. 槐树（*Sophora japonic* L.）　别名中国槐、槐花树，豆科，落叶乔木。花期 7～8 月份，泌蜜丰富，分布于全国各地，华北、东北南部最多。

33. 葎草［*Humulus scandens*（Lour.）Merr.］　别名拉拉秧，桑科，一年生或多年生缠绕草本。花期 8～9 月份，花粉丰富，主要分布于华北、东北。

34. 紫苏［*Perilla frutescens*（L.）Britton］　别名苏子，唇形科，一年生草本。花期在东北地区为 8 月上旬至下旬，开花泌蜜长达 20 多天，蜜粉丰富，全国各地都有栽培，以东北、西北为多。

35. 益母草［*Leonurus artemisia*（Lour.）S. Y. Hu et Sourn.］　别名益母蒿，唇形科，一年生或二年生草本。花期 5～8 月份，蜜粉丰富，全国各地都有分布。

36. 石砾［*Lithocarpus glaber*（Thunb）Nakai］　别名青锡、木考，壳斗科，长绿乔木。花期 8～9 月份，蜜粉丰富，分布于我国南方各地。

37. 薄荷（*Mentha haplocalyx* Brig.）　别名仁丹草、野薄荷，唇形

科，多年生草本。花期7～10月份，泌蜜丰富。安徽、江西、浙江、江苏种植面积较大。

38. 韭菜（*Allium tuberosum* Rottler ex Sprengel）　百合科，多年生草本。花期在东北地区7～8月份，泌蜜丰富，全国各地都有分布。

39. 香蕉（*Musa sapientum* L.）　芭蕉科，栽培多年生草本。花期4～8月份，泌蜜极为丰富，分布于广东、福建、广西、云南、四川等地。

除上述主要辅助蜜粉源植物外，白菜、白屈菜、甜瓜、菱陵菜、大豆、田菁、柳兰、升麻、瓦松、小茴香、中华补血草、蒲公英、葱、百里香、女贞、楝树、余甘子、盐肤木、地锦槭、文冠果、酸枣、漆树、甜菜、仙人掌、金银花、一枝黄花、大蓟、甘蓝、红花、草莓、葡萄、中华猕猴桃、珍珠梅、白千层、水锦树、棕榈、高粱、水稻、杉木、胡桃、白桦、鹅耳枥、榛、山楂等都是保证蜂群正常生活和繁殖的良好辅助蜜粉源。

二、花粉或花蜜有毒植物

有些植物所产生的花蜜或花粉，能使人或蜜蜂出现中毒症状，这些植物称为花蜜或花粉有毒植物。花蜜和花粉有毒植物种类不同，毒素种类和含量也有差异。蜜蜂采集酿造的毒蜜，有的毒性大，有的毒性小。有的对人有毒而对蜜蜂无毒，如南烛蜜、雷公藤蜜等；有的对蜜蜂有毒而对人无毒，如油茶蜜等；有的对人蜂都有毒，如博落回、狼毒等。

产生毒蜜，通常是由于蜂群处在蜜粉有毒植物区，有毒植物开花泌蜜，蜜蜂采集后，混入蜂群的储蜜中，在蜂蜜生产活动中将其取出蜂群。若人误食某种有毒植物的蜂蜜或花粉，会出现低热、头晕、眼花、恶心、呕吐、腹痛、四肢麻木、口干、食道灼痛、肠鸣、食欲不振、心悸、乏力、胸闷、心跳急剧、呼吸困难等中毒症状，严重者可导致死亡。蜜蜂采食某些对其有毒的植物花蜜或花粉，常使幼虫、工蜂发病死亡，给养蜂造成损失。

毒蜜大多是深琥珀色、黄色、绿色、蓝色或灰色，有不同程度的苦、麻、涩味。大部分有毒植物在夏、秋季开花。虽然蜜粉有毒植物数量不多，仅分布于部分地区，但选择蜜粉源场地时，一定要特别注意有毒植物开花期，放蜂场地应至少离花蜜或花粉有毒植物区 5 km 以上，以防止蜜蜂采集有毒花蜜或花粉。

蜜粉有毒植物主要有雷公藤、紫金藤、苦皮藤、博落回、狼毒、羊踯躅、钩吻、乌头、藜芦、喜树、油茶等。

1. 雷公藤（*Tripterygium wilfordii* Hook. f.） 别名黄蜡藤、菜虫药、断肠草，卫矛科，藤本灌木。单叶互生，叶卵形至宽卵形，聚伞圆锥花序顶生或腋生，被锈色短毛，花小，黄绿色。分布于长江以南各山区及华北至东北各山区。湖南花期 6 月下旬，云南为 6 月中旬至 7 月下旬。泌蜜量大，蜜呈深琥珀色，味苦而带涩味；花粉黄色。毒蜜含有毒成分雷公藤碱，人不可食用。

2. 紫金藤［*Tripterygium hypoglaucum*（Levl.）Hutch］ 别名昆明山海棠、大叶青藤，卫矛科，藤本状灌木。单叶互生，叶椭圆形或阔卵形。花小，淡黄白色，顶生或腋生，大型圆锥花序，花粉呈白色。主要分布于长江流域以南各省区和西南各省区，花期 6～8 月份，泌蜜丰富，花蜜中含有毒成分雷公藤碱，人不可食用。

3. 苦皮藤（*Celastrus angulatus* Maxim） 别名苦皮树、马断肠，卫矛科，藤本状灌木。单叶互生，叶片革质，矩圆状宽卵形或近圆形。聚伞圆锥花序，顶生，花黄绿色，粉多蜜少，花粉灰白色。分布于陕西、甘肃、河南、山东、安徽、江苏、江西、福建北部、广东、广西、湖南、湖北、四川、贵州、云南东北部等地。花期 5～6 月份。粉蜜含单宁、皂素、生物碱，全株剧毒。蜜蜂采食后腹部胀大，身体痉挛，尾部变黑，吻伸出呈钩状死亡。

4. 博落回［*Macleaya cordata*（Willd.）R. Br.］ 别名野婴粟、号筒杆，婴粟科，多年生草本。叶互生，一般为阔卵形，圆锥花序，花黄绿色，花粉灰白色。分布于湖南、湖北、江西、浙江、江苏等省。花期 6～7 月份。蜜少粉多。蜂蜜和花粉对人和蜜蜂都有剧毒。

5. 狼毒（*Stellera chamaejasme* L.） 别名断肠草、拔萝卜、燕子花，瑞香科，多年生草本。叶互生，无柄，叶椭圆形或椭圆状披针形，全缘。头状花序,花被筒紫红色,上端5裂片,白色或黄色,有紫红色脉纹。主要分布于辽宁、吉林、黑龙江、内蒙古、河北、河南、山西、甘肃、青海、四川、云南、贵州、西藏等地,开花期5～7月份。狼毒全株含植物碱和无水酸,剧毒。蜜粉对蜜蜂和人都有毒。

6. 羊踯躅(*Rhododendron molle* G. Don) 别名闹羊花、黄杜鹃、老虎花,杜鹃花科,落叶灌木。叶长椭圆形至长圆状披针形,下面密生灰白色柔毛,伞形花序顶生,有花5～12朵,花冠黄色,阔漏斗形。主要分布于江苏、浙江、江西、湖南、湖北、四川、云南等省,花期4～5月份。蜜粉对人和蜜蜂都有害。

7. 钩吻[*Gelsemium elegans*(Gardn. et champ)Benth.] 别名胡蔓藤、断肠草,马钱科,常绿藤本。叶对生,卵状长圆形至卵状披针形。聚伞花序,顶生或腋生,花小,黄色。花冠漏斗状。主要分布于广东、海南、广西、云南、贵州、湖南、福建、浙江等地。花期10～12月份或至次年1月份,花期60～80天,蜜粉丰富,全株剧毒。

8. 乌头(*Aconitum carmichaele* Debx.) 别名草乌、老乌,毛茛科,多年生草本。叶互生,卵圆形,三深裂近达基部,两侧裂片再二裂,上部再浅裂。总状花序顶生或腋生,萼片花瓣状,青紫色,上方萼片盔状,两侧萼片近圆形,雄蕊多数。主要分布于东北、华北、西北和长江以南各地,花期7～9月份,泌蜜量中等,花蜜和花粉对蜜蜂有毒。

9. 藜芦(*Veratrum nigrum* L.) 别名土藜芦、山葱、老汉葱,百合科,多年生草本,高约1 m。叶互生,基生叶阔卵形,复总状圆锥花序,花序轴中部以上为两性花,下部为雄花,花冠白色。主要分布于东北林区、河北、山东、内蒙古、甘肃、新疆、四川等地。蜜粉丰富,花期在东北林区6～7月份。蜜粉对蜜蜂有毒,蜜蜂采食后发生抽搐、痉挛,有的采集蜂来不及返巢就死亡。毒蜜能毒死幼蜂,造成中毒蜂群群势急剧下降。

10. 喜树(*Camptotheca acuminata* Decne) 别名旱莲木、千丈树,紫树科,落叶乔木。叶互生,全缘或呈波状。花单性同株,多排成头状花序,雌花顶生,雄花腋生,花被淡绿色。主要分布于浙江、江西、湖北、四川、云南、贵州、广东、广西、福建等地。浙江花期7～8月份，蜜粉有毒，蜜蜂采食后，对蜂群危害严重，造成群势急剧下降。

11. 油茶（*Camellia oleifera* Abel）　别名茶料树、茶油树，山茶科，常绿灌木或小乔木。单叶互生，革质，椭圆形、卵状椭圆形或倒卵状长圆形，边缘有细锯齿。花白色，1～3朵，腋生或顶生。主要分布于湖南、湖北、江西、浙江、福建、广东、广西、四川等地，花期9～12月份，长达50～60天，花粉黄色，蜜粉丰富。蜜粉对蜜蜂有害，造成蜂群烂子和成年蜂死亡。在养蜂生产上以储蜜和繁殖分区管理，结合饲喂油茶蜂乐，可减轻蜜蜂的中毒程度。

第二节　人工饲料的使用和监控

人工饲料是指经过科学加工配制的蜜蜂人工饲料，主要应用于蜜蜂天然饲料（花粉、花蜜）无法满足蜂群生活需要时，部分或完全替代花粉或花蜜，以确保蜜蜂生长发育和正常生活所需要的各种营养成分的供应。蜜蜂人工饲料根据营养需要与消化特点，分为蛋白质饲料（人工花粉）和能源饲料（糖饲料）两大类。

蜜蜂与其他家畜不同，其饲料的营养组成及加工也与家畜饲料不同。蜜蜂是以取食花粉与花蜜为生的，因此，在设计人工饲料时，必须以天然花粉和花蜜的营养成分作参照，让人工饲料既包含蜜蜂机体所需要的各种营养，又使蜜蜂喜采食，易消化吸收。人工配制的饲料不许添加未经国家有关部门批准使用的抗氧化剂、防腐剂、激素等。

一、人工花粉的配制与使用

人工花粉饲料是根据蜜蜂的营养需要，参考蜂花粉中各种营养素的含量，选择富含蛋白质、脂类、维生素等营养成分的动物、植物源性营养物质，添加适量其他营养素，经科学配方，精制加工而成的代用花粉饲料。

(一)人工花粉饲料的原料

人工饲料的原料一般可分为基础原料、饲料补助料两大类。基础饲料占配合饲料的比重大，营养物质比较全面，其中蛋白质含量较高，原料来源广泛，价格比较便宜。饲料补助剂数量较少，主要由补充剂和添加剂组成。补充剂主要有微量元素、维生素、氨基酸等。添加剂主要有酶制剂、调味剂、抗结块剂等。

1. *植物源性蛋白质原料*　植物源性蛋白质原料来源丰富，一般都作为基础原料。它的蛋白质含量在饲料中占重要地位。在人工花粉饲料中，较为常用的是脱脂大豆粉、饼粕和花生仁饼粕、玉米蛋白粉等。

大豆采油后的大豆饼粕的蛋白质含量在40%～44%之间，脱脂大豆粉的蛋白质含量在48%以上。必需氨基酸的组成比例也相当好，尤其赖氨酸的含量是饼粕类饲料中含量最高者，但蛋氨酸的含量不足。异亮氨酸、色氨酸、苏氨酸含量均较高。维生素、矿物质含量也较丰富。

生大豆含有胰蛋白酶抑制因子、血细胞凝集素、皂角苷及尿素酶等毒素，经过热处理后，可灭毒，并可提高其饲用价值。养蜂人自配饲料时，不可用生大豆粉作原料，可将大豆经炒熟后再磨成粉，方可用作人工花粉饲料的原料。

脱壳后脱油的花生仁饼粕，营养价值高，蛋白质含量高的可达44%以上。但氨基酸组成不佳，赖氨酸含量(1.35%)和蛋氨酸含量(0.39%)都很低，仅为大豆饼粕含量的52%左右。花生仁饼粕的精氨酸含量高达5.2%，是所有动、植物饲料中的最高者。是饼粕类饲料中可利用能量水平最高者，花生仁饼粕的适口性极好，有香味。

玉米蛋白粉或叫玉米面筋粉，含蛋白质25%～60%，是生产玉米淀粉与玉米油的同步产品。其蛋氨酸含量很高，赖氨酸和色氨酸含量不足。

2. *动物源性蛋白质饲料原料*　在蜜蜂的人工花粉饲料中，可用脱脂蚕蛹粉来平衡饲料的氨基酸组分。脱脂蚕蛹粉是蚕蛹经脱脂干燥粉碎后的产品，蛋白质含量较高，其氨基酸组成的最大特点是蛋氨酸含量很高，为2.2%以上，是所有饲料中含量最高者。赖氨酸、色氨酸含量都很高，精氨酸含量低，很适合与其他饲料配合。

啤酒酵母属高级蛋白质来源，它是啤酒制造过程中不能再利用的酵母残渣，有酵母合成的蛋白质、维生素、矿物质及其他养分，经干燥后称为啤酒酵母，含有丰富的B族维生素、氨基酸、矿物质及未知生长因子。

3. 人工花粉补充剂和添加剂　人工花粉的补充剂主要有微量元素、维生素E、维生素C、维生素B_2、乙酰胆碱，氨基酸主要有亮氨酸、缬氨酸、组氨酸、蛋氨酸等。

添加剂主要为酶制剂、调味剂等。酶制剂主要是为了帮助蜜蜂对蛋白质的分解和吸收，而在饲料中添加的酶，人工花粉饲料中常用的是蛋白酶。调味剂主要是为了改变饲料的口味，吸引蜜蜂取食，在蜜蜂花粉饲料中常用蜜水或糖水调和。

(二)人工花粉饲料的配制

蜜蜂在自然条件下都是取食花粉以获取必要的蛋白质、维生素等。因此配制人工花粉可以参照优质天然花粉的营养成分进行设计。例如油菜花粉的成分蛋白质20%，氨基酸13%，碳水化合物25%～48%，粗脂肪8.5%，水分12%～20%，灰分3%，维生素0.5%，未知物3%～4%。

配制人工花粉要符合蜜蜂的消化生理特点，以提供蛋白质为主要目的，多选择高蛋白原料，原料种类应尽可能多，并且要充分考虑其氨基酸组分的含量互补平衡，原料对蜜蜂要无毒无害，易被蜜蜂消化吸收。如大豆粉应是加热处理后，脱腥、脱脂、脱毒后的产品。由于大豆粉中的蛋氨酸含量不足，就应配以适量蛋氨酸含量较高的玉米蛋白粉或脱脂蚕蛹粉，或直接添加蛋氨酸来平衡营养。用奶粉作蛋白原料时，必须充分考虑奶粉中含有的蜂体不易消化吸收的乳糖和半乳糖，其使用量要尽可能少。

配制人工花粉的原料一定要无农药、粉尘等污染，无霉变，无虫蛀。应是细度小于60目的粉末，原料要新鲜、洁净。下面推荐几种人工花粉配方。

配方 1：

脱脂大豆粉	35%	啤酒酵母粉	4%
脱脂花生粉	15%	白砂糖	30%
玉米蛋白粉	10%	补充剂及添加剂	1%
脱脂蚕蛹粉	5%		

配方 2：

脱脂大豆粉	45%	脱脂奶粉	4%
玉米蛋白粉	15%	白砂糖	30%
啤酒酵母粉	5%	补充剂及添加剂	1%

配方 3：

脱脂大豆粉	50%	脱脂奶粉	8%
啤酒酵母粉	10%	蛋氨酸	1.5%
白砂糖	30%	其他添加剂	0.5%

蜂场常用的简易人工花粉配方：

配方 1：脱脂大豆粉或豆饼粉 3 份、酵母粉 1 份、蜂花粉 2～3 份，适量添加多种维生素、蛋白酶片，用蜂蜜或糖水混合制成糖饼，框梁饲喂蜜蜂。

配方 2：脱脂豆粉或豆饼粉 3 份、酵母粉 1 份、脱脂奶粉 1 份、白砂糖或蜂蜜 2 份，适量添加多种维生素、蛋白酶片，加水混合制成糖饼，框梁饲喂蜜蜂。

配方 3：脱脂豆粉或豆饼粉 3 份、蜂花粉 3 份、白砂糖或蜂蜜 2 份，添加适量多种维生素片，加适量水混合制成糖饼，框梁饲喂蜜蜂。

二、糖饲料

蜂群中糖饲料是绝对不可或缺的，蜂群中糖饲料不足，就会缺乏有效的能量来源，轻则影响蜂王产卵数量，重则已孵化的幼虫被工蜂清除，影响蜂群的正常繁殖，蜂巢内储蜜被耗尽后，则整个蜂群会因饥饿死亡。在缺蜜季节，蜂群饲料的补充十分重要。蜜蜂的糖饲料，除蜂蜜或储备蜜脾外，常用的糖饲料为白砂糖、高果糖等。

（一）白砂糖

白砂糖是由甘蔗或甜菜榨汁加工而成的双糖。来源广、易保管、价格低廉，是我国的重要糖饲料。白砂糖的成分是蔗糖，其营养成分虽不如蜂蜜丰富，但是作为蜜蜂的糖饲料，完全可以取代蜂蜜，蜜蜂取食蔗糖后，加入其自身分泌的蔗糖转化酶，将蔗糖分解为葡萄糖和果糖，可被蜜蜂完全吸收。用作饲料的白砂糖以甘蔗糖优于甜菜糖，甘蔗糖转化成的蜜蜂饲料，不易结晶，更易被蜜蜂采集利用。

（二）高果糖

高果糖是通过工业生物技术，使粮食淀粉在水解酶的作用下分解为葡萄糖，再用异构酶将部分葡萄糖转化为果糖而获得的。高果糖的成分与蜂蜜接近，价格便宜，但要十分注意生产高果糖的工厂技术设备是否稳定，淀粉或糊精是否转化完全。在用作饲料前，一定要小心试喂。以防止蜂群消化不良。

三、人工饲料的质量管理

人工饲料的质量优劣直接关系到蜂群的健康与养蜂经济效益的好坏，加工单位与蜂农必须高度重视。影响人工饲料质量的因素很多，但主要是配方是否科学合理，原料与加工质量是否合格。饲料配方决定饲料的营养价值，如果营养价值不高或营养配比不当，不仅达不到饲料的营养效果，而且还会造成不必要的浪费。原料质量低劣，加工质量不好，特别是饲料的细度和均匀程度不够，或糖饲料中淀粉、糊精含量高，蜜蜂食后还会产生负面效果。因此，人工饲料必须加强质量管理，要建立严格的质量标准，并对其实施质量监督与监控。

（一）人工花粉饲料的质量标准

1. 理化指标

①蛋白质（%）　　　　>25

②碳水化合物(%)　<70

③脂类(%)　<8

④含有维生素 C、维生素 E、B 族维生素等

⑤灰分(%)　<1

⑥纤维素(%)　<3

⑦水分(%)　<8

2. 感官要求

①色泽:具有人工花粉原料的自然色泽,以淡黄色、黄色、金黄色为佳。

②气味与味道:应有天然原料的香味,不得有异常气味。

③状态:粉末状,细度 60 目以上。

3. 微生物指标

①菌落总数(cfu/g)　≤1 000

②霉菌总数(cfu/g)　≤100

③致病菌不得检出

4. 重金属及农药残留

①铅(以 Pb 计)(mg/kg)　≤1.0

②六六六(mg/kg)　≤0.05

③滴滴涕(mg/kg)　≤0.05

(二)糖饲料的质量指标

1. 理化指标

①蔗糖含量(%)　>99.65

②还原糖(%)　<0.15

③灰分(%)　<0.10

④色值(st)　≤2.00

⑤其他不溶于水物(mg/kg)　≤60

⑥水分(%)　<0.07

2. 感官要求

①糖的晶粒均匀松散。

②糖的晶粒或其水溶液味甜，不带杂、臭味。

③溶解于洁净的水成为清晰的水溶液。

3. 微生物指标

①菌落总数(cfu/g)	≤350
②大肠菌群(cfu/100 g)	≤30
③致病菌不得检出	

4. 重金属及农药残留

①砷(以 As 计)(mg/kg)	≤0.5
②铅(以 Pb 计)(mg/kg)	≤1.0
③六六六(mg/kg)	≤0.05
④滴滴涕(mg/kg)	≤0.05

(三)蜜蜂人工饲料的质量检查与监督

1. 严格把好原料采购与入库关　人工饲料原料要求质量稳定，符合相关要求。其色泽要一致，无杂质，无霉变，无虫蛀，无结块，无异味，水分含量适宜。原料储存仓库要求清洁、卫生，阴凉干燥，无虫害、鼠害。

2. 认真做好加工质量检验

(1)严格执行产品配方标准与计量标准，投料配比准确。

(2)人工花粉饲料要保证细度要求。

(3)人工花粉所有配料要混合均匀。

3. 把好产品出厂质量关　对产品中规定的成分及有害物质的限量，经过化验达到许可值后，方可出具合格证出厂，或自行使用。

提示问答

1. 无公害蜂产品高效生产对蜜粉源有何要求？

2. 无公害养蜂对饲喂蜜蜂的饲料有何要求？

第十章

无公害蜂产品生产的蜂机具

阅读指南 养蜂生产中所使用的器具直接与蜂产品接触影响蜂产品质量;或易被蜂病或蜂药等污染物污染间接影响蜂群健康和蜂产品质量,养蜂生产所用器具必须无毒无害,同时注意对其消毒。

第一节 蜂箱的结构与无公害化

一、蜂箱结构

蜂箱是蜂群饲养过程中最基本的设备。在现代养蜂中,它是人工制造的、供蜂群栖息繁衍和储存食物的固定场所。野生的蜂群利用自然器物,如树洞、岩洞、墓穴等自然空间营巢;原始养蜂是人类利用桶型树干、木桶、瓦罐、筐篓等作为蜂箱来养蜂,必须破坏蜂窝、伤害子脾、毁坏巢房来获取蜂产品。中世纪人类虽然开始用木板制造蜂箱养蜂,但巢框被赘脾和蜂胶粘连起来，必须将它们割开才能提出巢脾，取蜜时同样得割脾毁巢。1851年，美国郎斯特罗什发现了蜂路，才使蜂箱向现代活框蜂箱迈进了一大步。

蜂路就是箱壁与巢脾、巢脾与巢脾之间的距离。当西方蜜蜂的单行蜂路为6～8 mm，双行蜂路为10 mm时，就能避免巢脾间相互粘连在一起的现象。根据这一原理，郎斯特罗什设计制造了第一个实用的活动巢框蜂箱，由于这种蜂箱的巢框具有适于蜜蜂的生活习性、可以交换使用、移动自如、收获蜂产品不用毁坏巢脾、使用寿命长、取蜜方便等优点，很快被人们采用。活框蜂箱的出现是养蜂史上一个重大转折点，是科学养蜂的开始。此后，世界各地就在上述基本原理的指导下，制造出了不同类型的蜂箱，如饲养西方蜜蜂的10框蜂箱、达旦蜂箱、12框方形蜂箱、卧式蜂箱等；饲养中蜂的10框标准箱、高窄式中蜂箱、沅陵式中蜂箱等。19世纪以来，随着西方蜜蜂及养蜂用具和技术传入我国，我国养蜂业逐渐转向饲养西方蜜蜂。目前，我国养蜂中所使用的蜂箱大部分为10框木制标准蜂箱。

（一）蜂箱的构造特点

蜂箱的巢箱、继箱、箱底多为几块木板拼组而成，箱壁与箱壁间多靠燕尾榫互插结合起来。巢箱与箱底间、木板各结合处难免有较小的缝隙，加之使用时间一长，蜂箱的板材也会出现裂缝。这些缝隙成为病原微生物的藏身场所。蜂箱在使用过程中，蜂群一旦接触病原体患病，某些病原体就会落到箱底或进入箱缝中。如美洲幼虫腐臭病的病原菌——幼虫芽孢杆菌的芽孢，在干枯的病虫尸体中能存活7～15年；引起蜜蜂白垩病的真菌——蜂球囊菌的孢子有很强的生命力，在干燥状态下可存活15年；引起蜜蜂孢子虫病的原生动物——蜜蜂孢子虫在蜜蜂干粪内可存活2年，在蜜蜂尸体中可存活5年。蜂箱使用时间一长，箱底容易积聚蜂尸、蜡屑、蜡瘤、霉变物等，这些都有可能直接污染蜂产品，或因导致蜜蜂患病，养蜂人给患病的蜂群治病用药，蜂药污染了蜂产品。

制作蜂箱的材料选择不当也会造成蜂产品污染，如用被有害物质污染的木材或本身对人体有害的材料等制作蜂箱，用含铅量过高的劣质油漆涂刷蜂箱等，都会对蜂产品造成一定程度的污染。

(二)10 框标准蜂箱

10 框标准蜂箱又称郎氏蜂箱，由箱底、巢箱、继箱、箱盖(大盖)、副盖(纱盖)、巢框、隔板、闸板、隔王板(隔王栅)等构成。

箱盖由 15～20 mm 厚的木板制成框架，框架上钉 15 mm 厚的顶板，箱盖内围长 516 mm，宽 430 mm。

副盖的四周为板厚 10 mm 的木板制成的木框，木框上钉铁纱或尼龙纱，外围尺寸为长 487 mm、宽 424 mm。

巢箱的箱身四壁各为厚 22 mm 的木板，内围尺寸为长 465 mm、宽 380 mm、高 245 mm。

继箱四壁为厚 22 mm 的木板，内围尺寸为长 465 mm、宽 380 mm、高 243 mm。

活动箱底用左、右、后三块底沿和箱底板制成，底沿高 54 mm，箱底板厚 22 mm 。箱底两面深浅不同，一面高 22 mm，供夏季炎热时用，一面高 10 mm，供冬季和天冷时用。箱底长 590 mm、宽 424 mm。

巢门档是一方木条，采用活动箱底时，巢门档为厚 22 mm 、长 380 mm 的方木条。方木条的一面上开有高 9 mm、宽 165 mm 的大巢门，另一面开有高 8 mm 、宽 50 mm 的小巢门。

巢框是支撑、固定巢脾的长方形框架，巢框的外围尺寸为长 448 mm、高 232 mm；内围尺寸为长 428 mm、高 202 mm。巢框上梁长 480 mm、宽 27 mm、厚 20 mm。框耳长 16 mm、厚 10 mm、宽 20 mm 。

隔板由木板组合而成，厚 10 mm，长和宽与巢框相同。

闸板是一块供分隔蜂箱用的木板，长 480 mm，高与蜂箱相同，厚约 10 mm 。

隔王板有平面隔王板和框式隔王板两种，平面隔王板的外围尺寸与箱身外围尺寸相同，边框宽 30 mm，板厚 12 mm。框式隔王板的外围尺寸与闸板相同，边框宽 20 mm，板厚 12 mm。

定、转地两用蜂箱是在 10 框标准蜂箱的基础上，主要设计加强蜂箱通风透气、便于喷水以及包装运输设施。通常箱盖的前后框架上开有长150 mm、高13～18 mm的长条形通风孔，孔内装有单向推入的活动木条，可控制启闭大小。箱身的前后壁上均开有长方形的透气孔，内壁钉上铁纱，纱窗的外面配有活动木板，转地时露出纱窗通风。箱底的中央开有长方形的孔，孔长200～300 mm，孔宽120～150 mm。箱底内壁孔上钉上铁纱，形成底纱窗，箱底有可移动的木板，用于转运途中敞开通风。

二、蜂箱的无公害化

（一）蜂箱材料与质地

蜂箱最好是由无毒、无浓烈气味的优质木材制作而成。一般制作蜂箱的木材要求组织细密、无裂纹、无虫蛀、接头处无节疤，材质要轻，耐磨、耐用，不易变形。箱身材料板面宽大。制作好的蜂箱及附件要周正，坚固耐用，尺寸标准。我国南方的杉木，中部的梧桐木，东北的椴木，红、白松等都是制作蜂箱及巢框、隔板的好材料。注意，制作巢框的侧条最好选用硬杂木，以防拉紧铁丝装巢础时将巢框侧条拉弯。制作蜂箱的其他材料，如塑料、聚合板等，一定要对人、蜂无毒无害。特别是聚合板的胶黏剂等，要符合无公害家装材料有害化学物质残留限量标准。

为延长蜂箱使用寿命，蜂箱外表往往涂刷油漆。涂刷蜂箱的油漆应选用浅色环保油漆，不可用劣质深色油漆，深色油漆涂刷的蜂箱，容易大量吸收阳光热量，增高巢温，影响蜂群的正常繁殖。蜂箱最好用桐油或熔化的纯蜂蜡浸渍、风干，这样既纯天然无污染，又能防止蜂箱干裂和受潮湿腐烂。

（二）蜂箱的维护与使用

新购置或新制作的蜂箱，为防止蜂箱开裂和受潮湿腐烂，延长其使用寿命，应尽早给其表面涂刷环保浅色油漆，或用桐油及熔化的蜂蜡浸渍风干。蜂箱大盖外面用渡锌铁皮或薄铝板钉严，以防止雨水进入蜂箱，从而有效保护蜂箱内的保温物等。

在蜂箱使用摆放时，应将蜂箱置于地势高燥的地点，并在蜂箱底四角用砖等将蜂箱垫起约 5 cm，避免湿气沤烂箱底。同时，蜂箱应左右保持平衡，后部稍高于前部，防止雨水流入。暂不使用的蜂箱应存放在阴凉、干燥、洁净的库房内保存。

在开启蜂箱时，用起刮刀撬动副盖、巢框、隔板、隔王板时要掌握正确的操作方法，不要撬坏蜂机具。长时间不开箱的蜂群，巢框往往被蜂胶粘固很牢，有些不熟练的养蜂者，常不顾撬动顺序和操作方法，从靠箱壁内一侧撬起，往往将不十分牢固的箱缝对接处撬开，或撬坏本来就较薄的前后箱壁框槽外沿。在撬动巢框时，正确的操作方法应是从隔板开始，用起刮刀斜上撬，逐一将隔板和巢脾撬活。

(三)蜂箱的卫生与无公害化消毒

蜂箱养蜂后，在检查蜂群的过程中，要经常用起刮刀清理蜂箱底的死蜂、蜡瘤、蜡屑及霉变物等，保持箱内清洁，对箱内缝隙应及时以洁净蜂蜡或蜂胶堵严。组成蜂箱的副盖、巢框、隔板、闸板、隔王板等也应及时用起刮刀清理干净。

在下述几种情况下，需对蜂箱进行卫生消毒。第一，当蜂群患传染性疾病后，为防止传染病的传播，杀灭病原体，被换下来的蜂箱要清洁消毒。第二，蜂群在秋季越冬前，或越冬后春季繁殖前，为保障蜂群健康，需对蜂箱进行清洁消毒。第三，为防止蜂病的传播和保证蜂箱的卫生，购置的旧蜂箱及放置很久重新使用的旧蜂箱及构件，使用前需要清洁消毒。消毒前先用起刮刀将蜂箱内壁、箱底及副盖、隔板、隔王板等表面附着的蜂蜡、蜂胶等杂物清除干净。消毒方法有下述几种：

1. *灼烧法* 灼烧可有效杀灭细菌及芽孢、真菌及孢子、病毒、孢子虫、蜡螟虫、卵等病原。灼烧时，用点燃的酒精喷灯外焰对准要消毒的蜂箱内壁、箱底内侧、隔板、竹制隔王板、副盖等表面及缝隙，仔细灼烧至木质焦黄；灼烧副盖的铅丝至发红，切忌烧过，以免将铅丝烧断。塑料隔王板等不宜灼烧的机具，可用化学药品法消毒。

2. *日光曝晒法* 日光可使微生物体内蛋白质凝固，对一些微生物有一定杀伤作用。可将经清理的蜂箱、隔王板、隔板、副盖等放在强烈阳光下曝晒 12 h,能收到一定的消毒作用。此法只限于一般性卫生消毒。患传染性疾病蜂群用过的蜂箱及构件不宜采用此法。运用此法消毒时,要注意防止因蜂蜡和蜂胶的强烈气味而可能诱发的盗蜂。

3.化学药品消毒法　消毒剂应对人和蜂安全,无残留毒性,对蜂箱无破坏性,不会在蜂产品中产生有害积累。

(1)漂白粉溶液消毒。漂白粉又称含氯石灰,是氯化钙($CaCl_2$)、次氯酸钙[$Ca(ClO)_2$]和消石灰[$Ca(OH)_2$]的混合物。商品漂白粉有效氯含量一般为 25%～33%。漂白粉对多种细菌、病毒及真菌有杀灭作用。其 5%的水溶液在 1 h 内即可杀死生命力很强的细菌芽孢。

蜂箱及构件消毒时,可用 5%的水溶液刷洗蜂箱及隔板、隔王板等表面,或用喷雾器喷雾至表面湿润,消毒 0.5～2 h,然后用清水冲洗,晾晒。

(2)84 消毒液消毒。一般市售 84 消毒液,有效氯含量为 5%～6.5%,主要成分为次氯酸钠($NaClO$)。该消毒液购买方便,日用百货店有售。该消毒液对细菌、病毒均有杀灭作用。

用有效氯 0.1%的 84 消毒液洗刷或喷雾浸润消毒被细菌病(如美洲幼虫腐臭病、欧洲幼虫腐臭病、蜜蜂败血病、蜜蜂副伤寒病等)污染的蜂箱、隔板、隔王板等,一般需消毒 10 min 以上。

用 0.5%的 84 消毒液喷雾或擦洗被病毒病(如急性麻痹病、慢性麻痹病、中蜂囊状幼虫病等)污染的蜂箱、隔板、隔王板等,用药后,消毒时间至少要在 90 min 以上方能清洗被消毒的器具表面。

注意该药液对金属有腐蚀作用,故不能用金属容器稀释和存放药液及接触金属物品。消毒和配制药液时要戴橡胶手套和口罩,防止其对皮肤和呼吸道的伤害。操作时不慎将药液溅入眼睛,要迅速用清水冲洗。

(3)食用碱水溶液消毒。食用碱(Na_2CO_3)为弱碱性,其水溶液对细菌、病毒和真菌均有杀灭作用。

一般用 3%～5%的水溶液洗刷蜂箱、隔王板、隔板等,消毒至少

30 min 后方可清洗被消毒物品。

(4)新洁尔灭消毒。新洁尔灭无色液体，呈碱性，具有很强的消毒和去污作用。常用0.1%的新洁尔灭水溶液洗刷被美洲幼虫病和欧洲幼虫病污染的蜂箱、隔板、隔王板等。使用时要戴橡胶手套，防止药液对皮肤的伤害。

(5)过氧乙酸消毒。过氧乙酸对真菌、细菌、病毒及孢子虫均有较强的杀灭力，蜂场常用0.2%的过氧乙酸水溶液洗刷或喷雾消毒被真菌(白垩病)、病毒(囊状幼虫病、急慢性麻痹病)和细菌(美洲幼虫腐臭病、欧洲幼虫腐臭病、蜜蜂副伤寒病)等污染的蜂箱、隔板、隔王板、饲喂器等。

注意，过氧乙酸为强氧化剂，对金属有较强的腐蚀作用，高浓度对人体呼吸道也有危害，配制和使用该药液时，不宜用金属器具盛放，要戴橡胶手套和口罩。因该药液不稳定，应现用现配。

第二节　常用管理器具的卫生与消毒

一、起刮刀的消毒

起刮刀是用来撬开被蜂胶粘固的副盖、继箱、隔王板、隔板及巢脾的器具。也可用它铲赘脾、刮蜂胶、刮箱底污物、起小钉等。最好由不锈钢制作。

起刮刀是蜂群日常管理中最常用的工具之一，检查蜂群时，在一定时间内常用起刮刀开启数个蜂群，如果检查完患传染病的蜂群再去检查健康蜂群，则起刮刀极易成为传播病原体的工具。因此，对其消毒甚为重要。蜂群检查人员检查完患病或疑似患病的蜂群后，检查健康蜂群前，一定要洗手消毒和对起刮刀消毒。双手可先经肥皂洗涤，然后用

75%的酒精擦洗。对起刮刀的消毒可用灼烧法和水浴煮沸法。日常管理中,也可选择晴朗天气,经常将起刮刀置于强烈阳光下,曝晒数小时消毒。

1. 灼烧法 用点燃的酒精喷灯外焰对准起刮刀,或将起刮刀置于煤火、材火外焰上,烧烤数分钟,可有效杀灭附着在起刮刀上的细菌及芽孢、真菌及孢子、病毒、孢子虫等病原体。

2. 煮沸法 将起刮刀直接置于水中,加热煮沸 30 min 以上,可有效杀灭病原体。

二、蜂扫、蜂帽、覆布、工作服的卫生消毒

蜂扫、蜂帽、蜂箱内的覆布及养蜂人员的工作服都经常接触蜜蜂,时刻存在被蜜蜂疾病的病原体及蜜蜂粪便等污染的可能。其卫生消毒方法主要靠清洗曝晒、煮沸消毒和药品消毒。

1. 清洗曝晒 日常卫生,可用清水对蜂扫、蜂帽、覆布、工作服进行清洗,要清洗 3 遍以上,然后置于强烈的阳光下曝晒 12 h 即可。

2. 煮沸消毒 对怀疑污染病原的蜂扫、蜂帽、覆布、工作服清洗后,全部浸泡在净水中,煮沸 30 min,即可达到消毒目的。

3. 食用碱(Na_2CO_3)消毒 将蜂扫、蜂帽、覆布、工作服浸泡在3%～5%的食用碱(Na_2CO_3)水溶液中,浸泡 30～60 min 后,取出用净水冲洗干净,晾干,即可起到卫生消毒的目的。

三、饲喂器的卫生消毒

蜂场所选用的饲喂器或设置的喂水设施应是用无毒、无异味的木质材料制作或竹筒制作,亦可选用无毒无味的塑料制作。使用中要经常清洗,保持其卫生洁净。对接触过患病蜂群的饲喂器要进行清洗消毒。木制、竹制饲喂器可用灼烧法和煮沸法消毒,塑料饲喂器宜采用化学药品法消毒。

1. 灼烧法　适用于木制和竹制饲喂器，可用酒精喷灯的外焰对准饲喂器的表面，灼烧至微黄，可起到消毒目的。

2. 煮沸法　将要消毒的木制或竹制饲喂器洗净后，浸没于干净的水中，煮沸消毒 30 min 即可。

3. 化学药品消毒法　用 1% 的漂白粉澄清液或 0.1% 的次氯酸钠水溶液浸泡或擦洗饲喂器或喂水器，消毒 12 h 以上，即可起到消毒作用。消毒后，用清水冲洗，晾干后即可使用。

四、喷壶、喷烟器的清洁卫生

蜂场经常使用的喷壶、喷烟器由于不与蜂群直接接触，只需经常擦洗保持其卫生即可，不用特殊消毒。

五、蜂王诱入器和王笼的卫生消毒

蜂王诱入器和王笼一般不经常使用，受病原污染的机会较少，每年清洗后日光曝晒 1～2 次即可。可选择晴热夏日，将蜂王诱入器和王笼置于强烈阳光下曝晒 12 h，可起到卫生消毒的目的。竹制王笼也可用煮沸的开水消毒 30 min。

第三节　蜂产品生产用具的无公害化

一、蜂蜜生产器具

蜂蜜生产器具主要有分蜜机、割蜜刀、滤蜜器、蜜桶、蜜泵等。

(一)蜂蜜生产器具的材料要求

分蜜机、蜜桶应选用耐腐蚀的不锈钢或无毒无味塑料材料制成。小规模农家养蜂,也可将生产出的蜂蜜暂时储存在陶瓷缸中,且不可用脱掉防锈树脂的铁皮分蜜机、铁桶生产和储存蜂蜜,以防止器具被蜂蜜侵蚀,其金属铁污染蜂蜜。

割蜜刀或割蜜盖机的刀具要由不锈钢制成,防止铁制刀具因锈蚀污染蜂蜜。滤蜜器的漏斗骨架也要选用不锈钢条或较粗的不锈钢丝制作。滤网要用不锈钢纱或无毒尼龙纱制成,一则坚固耐用,二则可随时清洗。

较大型蜂场使用蜜泵过滤、分装蜂蜜可大大减轻劳动强度。目前,在我国蜂场中使用者尚少。制造蜜泵的材料要强度高、不污染蜂蜜,因此,只能选用不锈钢材料。为防止润滑油污染蜂蜜,蜜泵的轴承不可采用常规的润滑方法,而要采用含油材料制作,做到无油润滑。蜜泵以螺旋齿轮泵最好,既不把蜂蜜搅得浑浊,又不使空气混入蜂蜜中。

(二)蜂蜜生产器具的卫生

蜂蜜生产和储备器具如割蜜刀、分蜜机和蜜桶、脸盆、蜂扫等,在蜂群取蜜前一天,就要提前用清水洗刷,晾干备用。用完后,也要及时清洗。分蜜机每次用完后,应将分蜜机中的蜂蜜倒净,洗刷晾干。不可将分蜜机里所剩蜂蜜混入下次所取蜂蜜。取蜜与储蜜器具只需清洗干净,无需特殊消毒。

二、蜂王浆生产器具

蜂王浆生产主要器具有采浆框、塑料王台条、移虫针、取浆片、吸浆器、王台清理器、镊子、刀片、纱布、毛巾、盛浆瓶、巢脾承托盘、浆框盛放箱等。蜂王浆生产和储存器具因直接或间接与蜂王浆接触,如果所用材质不好,或不注意其卫生,会直接影响蜂王浆的品质。

(一)蜂王浆生产器具的材料要求

蜂王浆生产的采浆框要采用无毒、无异味的优质木材制作;王台条应用无毒、无味塑料加工而成,制造王台条的塑料中不允许添加有毒有害添加剂;移虫针的舌片最好采用纯天然的牛角或羊角,也可用无毒塑料制成;采浆器具可用竹片或无毒橡胶制作,也可采用小型真空泵制作吸浆器,吸浆器的吸浆导管要用玻璃管,导气管要用无毒橡胶管,瓶塞要用无毒橡胶塑料或软木塞;夹虫镊子和割台壁的刀片及王台清理器应是不锈钢材料;浆框盛放箱、巢脾承托盘均应选用无毒、无害、便于清洁的材料制作;盛浆器具可选用无毒塑料瓶或无毒塑料桶。

(二)蜂王浆生产器具的卫生

蜂王浆生产移虫和采收前,提早对蜂王浆生产者的工作服及采收蜂王浆使用的器具进行清洗卫生保洁。移虫前要换上清洁的工作服,洗净擦干巢脾承托盘和移虫针。对采浆器具,如镊子、取浆片、王台清理器、割台刀片、盛浆瓶等进行清洗,并用脱脂棉球蘸75%的酒精擦洗消毒。待酒精完全挥发后才能接触蜂王浆,以免造成蜂王浆中的蛋白质凝固变性。蜂王浆采收结束后,要对所有生产器具清洗,晾干后集中在洁净的器具中存放,下次采浆重复使用。

三、蜂花粉生产器具

蜂花粉生产的器具主要有花粉截留设备、花粉干燥设备和花粉储存器具等。花粉的截留设备主要有箱底花粉截留器和巢门花粉截留器等;花粉的干燥有自然干燥法、远红外线干燥法等。

(一)蜂花粉生产器具的材料要求

巢门花粉截留器,放置在蜂箱巢门口。带有花粉储存盒的截留器,可使截留的花粉团直接落入集粉盒中,这样收集的蜂花粉清洁卫生、质量好。同时还节省了养蜂人员的劳动,在蜂花粉生产中应大力推广。其他类型截留器如箱底花粉截留器等虽简单,成本低,但往往容易造成蜂花粉污染。

构成脱粉器的脱粉板、落粉板、集粉盒应选用无毒无味优质塑料。脱粉板也可用金属丝自制,但一定要选用不易变形、耐用的不锈钢材料。远红外花粉干燥箱,承截花粉的部分也宜选用不锈钢材料。日光晒干和自然风干花粉时,宜将花粉摊放在干净的纸、白布或摊放在架起的洁净细纱网上。为防止沙尘和苍蝇污染蜂花粉,花粉上罩着的防尘纱网应洁净卫生。干燥好的蜂花粉应置于洁净卫生的阴凉干燥处密闭保存,内包装可用无毒无异味的洁净塑料袋,外包装可用洁净的尼龙袋或纸箱。

(二)蜂花粉生产器具的卫生

蜂花粉生产前,擦洗干净蜂箱前壁及蜜蜂起落板上的尘土;洗净晾干脱粉器的储粉盒、脱粉板和落粉板;擦洗干净蜂花粉干燥设备。晒干和自然风干用的白布、纱网等应经常用净水漂洗,保持其清洁卫生。注意不要用油毛毡等有害材料自制储粉盒或在上面晾晒花粉,油毛毡中的有害物质易对蜂花粉造成污染。

四、蜂胶的生产器具

生产蜂胶的器具有起刮刀、覆布、纱盖,还有为生产优质蜂胶而专门设计的各种采胶器等。

(一)蜂胶生产器具的材料要求

收集蜂胶可结合蜂群日常管理,从蜂箱的覆布、纱盖、巢框的框耳、框槽等处刮集,也可用箱盖式采胶器等代替副盖专门采胶。不管用什么方法采胶,要求使用的器具对人、蜂无毒无害,对蜂胶无污染。起刮刀以不锈钢材料为好;覆布要用洁净卫生的纯棉布;纱盖用无毒无味的尼龙纱或聚乙烯材料代替铁纱,铁纱是蜂胶中重金属铅污染的一个重要来源;采胶器宜用无毒无味的聚乙烯、木、竹材料制成。采收的蜂胶宜用聚乙烯塑料袋密封保存。

(二)蜂胶生产器具的卫生

生产蜂胶的器具在用于蜂胶生产前要清洗干净。用于生产蜂胶的覆布、纱盖、取胶器,要保持洁净卫生,在蜂群日常管理及采集蜂胶时,不要随处乱放,以防止粘带泥沙,造成对蜂胶的污染。在铁纱盖上刮集的蜂胶，要分存另放、做好标记，以防止这种含铅量较高的蜂胶混入其他的优质蜂胶中。

五、蜂毒、雄蜂蛹生产器具

取毒方法有直接刺激取毒法、乙醚麻醉取毒法、电激取毒法等。直接刺激取毒法取毒量少，乙醚麻醉法所取的蜂毒纯度不高，生产中较少采用。蜂毒生产应采取电激取毒法，这种方法取毒量较大。目前所用的电取毒器种类较多，但一般都是由电源、电网、取毒托盘、平板玻璃、尼龙纱等构成。

生产雄蜂蛹的器具主要有雄蜂脾、产卵控制器、割蜡盖刀、镊子、盛接雄蜂蛹的器具、包装物等。

（一）生产蜂毒、雄蜂蛹器具的材料要求

取毒器的电网应采用不锈钢丝制作，取毒托盘、平板玻璃、尼龙纱等都应是无毒无异味材料。筑造雄蜂脾用的巢础要以优质蜂蜡制成，塑料雄蜂脾也应无毒无异味；割蜡盖的刀片应为不锈钢材料；生产时盛接雄蜂蛹的盆等器具应为无毒塑料、不锈钢或无毒无味的木质材料制成。生产出的雄蜂蛹可用无毒聚乙烯塑料袋密封包装冷冻保存。

（二）生产蜂毒、雄蜂蛹器具的卫生

生产蜂毒及雄蜂蛹所用的器具应保持洁净卫生。在生产活动前、后，对生产雄蜂蛹用的割盖刀、产卵控制器、雄蜂蛹盛接盆、镊子等应进行清洗。电取蜂毒器在使用前、后，虽不宜清洗，但应用酒精棉球对电网、取毒托盘、平板玻璃等进行擦洗，保持其卫生。生产好的蜂毒应用玻璃瓶密封保存，以免其芳香物质挥发。

第四节　转地运输工具的清洁卫生

我国幅员辽阔，南北跨度大，花期不一。山区地带，由于海拔高度

不同,同一蜜源花期也有差异。为了充分利用蜜源,躲避自然灾害,快捷繁殖蜂群,增加蜂产品产量,获得最佳经济效益,从而有目的地转地放蜂。转地放蜂所依靠的主要运输工具为火车、汽车和轮船等。国外还常使用流动放蜂车、流动采蜜车等。20 世纪 80 年代初我国科技工作者曾研制了一种以运输蜂群为主,兼运蜂具、蜂产品等的中型养蜂专用车。除上述转地运输工具外,转地养蜂还需要一些辅助包装工具,如距离卡、巢继箱连接器、连接条等。

蜂群转地无论采用何种运输工具都要求清洁卫生,特别注意不要用运输过剧毒农药等对人、蜂有毒有害物质的火车皮或汽车、轮船等运蜂,以防止对蜂群造成毒害和污染蜂产品。

提示问答

1. 蜂产品高效生产用具为什么要无害化?
2. 对养蜂机具怎样进行卫生消毒?

第十一章

无公害蜂产品生产的蜂群管理

阅读指南　管理蜂群较管理其他家畜要复杂得多，在其管理过程中，管理方法和采取的措施是否得当常会直接影响养蜂生产的效益及蜂产品的质量，蜂群的高效和无公害管理技术是养蜂生产的核心。

第一节　蜂群管理的技术

蜂群管理的常用技术是指在养蜂生产实践中普遍运用的蜂群管理操作技术。这些技术的好坏，运用的是否得当，直接关系到养蜂者是否能养好蜂，获得蜂产品的优质和高产。特别是有些技术如运用不当，还会造成蜂产品的人为污染。蜂群无公害化的常用技术涉及到蜂群检查、蜂群饲喂、巢脾修造与保存、蜂群合并与调整、人工分蜂、防止盗蜂等。

一、蜂群检查

为了及时掌握蜂群的活动和预测蜂群的发展趋势，以便根据蜜源、天气等情况对蜂群采取相应的管理措施，常需对蜂群进行检查。蜂群检查需要了解蜂王状况、幼虫发育情况、子脾数量、群势强弱、蜜粉储存情况、有无雄蜂和王台、是否发生盗蜂、是否遭受病虫危害等。蜂群检查可分开箱检查和箱外观查。

（一）开箱检查

开箱检查就是打开蜂箱，提出巢脾对蜂群进行的检查。又分为全面检查和局部检查。全面检查是打开蜂箱，对每个巢脾进行的逐脾、逐项检查。全面检查的内容包括蜂王的有无和优劣；蜜蜂、封盖子脾、未封盖子脾、蜜脾、粉脾等全部巢脾的情况；有无病虫害；分蜂季节有无王台等。全面检查需要时间较长，对蜂巢的温湿度和蜜蜂活动有较大影响，次数不宜过多。

全面检查的方法是：轻轻打开蜂箱大盖，将蜂箱大盖置于蜂箱后面或依靠在箱壁旁，然后手持起刮刀撬动副盖，将副盖揭下，放于巢门前。副盖的一端搭在巢门板前端，使副盖上的蜜蜂沿副盖斜面向上爬进蜂箱。检查平箱群，如果巢脾已满箱，可先取出靠一边第二张巢脾，放于备用继箱内；如果不满箱，可将边脾向外移动一框多距离，再逐一提脾查看。检查已加了继箱的蜂群，可先检查巢箱，将蜂箱大盖揭开后，翻过来平放于箱后，用起刮刀撬动继箱与隔王板的连接处，然后将继箱搬下，置于翻过来的大盖上。用起刮刀撬动隔王板，取下后斜搭于巢门板前，同检查平箱群方法一样提脾检查继箱。检查的同时，可根据蜂群需要，调整巢继箱的巢脾。全部检查完后，再按相反顺序放置好巢脾，将隔王板、继箱、副盖、大盖复位。检查过程中，对检查内容作相应登记记录。

提脾时两手要紧握框耳，垂直提出蜂箱，巢脾位于巢箱上方，不要过高。巢脾被查面朝向阳光，正对视线，与眼睛保持 30 cm 左右距离，看完一面后，将上框梁竖起，并以上梁为轴向外翻转 180°放平，然后看另一面。也可看完一面后，将巢脾放低，巢脾上部略向前倾斜，从巢脾的上方向另一面查看。

要了解蜂群某些情况，或因气温低及易发生盗蜂季节，可提出个别巢脾进行局部快速检查。如要了解蜂群内饲料状况，只需提出边脾查看。边脾储蜜充足，说明蜂群不缺饲料，反之，就应及时饲喂蜂群。要了解蜂王产卵状况及幼虫发育情况，可提靠中间 1～2 张巢脾检查，如果巢脾上卵虫整齐，说明蜂王产卵正常，反之，说明不正常。如果幼虫湿润、鲜亮、丰满说明幼虫发育正常。要了解蜂脾关系，确定蜂群是否需要加脾或抽脾，应查看隔板内侧第二张脾，如果该脾上的蜜蜂已达 8～9 成，蜂王的产卵圈已扩大到该脾的边缘，并且边脾是蜜脾，就需要加脾；反之，如果该脾上蜜蜂稀疏，无虫、卵，就应该撤出此脾。

(二)箱外观察

箱外观察是在不适宜开箱检查或无需开箱的情况下，通过对蜂箱外、巢门口等表现出的特征或现象的观察分析来推断蜂群内部的大概情况的一种检查方法。它的特点是简便、易操作，但需检查人员有丰富的经验。

通过箱外观察可以大致了解蜂群的越冬状况、是否失王、某些病虫害、农药中毒、盗蜂等情况。

1. 蜂群越冬情况　用手提蜂箱后头，感到沉重，表明越冬饲料充足；反之，则有缺蜜的可能。如在巢门口发现许多巢脾碎渣和肢体残缺的死蜂，说明箱内有鼠害。如在天气温暖的中午发现巢门前有稀薄恶臭的蜜蜂粪便，说明蜂群患了下痢病。

2. 是否失王　繁殖季节，巢门口工蜂进出繁忙，许多回巢工蜂携带花粉团，表示蜂群正常，有蜂王。如其他蜂群巢门口都进出繁忙，独有个别蜂群无蜂进出，且巢门口有一些工蜂在惊慌地爬动，此蜂群可能失王。

3. 某些病虫害　蜂群巢门口附近发现有发育不全的残疾幼蜂爬行，表示蜂群可能已有螨害。若发现门口有白色或黑色的小半个黄豆粒大小的异样小石子状物，说明蜂群患了白垩病。

4. 农药中毒　巢门口突然出现许多死蜂，并且死蜂腹部小，翅上翘，吻伸长，有些工蜂后足上还带着花粉团，蜂群门口守卫蜂凶暴，易激怒，说明蜂群发生了农药中毒。

5. 盗蜂　特别在外界蜜粉源缺乏时，个别身体油光发黑的老工蜂，举止慌张地徘徊在巢门或蜂箱四周，伺机从巢门或蜂箱的缝隙进入蜂群，有的工蜂刚落到巢门板上，守卫蜂一接近就马上逃掉；个别蜂群巢门口工蜂进出频繁，秩序混乱，工蜂互相咬杀，巢门口附近有许多死蜂，特别是飞出来的工蜂腹部饱满，出巢匆匆，表明该蜂群正在遭盗，而同时有个别蜂群采集积极，匆匆飞回只只腹大的采集蜂，说明该蜂群在作盗。

(三)蜂群检查的无公害化

检查蜂群要养成良好的个人卫生习惯，检查蜂群前要洗手，检查蜂群用的起刮刀要经常消毒。通过箱外观察、局部检查或全面检查，怀疑蜂群可能患有某种疾病的蜂群要做相应记录，并进一步确诊该蜂群所患疾病。检查完可能患病蜂群或已患病蜂群，检查人员应该对自身接触过患病蜂群的手及检查蜂群的器具进行全面消毒。对患病蜂群数量及患病程度要有准确的了解，并根据蜂群患病种类与程度确定治疗方案。治疗一个疗程后，对患病蜂群进行检查，如蜂群未被治愈，再采取进一步的治疗措施。蜂场需做全场检查时，蜂场中如已有少数蜂群患病，应先检查健康蜂群，后检查患病蜂群。检查完毕，检查人员的手和检查工具要做全面消毒以免疾病扩散。起刮刀、蜂扫的消毒方法见第十章第二节。检查人员手的消毒，可先用肥皂将手洗净，再用75%的酒精擦洗即可。对检查中发现患严重传染性疾病的蜂群，应搬离蜂场5 km以外，隔离治疗。病群症状完全消失后，再观察十数天，确无病症后，方可返回蜂场。

二、蜂群的饲喂

因外界气候、自然环境等问题，蜜蜂无法从野外获得足够的营养，或为了促进蜜蜂的繁殖，保证蜜蜂健康等目的，需要给蜂群饲喂某些营养物质。在蜂群的饲养管理中，蜂群饲喂一般包括给蜂群喂糖（蜜）、喂粉、喂水和喂盐等。

给蜂群喂糖（蜜）分为奖励饲喂和补助饲喂。奖励饲喂是在蜂群繁殖期、蜂群储蜜尚足的情况下，为刺激蜂王多产卵和工蜂积极哺育幼虫而采取的饲喂方式。一般糖与水的比例为 1∶1，每天或隔天喂蜂一次，每次喂量较小。补助饲喂是在蜂群储蜜不足的情况下，在短时期内给蜂群大量补充饲料的饲喂方式。补助饲喂最好以蜜脾形式补给，无蜜脾时，可用蜂糖（蜜）与水之比为 2∶1 的浓糖（蜜）水饲喂，每次喂量较大，3～5 天喂足。喂花粉是在外界粉源不足或早春外界无粉时，常采用的给蜂群补喂花粉或花粉代用品的方法。喂水则是在蜂群采水不便，或为减少蜜蜂工作负担，人工设置喂水器或其他设施，提高蜜蜂采水效率的方法。

（一）给蜂群喂糖浆或蜂蜜

给蜂群喂糖浆或蜂蜜可采用灌脾或用饲喂器饲喂的方法。灌脾是将糖浆直接灌在空巢脾上，加入蜂群中饲喂蜜蜂。用饲喂器饲喂则是先在蜂群内或巢门口放置饲喂器，然后将糖浆或蜜水倒进饲喂器中，让蜜蜂自行采食的方法。用巢内饲喂器喂蜜蜂，饲喂器中应放入一些干草棍或细木枝，使之漂浮于液面上，作为蜜蜂取食糖浆的立足之地，使蜜蜂不被淹死。若以来源不明的蜂蜜为饲料，饲喂前一定要煮沸 40 min，待凉后再喂，以避免传染蜜蜂疾病。为防止盗蜂的发生，蜂群饲喂应在傍晚进行。

（二）给蜂群喂花粉或花粉代用品

喂花粉的目的是给蜜蜂和幼虫补充蛋白质饲料。最理想的方法是给蜂群放入前一年秋天保留下来的花粉脾。但花粉脾数量有限，需给蜂群进一步饲喂天然蜂花粉或花粉代用品。喂天然蜂花粉要注意对其消毒。花粉的喂法有粉喂、饼喂和液喂等。

1. 粉喂　将消毒过的花粉或花粉代用品，加入少量洁净蜂蜜或糖浆，搅拌均匀，制成松散的细粉粒，将其撒入巢脾上半部分的巢房中，再往巢房里喷少许蜜水，将该脾放入蜂巢边脾内侧，让蜜蜂自行采食。粉喂适合气温稳定，蜜蜂增长、扩巢时使用。

2. 饼喂　将消毒过的干净花粉或花粉代用品加入适量蜂蜜或浓糖浆，充分搅拌均匀，软硬适度，做成饼块，放置于框梁上，让蜜蜂自行采食。饼喂适合早春气温较低时饲喂蜂群。饲喂时，最好在花粉饼上面贴上一层塑料薄膜，这样能使花粉饼保持柔软，不易结块，又能起到一定的防腐作用。

3. 液喂　将奶粉、豆粉、酵母粉等花粉代用品加糖浆约 10 倍，经煮沸待凉，每群于傍晚结合奖励饲喂进行，每次喂量约 100 mL，以第二天蜂群完全采食完为宜，喂量过大，容易导致饲料发酵变质。

（三）给蜂群喂水

水是蜜蜂维持生命活动不可缺少的物质之一，一个正常的蜂群每天采水在 250 g 左右。人工喂水可以减轻工蜂的工作负担。喂水方法一般采用箱内喂水或箱外喂水。

在外界气温较低的早春或晚秋，一般采用巢门口喂水的方法。这种方法是在巢门口前放一装满水的小口瓶或小盒，内放一脱脂棉棉条，一头浸在水中，一头引入巢门口，让蜜蜂自行采水，这样可以避免蜜蜂外出采水冻僵。平时蜂场要设置简易喂水器，在蜂场中放一装有水龙头的水桶，水龙头下装一有槽的饮水板，让蜜蜂自行采水。

当气候较温和，开箱对蜂群繁殖影响较小时，可在箱内喂水。将水直接倒入喂糖的饲喂器中，让蜜蜂自由采水。夏季还可在副盖上放一条湿毛巾，并常向上浇水，它既可以提供蜜蜂采水又可以通过蜜蜂煽风挥发水分来降低巢内温度。箱内喂水一般每次喂量不宜过多，以当天采完为宜，饲喂器中积水过多、时间过长，水质容易变臭。

喂水的同时，可根据需要，在水中添加少许食盐或维生素，一般食盐浓度不超过 0.05%。

（四）蜂群饲喂的无公害化

饲喂蜂群的器具，如饲喂器、喂水器，在饲喂蜜蜂前都应该进行清洗。怀疑与病蜂接触过的饲喂器还要进行卫生消毒，消毒方法见第十章第二节。饲喂蜂群糖浆或蜜的锅、缸等容器，盛放花粉的盆等容器，在喂蜂使用前都应清洗干净。

蜜蜂饲料的洁净卫生与蜜蜂的健康关系十分密切。洁净卫生、营养丰富的蜜蜂饲料，可使蜜蜂健壮，抗病力加强，反之，污染病原的饲料易导致蜜蜂发病。导致美洲幼虫腐臭病的病原菌——幼虫芽孢杆菌，由于能够形成芽孢，在干枯的病虫尸体中能存活 10～15 年，在煮沸的蜂蜜中可活 40 min，在沸水中可活 15 min。病虫尸体落入蜂蜜或花粉中，当蜜蜂幼虫食入芽孢后，在适当的条件下就会发病。导致蜜蜂白垩病的病原——蜂球囊菌，可通过孢子传播，其孢子有很强的生命力，在干燥状态下可存活 15 年。该病菌孢子常随着蜜蜂清除患病死亡的幼虫而进入脱粉器与花粉混在一起，花粉成为白垩病的重要传染源之一。引起蜜蜂孢子虫病的病原——原生动物蜜蜂孢子虫，在蜜蜂尸体和蜂房里可存活 1 年，在蜜蜂干粪中可存活 2 年，在 60℃的蜂蜜中，60 min 方可杀死其孢子。被污染的蜂蜜或花粉被健康蜂食入后常可引发疾病。因此，用作饲料的蜂蜜和花粉消毒非常重要。

对饲料蜜的消毒，蜂场最常用的是加热煮沸法。就是将蜂蜜加少量水倒入锅内加热，待煮沸后持续 40 min，凉至微温即可喂蜂。

蜂场最常用的花粉消毒方法是蒸汽浴消毒法。将花粉加适量的水浸湿，和成花粉团直接放入蒸锅屉布上，蒸汽浴 30 min，即可彻底杀死引起蜜蜂患病的病原物。

变质发霉的花粉、生虫的花粉，蜜蜂食入后，会引起蜜蜂消化不良症。被霉菌等污染的蜂产品，人们误食后，也会对人体造成危害。因此，发霉的花粉、生虫的花粉均不能用作蜜蜂饲料。

重金属污染、发酵变质的蜂蜜均不能用作饲料喂蜂，长期在锈蚀铁桶中储存的蜂蜜及发酵变质的蜂蜜，用于喂蜂可导致蜜蜂中毒。被重金属污染的蜂蜜存储在巢房中，易在流蜜期混入蜂蜜中，对商品蜜造成污染，人们误食后也会对人体造成伤害。

用作蜜蜂花粉代用品的配合饲料，不应添加未经国家有关部门批准的抗氧化剂、防霉剂、激素等。抗氧化剂、防霉剂、激素等残留在蜂产品中，被人们误食后，会对人体健康带来不利影响。

三、巢脾的修造与保管

巢脾是蜂群培育蜂子，存储蜂蜜、蜂粮和蜜蜂活动的场所。蜂巢中巢脾的数量和质量直接影响蜜蜂的繁殖增长速度及蜂群生产力。新巢脾的房壁薄，培育的工蜂发育好，体重大，寿命长，抗病能力强，采集力强。巢脾的巢房每培育一代蜜蜂，巢房中都要留下一层蜜蜂幼虫的茧衣。巢房中茧衣的增多使巢房壁逐渐加厚，巢房容积变小，巢脾颜色变深。旧巢脾培育的工蜂个体小，发育不良，寿命短，抗逆性差，采集力弱。尤其被违禁蜂药污染的巢脾，巢脾中的污染物更容易直接污染蜂蜜，在蜂群的管理中，特别开展无污染蜂产品前更要多造新巢脾，淘汰老巢脾。一般巢脾的使用期最多不超过 3 年。也就是说每年所造的新脾至少应更换掉蜂场 1/3 的以上老巢脾。转地饲养的蜂群或南方蜂群，因巢脾培育的蜜蜂代数多，巢脾老化快，造新脾更换旧巢脾的周期应更短。

被病原体污染的巢脾，不经消毒处理重复使用，很容易诱发蜜蜂疾病，对其消毒十分重要。巢脾在撤出蜂群暂不使用时，还较易发霉和滋生巢虫，对其妥善保存，是蜂群饲养管理中的一项重要工作。

（一）巢脾的修造

蜂群有扩大蜂巢的愿望，达到一定群势，内勤蜂较多且有充足的蜜粉饲料，是蜂群造脾的最佳时机。大流蜜期开始后，蜂群内出现赘脾或自然分蜂群，都是修造优质新巢脾的理想蜂群。

修造巢脾前，应准备好巢框、巢础、25～26 号铅丝、蜂蜡、巢础埋线板、熔蜡壶、埋线器等工具。修造巢脾要经过巢框钻孔、穿线、装巢础、埋线、灌蜡加固巢础等工序。巢础安装固定完成后，在巢础两面喷一些新鲜蜜水，就可以加入蜂群，让蜂群筑造了。

在流蜜期前后造脾，巢础框应加在蜜粉脾和封盖子脾之间；在流蜜期造脾，应加在蜜粉脾和幼虫脾之间。继箱群造脾应加在继箱上边脾内侧。每次加巢础 1 张即可。造脾期间如果外界蜜粉源不足，应于傍晚对蜂群饲喂糖浆。大量造脾时，对有些蜂群不够强，不能将巢础造到边角的，可换到造得好、造得快的蜂群中；一面造得快的，可将巢框换面。巢础脱离铅丝的要立即压回，脾面歪斜的要及时推正，巢础被咬破的要及时补全。雄蜂房过多的，可把有雄蜂房的部分换掉，补一块新巢础，加到新产卵的交尾群中，工蜂会把它修造成工蜂房。

新造好的巢脾，应及时让蜂群培育几代蜂子，以增强巢脾的牢固程度。

(二)巢脾的保管

从蜂群中抽出的巢脾，如果保存不好，常常会发霉，受巢虫咬蛀。保管不当还会引起盗蜂和鼠害等。巢脾从蜂群中撤出后，用起刮刀刮净上、下框梁及侧框上的赘蜡、蜂胶等。及时对染病巢脾予以消毒或淘汰化蜡，其余巢脾按蜜脾、粉脾、空脾分类装箱，保存于清洁、干燥、密闭性较好的仓库中。存放时气温在10℃以下的冬天，巢脾存放可暂不必防治巢虫，但气温在10℃以上时存放巢脾，要对巢虫进行严格防治，防治方法有冰乙酸熏蒸法、二氧化硫熏杀法和二硫化碳熏蒸法。

1. *冰乙酸(CH_3COOH)熏蒸法* 冰乙酸为无色液体，蒸汽对孢子虫，阿米巴及大、小蜡螟的卵、幼虫都有较强的杀灭作用，但不能杀死大、小蜡螟的成虫和蛹。用该药剂消毒保管巢脾前要彻底清除大小蜡螟的成虫和蛹，最好每隔2周连续重复熏杀几次，否则效果不佳。本消毒剂适用于对蜜脾、粉脾、空脾的消毒，是无公害蜂产品生产中巢脾存放防治巢虫的最理想的药品。

将待消毒的巢脾清理干净后，放入已消毒好的巢箱和继箱内，每个箱体放9～10张脾，5～6个箱体为一组，最上面的箱体放7～8张巢脾，空出部分放玻璃或磁容器，盛放药物。放药前，糊好箱体及箱与箱间缝隙。放药量为96%～98%冰乙酸每箱体20～30 mL。冰乙酸刺激性较强，投放药时，要戴口罩，并站在上风口，如在无风的室内，可用一电扇人为制造风向。

经过消毒后的巢脾不用时，要密闭保存于清洁卫生、阴凉、通风、干燥的房间内，避免巢脾霉变。为确保安全，巢脾在使用前1周，检查巢脾。特别经过冰乙酸蒸汽消毒的巢脾，使用前要经充分通风散味。

2. 二氧化硫(SO_2)熏杀法　用一带窗口的空巢箱作底，上面放5～6层继箱，巢箱中放上一块瓦片。第一层继箱只放6张巢脾，中间留空，为硫磺安全燃烧空间。上面继箱各放8～9张巢脾，箱体间用纸糊严。按每个继箱3～5 g硫磺粉量放入瓦片，并加入数块燃烧的木炭，会立即产生二氧化硫气体，并充满箱体，二氧化硫气体可杀死蜡螟的幼虫和成虫。由于该气体杀不死蜡螟的卵和蛹，故第一次熏杀后，过2周需重复熏1～2次。熏杀过程中，要通过继箱窗口观察木炭燃烧情况，直至熄灭为止，以防火灾。本法适合于空巢脾存放前的巢虫防治。巢脾重新使用前需充分通风散味。

3. 二硫化碳(CS_2)熏蒸法　二硫化碳常温下可气化，能杀死巢虫的卵、幼虫、蛹和成虫。防治1次即可，方便易行。方法是：在蜂箱上叠放5～6层继箱，每层放8～9张巢脾，最上层放6张巢脾，中间空出部分放一容器或吸水性强的厚纸盛放液体二硫化碳，用量为每个箱体3 mL。利用二硫化碳自然挥发比重比空气大而自然下沉的特点，从上往下熏杀。注意箱体间缝隙要用纸糊严。二硫化碳对人体有毒，易燃，放药时，人要站在上风口并戴口罩，不要靠近火源。

二硫化碳对人体有毒，只能用于熏蒸空巢脾，一般不提倡使用。如果用此药熏脾，在巢脾重新使用前，必须使巢脾充分通风透气，使二硫化碳挥发，以防污染蜂产品。在熏脾放药时，要戴口罩，并站在上风口，如在无风的室内，可用一电扇人为制造风向。

(三)巢脾的无公害化消毒

对于患病或怀疑患病蜂群的巢脾存放或重新使用前，应进行严格消毒。巢脾消毒所使用的消毒剂应对人、蜂安全，无残留毒性，不会在蜂产品中产生有害积累。常用的消毒剂作用范围及使用方法如下：

1. 漂白粉溶液　漂白粉又称含氯石灰，是氯化钙($CaCl_2$)、次氯酸钙[$Ca(ClO)_2$]和消石灰[$Ca(OH)_2$]的混合物。商品漂白粉有效氯含量一般为25%～33%。漂白粉对多种细菌有杀灭作用，其5%的水溶液在1 h内即可杀死细菌的芽孢，故可用于蜂场、越冬室、蜂具等的消毒。一般用1%的澄清液浸泡巢脾消毒。

准备一较大广口容器，将要消毒的巢脾灌满1%的漂白粉澄清液，放入该容器，消毒24 h后取出，用摇蜜机将漂白粉溶液摇出，然后用清水将巢脾冲洗干净，晾干。此法即可为巢脾消毒，又可清除巢脾上的花粉、死蜂、虫蛹等。

2. 次氯酸钠（NaClO）　对细菌有杀灭作用，蜂场常用0.1%的次氯酸钠水溶液消毒被细菌污染的巢脾，也可用0.5%的次氯酸钠水溶液喷洒消毒蜂场及越冬室。

将0.1%的次氯酸钠水溶液置于一木质、塑料或陶瓷容器中，使巢脾完全浸没，浸泡消毒12 h以上。消毒后，甩出消毒液，用净水清洗巢脾，晾干后待用。次氯酸钠有较强的腐蚀性，消毒时，不要选择金属容器盛放消毒液。

3. 过氧乙酸　对真菌、细菌、病毒及孢子均有较强的杀灭力，蜂场常用0.1%～0.2%的过氧乙酸水溶液消毒被真菌（白垩病、黄曲霉病）、病毒（囊状幼虫病、麻痹病）和细菌（美洲幼虫腐臭病、欧洲幼虫腐臭病、蜜蜂副伤寒病）等污染的蜂箱、巢脾等。

将配制好的0.1%～0.2%的过氧乙酸水溶液倒入喷雾器中，喷雾巢房及巢脾表面至湿润。消毒12 h后，用清水洗净巢脾，晾干即可使用。过氧乙酸对皮肤和呼吸道黏膜有较强的刺激作用，消毒使用时，要戴橡胶手套和口罩。过氧乙酸易产生气体，使储存瓶爆炸，储存该药液时，瓶盖旋松，不宜盖得过严。药液不稳定，应现用现配。不用的药液应放置在儿童接触不到的地方。

4. 新洁尔灭　无色液体，呈碱性，具有很强的消毒和去污作用。蜂场常用1%的新洁尔灭水溶液洗刷被美洲幼虫病和欧洲幼虫病污染的蜂箱、隔板、隔王板等。用0.1%的新洁尔灭水溶液浸泡巢脾消毒。

用木盆或陶瓷缸灌装适量0.1%新洁尔灭水溶液，完全浸没巢脾，消毒12 h后，甩去药液，用清水冲洗，晾干后即可。使用时忌与碱性肥皂、碱液、碘和高锰酸钾等配合使用。物品在消毒前已用碱液洗刷过，需用清水洗净后再使用本品消毒。浸泡消毒液可反复使用，直至药液呈浑浊或呈黄色后再更换。

5. 甲醛(HCHO) 将要消毒的巢脾清理干净,分别装入空继箱内,每个继箱放脾 10 张,每 5～6 个继箱叠为一组。用报纸糊严各箱缝隙,最下面的继箱为一取掉纱窗的空继箱,用于放置甲醛药液。为了使甲醛有效汽化挥发熏蒸巢脾,需对甲醛溶液加温。加温方法可直接用酒精灯或小炭炉加热盛甲醛的容器(金属),也可用高锰酸钾氧化产生热量,此法安全可靠。具体做法是:先将 40% 的甲醛溶液按每个继箱 10 mL 加热水 5 mL 倒入一玻璃或瓷容器,通过纱窗口放入最下层空继箱内,然后按每个继箱 10 g,将高锰酸钾粉倒入容器内的甲醛液中,迅速关闭纱窗口,密闭熏蒸 12 h。甲醛对眼、鼻、呼吸道的黏膜刺激性很强,使用时应戴上口罩,并站在上风口。

6. 高效巢房消毒剂 该药主要成分为二氯异氰尿酸钠,为广谱含氯消毒剂。对病毒、细菌具有较强的杀伤力,可用来消毒被蜜蜂病毒和细菌污染的巢脾及其他蜂具。按每片药对水 200 mL 溶解,可采用喷雾或浸泡法消毒。

(1)喷雾法:用喷雾器对着要消毒巢脾的巢房直接喷雾,每脾约 100 mL,20 min 后,将药液甩出,用清水冲洗晾干,保存或待用。

(2)浸泡法:将巢脾浸入药液中,约 20 min 后取出,将药液甩出,用清水冲洗晾干,保存或待用。

四、蜂群的合并与调整

为了蜂群的快速健康繁殖,充分有效地挖掘现有蜜蜂的繁殖及生产潜力,在蜂群饲养管理中常采取两个或两个以上蜂群合并,不同蜂群间蜜蜂、子脾或蜜粉脾调整的管理措施。

(一)蜂群合并

蜂群的合并就是为了饲养强群或处理无王群,有效发挥现有蜜蜂的作用,将两个或两个以上弱群、无王群合并为一群的管理措施。早春合并弱群,可有效提高蜂群的保温和哺育能力,加快蜂群的繁殖速度;

晚秋合并弱群，可提高蜂群越冬的抗寒能力；生产季节合并弱群，可大大提高蜂蜜、蜂王浆、蜂花粉的产量；蜜粉源缺乏季节合并弱群，有助于预防盗蜂的发生；合并丢失蜂王的蜂群，可有效利用现有蜜蜂的生产力和哺育力。

1.*蜂群合并的障碍*　蜜蜂是以群体为单位生活的社会性昆虫，不同的蜂群通常具有不同的气味。蜜蜂凭借灵敏的嗅觉，能分辨不同群体蜜蜂气味的差异。蜜蜂具有守卫自己的蜂巢，防止异群蜜蜂进入的特点，尤其在蜜粉源缺乏的条件下该特点表现更为突出。如果将蜂群任意合并到一起，就可能因群味不同而引起不同蜂群间蜜蜂的相互斗杀，使得蜂群合并失败。蜂群间的不同群味是合并蜂群的主要障碍。

组成蜂群特殊群味的成分很复杂，其中包括蜂王的气味、蜜粉源的气味、蜂箱和巢脾的气味等，主要蜜源流蜜期花蜜的气味占据主导地位。大流蜜期，所有蜂群都积极投入到采集活动中，既不会出现盗蜂，也无需加强蜂巢守卫，此时蜂群的警觉性较弱，利用此期提前1～2天捉走被合并蜂群的蜂王，被合并蜂群的群味就很容易与合并蜂群的群味混同。

2.*蜂群合并应注意的问题*　蜂群的群味和工蜂的警觉性是合并蜂群的障碍，群味主要由蜜源、蜂王气味等构成，工蜂的警觉性和守卫功能主要由青壮年蜂担任。因此，群味较接近的大流蜜期，群势较弱的蜂群、失王不久的蜂群、子脾和幼蜂较多的蜂群比较容易合并。而非流蜜期，群势较强的蜂群，蜂群内有蜂王或王台，失王已久，老蜂多、幼蜂少、子脾少的蜂群合并比较困难。蜂群合并要注意以下问题和原则：

（1）蜂群合并的时机：蜂群合并应选择在大流蜜期；避开盗蜂和胡蜂的多发期；蜂群合并宜选择工蜂停止巢外活动的傍晚。

（2）蜂群合并的原则：蜂群合并应遵循以下原则，合并的蜂群一强一弱时，应将弱群并入强群；无王群与有王群合并，应将无王群并入有王群；新王群和老王群合并，应将老王群并入新王群；蜂群合并应就近合并。

（3）蜂群合并的无害化：在蜂群合并过程中，要注意不要将患病蜂群相互合并，更不能将患病蜂群与健康蜂群合并，以防止疾病的交叉感染。合并蜂群时，为混同群味往往向要合并的蜂群中喷洒一些有芳香味的物质，如白酒、香水、蜜水等。注意所选用的物质应对人、蜂无毒无害，且不易引起盗蜂。

3. 蜂群合并的方法　采用什么方法合并蜂群应根据外界蜜粉源条件以及蜂群的内部情况决定。如果蜂群处于刚结束越冬，此时气温较低，蜂群对群味不敏感；大流蜜期，蜂群忙于采集花蜜、酿造蜂蜜，蜂群群味接近于花蜜，蜂群警觉性不强，这些时候合并蜂群可采用直接合并法。反之，在非流蜜期，蜂群失王过久、巢内老蜂多而幼蜂少、子脾少时，蜂群合并则应采用间接合并法。

(1)直接合并法：是将有王群的巢脾和蜜蜂靠往蜂箱的一边，再把无王群的巢脾和蜜蜂放在另一边，两群中间保持一张巢脾的距离或在两群中间放置一块隔板，两群蜜蜂可相互接触，这样经过 1～2 天，群味相同后，去掉隔板，把两群靠在一起，合并蜂群便告完成。如系有王群合并，应提前 1～2 天，将被合并的弱群的蜂王提出，并毁掉蜂群内所有王台，造成蜂群内失王 1～2 天，然后按上述方法将无王群并入有王群。为了保证蜂王的安全，在合并蜂群时，可将蜂王扣在巢脾上，待合并成功后再将其从笼中放出。

(2)间接合并法：是将有王群放在一巢箱，无王群(或已取走蜂王的弱群)放入继箱，两箱中间放一铁纱或扎有许多小孔的报纸，使两群蜜蜂暂时不能直接接触，经过 1～2 天，群味相混，蜜蜂已咬破报纸，两群蜜蜂不再互相撕咬，便可把两群蜜蜂合并在一起。非流蜜期，失王已久，老蜂多、幼蜂少、子脾少的蜂群，在合并前，先补给该群 1～2 框幼虫脾，1～2 天后再并入它群。炎热天气合并蜂群要注意继箱的通风透气，可在继箱上开一临时巢门，供继箱上的蜜蜂出入，以防止闷死蜜蜂。待两群蜜蜂相互接受，再把临时巢门关闭。

合并蜂群前，在要并入的蜂箱内滴入 1～2 滴白酒或香水，有助于群味的尽快混同。如系大流蜜季节，可给蜂群喷洒一些蜜水，也有助于蜂群群味的混同；但缺蜜季节，喷洒蜜水要慎重，以防止发生盗蜂。

(二)蜂群的调整

由于蜂王产卵力的差异及蜂群营养、失王、偏集等因素的影响，蜂群发展速度有快有慢，蜂群群势相差较大。蜂群群势强弱不均，不利于蜂群管理。一方面全场蜂群管理及生产措施难以统一。另一方面缺蜜季节弱群容易被盗；弱群越冬容易导致失败；转地放蜂，过强的群势容易闷死蜜蜂，从而影响运输安全；有些采用主副群管理生产方式的蜂场，或当外界蜜源大流蜜时，蜂群群势不强，生产能力较弱，为了强群高产，养蜂者常有目的地组织一些强群。为了实现蜂群管理中的上述某些意图，常需要采取蜂群调整的措施。蜂群调整包括蜂的调整和脾的调整。

1. 蜂的调整　蜂的调整困难较大，需解决群味不同和蜜蜂返巢两个问题。因为各蜂群间的群味不同，除雄蜂和幼蜂之外，蜜蜂进入它群就会引起斗杀。蜜蜂具有很强的认巢能力，不采取适当措施，调整到它群后的外勤蜂还会返回原蜂巢。对蜂的调整，一般只限于越冬后的调整、采蜜期的主副群调整以及内勤蜂的调整。

(1)越冬后的蜂群调整：越冬后的蜂群往往群势差异较大，为了提高蜂群的保温和繁殖能力，对蜂群除采取合并措施外，常进行调整。调整一般应在蜂群越冬后未做爽身飞翔或刚出越冬室未认巢飞翔前，此时气温较低，蜜蜂对群味不敏感，可将强群的蜜蜂直接调入弱群。调入弱群的蜜蜂会同该群蜜蜂一起做认巢飞翔。

(2)采集蜂的调整：流蜜期前，事先有意识组织主、副群，把一强一弱的蜂群双箱并列排放在一起，强群为主群，弱群为副群。流蜜开始后，将副群移走，放置到其他地方，这样副群的外勤蜂出巢采集后就会飞回原址，进入主群中。此时外界流蜜，蜂群群味趋于混同为蜜源气味，蜂群守卫意识变弱，外勤蜂忙于采蜜，自然达到蜂群调整、强群高产的目的。

(3)内勤蜂的调整：内勤蜂较少巢外活动，调整后一般不易返回原巢，此外内勤蜂也较容易被其他蜂群接受。为增强弱群群势，常采用补充内勤蜂的方法。内勤蜂多在幼虫脾和正在出房的老熟蛹脾上，调整时先找到强群的蜂王，再提出该群的幼虫脾或幼蜂正在出房的蛹脾，将这些巢脾轻轻抖动数下，使外勤蜂飞离巢脾，然后把留下的蜜蜂抖落在需要补蜂的蜂群中。

2.脾的调整　脾的调整主要是蜜粉脾的调整和子脾的调整。因它是不带蜂的调整，不易引发盗蜂，调整巢脾相对比较容易。可根据蜂群管理的需要随时调整巢脾。在蜂群管理中，常采用调脾的方法来调整蜂群的饲料、子脾和群势。

(1)蜜粉脾的调整：蜂场少数蜂群缺少蜜粉饲料时，可从蜜粉储存较足的蜂群中抽取蜜粉脾来补充缺少饲料的蜂群。尤其在蜜粉源缺乏季节，弱群常缺乏蜜粉饲料，补助饲喂易引发盗蜂，可在早晚蜂群未活动之时，将强群中的蜜粉脾抽出，抖净上面爬附着的蜜蜂，将该蜜粉脾补给缺少饲料的蜂群。调整蜜粉脾时，一定注意蜜粉脾上不能带蜂，否则强群中的蜜蜂随蜜粉脾进入弱群后极易引起该弱群被盗。

(2)子脾的调整：一是将需哺育的幼虫调入它群哺育；二是将老熟封盖子脾调入它群，以壮大该群群势。将幼虫调入它群哺育，一般是为了充分利用该群的哺育能力，或人为给这种蜂群增加工作负担，多数情况下，以这种措施来防止强群分蜂。调老熟封盖子脾给弱群可有效加强蜂群的群势，提高该蜂群的哺育力和发挥蜂王的产卵力。流蜜期前1～2周，调老熟封盖蛹脾给强群，可有效加强该群在流蜜期的生产力。

3.蜂群调整的无公害化　在蜂群调整中，应注意患病虫害的蜂群不可互相调整，以防止病虫害的传染和扩散。在蜜粉源缺乏季节，尽可能减少蜂群的调整，以防止盗蜂的发生。蜜粉脾的调整，也要注意不能将原群外勤蜂带入他群，否则极易诱发盗蜂。盗蜂的发生不但影响蜂群的生产活动，给蜂场生产带来损失，还易诱发蜜蜂传染病，生产季节蜂病的防治用药，极易造成蜂产品污染。杜绝蜂药污染是无公害蜂产品生产技术重点强调克服的问题之一。

五、人工分蜂

人为地从一个或几个蜂群中，抽出部分蜜蜂、子脾和蜜粉脾，组成一个新的蜂群，并给其介绍进蜂王或王台，就叫人工分群。人工分群是蜂场有计划地增加蜂群数量的手段，也是防止强群自然分蜂的一项有效措施。人工分群有单群平分法、混合分群法及补充交尾群法。

1.单群平分法　是将一群蜂均等一分为二。一群为原群，另一群放入成熟王台或一只产卵王，成为一个新蜂群。具体做法是将一空蜂箱置于原群旁边，从原群中抽出一定比例的带蜂子脾、蜜粉脾放入空蜂箱中，将原群向另一侧移动一箱之距，次日给新分群介绍一个成熟王台或产卵新蜂王，分群即告完毕。此法适应于前一流蜜期结束后，而下一流蜜期至少还有45天才到来的繁蜂阶段。通过40多天的繁殖，蜂群又会强壮起来，投入下个蜜源的生产。

2.混合分蜂法　是在若干个蜂群中各抽出1～2框带蜂的子脾、蜜粉脾，组成一个新蜂群。1～2天后再给新分蜂群介绍进新产卵王或成熟王台。此法对原群影响较小，分蜂时要注意给新分群多抖些幼蜂，以避免老蜂飞回原巢后，新群蜂数太少。

3.补充交尾群法　类似混合分蜂法，可在若干个强群中抽1～2框抖掉老蜂的老熟封盖子脾，连同幼蜂一起加入交尾群，这样交尾群很快就能培育成强壮的生产群。这种方法既不影响原群，又增加了新蜂群，多被养蜂者采用。

4.人工分群的无公害化　人工分群要注意其无害化，新分群所用的蜂箱应是洁净符合无公害条件的新蜂箱；如系旧蜂箱，需事先进行清洁消毒，其方法见第十章第二节。此外，人工分群时用病群蜂分群或其子脾等补充交尾群都容易扩散蜂病，蜂病的治疗用药，在一定程度上会污染蜂产品。因此，患病蜂群应严格禁止进行人工分群，病群的子脾、蜜蜂和蜜粉脾，更不能调出补充交尾群。另外，混合分群和补充交尾群不宜在外界严重缺乏蜜粉源季节进行，否则新分蜂群中一旦带入采集蜂，采集蜂飞回原蜂巢后，极易引来同巢蜜蜂作盗新分蜂群。新分群和交尾群，群势小，幼蜂多，防御能力差，很容易被盗蜂攻入，盗蜂还容易传播蜜蜂疾病。人工分群在流蜜期即将结束时进行为宜，此时既不影响本流蜜期蜂蜜的生产，又不易诱发盗蜂。

六、自然分蜂的控制和处理

自然分蜂是蜜蜂群体自然增殖种群繁荣的唯一方式，蜂群自然分蜂要经历建造雄蜂房、培育雄蜂；建造王台基、培育蜂王等过程。蜂群分蜂时，原群蜂王和约半数工蜂飞离原巢另寻他处重建新居。

当蜂群强盛，蜂群的哺育力过剩，蜂巢内拥挤闷热时，蜂群就会出现分蜂热。蜂群内会大量培育雄蜂，出现自然王台。当王台封盖后，工蜂就会减少对蜂王的饲喂，迫使蜂王卵巢收缩，产卵量剧减，甚至停卵；与此同时工蜂也减少外出采集活动和巢内造脾等工作，整个蜂群出现“怠工”状态。产生分蜂热的蜂群既影响蜂群的正常繁殖，又影响养蜂生产。而且收捕自然分蜂团，又给养蜂人员增加了不少工作负担，是养蜂人员所不愿看到的问题。在养蜂生产上控制蜂群的分蜂热是极其重要的管理措施。

（一）预防和消除分蜂热

预防自然分蜂，维持强群，提高蜂群的生产力，是蜜蜂饲养管理的一项重要任务。在饲养管理中，常采取一定的措施，预防和消除分蜂热。

在蜜粉源良好，蜂群繁殖迅速时，应适时加础造脾，扩大蜂巢，充分发挥蜂王的产卵力和工蜂的哺育力，增加工蜂的工作负担。个别强群封盖子脾较多，可抽调这些封盖子脾，换取弱群中的卵虫脾，加大强群的哺育负担，不使强群哺育力过剩。群势强大后，及早开始生产蜂王浆，使过剩的哺育蜂分泌的蜂王浆得以利用。生产蜂王浆是目前最有效的预防分蜂热的措施。炎热季节，扩大巢门、改善蜂群通风、遮荫、给蜂箱洒水降温等措施，对控制分蜂热也有一定作用。

选用维持群势能力较强的蜂种，用新王更换老劣王等都能起到很好的维持强群和控制分蜂的目的。但分蜂是蜂群的本性，当群势壮大到一定程度时，总会有分蜂热产生。在分蜂热产生期，每隔 8～9 天检查一次蜂群，割除雄蜂子，毁掉自然王台，可有效控制自然分蜂的发生。

如果蜂群出现分蜂热时，距下个花期到来至少还有45天，并且蜂场不进行蜂王浆生产，可借强群产生分蜂热之机进行人工分蜂，增殖蜂群。

(二)自然分蜂的处理

自然分蜂如刚刚开始，蜂王尚未飞离蜂巢，可立即关闭巢门，打开蜂箱大盖，从纱盖上向蜂巢内喷些水，让蜂群安静下来。安静后开箱检查，找到老蜂王，用王笼把蜂王扣在巢脾上，并毁掉巢内的所有王台。在原群旁放一个空蜂箱，箱内放入几张空脾，一张卵虫脾，一张蜜粉脾，将扣王脾提入空箱，并放出蜂王，组成一个临时蜂群。飞出的工蜂会自然飞入临时群，过几天待蜂王恢复产卵后，再并入原蜂群。

如果蜂王已随工蜂飞出蜂巢，并在附近树枝上或建筑物上结团，应等其结团后，再进行收捕。具体收捕方法：用一根长竿子绑上有少量蜜的巢脾，举至贴近蜂团的上方，招引蜜蜂爬上巢脾；爬满蜂后，取下巢脾检查是否有蜂王，并将其放入一事先准备好的空蜂箱内，盖上纱盖，关上巢门。同样方法再去招引其他蜜蜂，直至把蜂王招引到巢脾上。发现蜂王后，用王笼扣住蜂王，连巢脾一起放入空蜂箱内，打开巢门，其他工蜂会自然飞来。新分出的蜂群加入一张卵虫脾、一张蜜粉脾，放置一个适当的位置，便形成了一个新蜂群。如正临取蜜季节，应将收回的临时蜂群放在原蜂群旁。2～3天后再并入原群，以强群取蜜。

七、蜂王和王台的诱入

蜂王和王台的诱入是当蜂群失王、残疾或衰老蜂王需要更换、蜂场有计划地更换蜂王等情况下，将它群蜂王或王台诱入需王蜂群的方法。生产上也称介绍蜂王或王台。蜂王是蜂群的重要成员，当蜂群蜂王衰老、残疾或丢失后，本群工蜂会培育新蜂王，一般不轻易接受其他蜂群的蜂王和王台。如果我们轻率地把非本群的蜂王或王台放到该群中，或交尾蜂王误投它群，往往会发生围王或咬破王台的现象。因此，在蜂群的管理中，常需根据失王时气候、蜜源、蜂群状况等，采取适当的措施，给蜂群介绍新蜂王或王台。

(一)蜂王的直接诱入

当外界蜜源正处于大流蜜期，蜂群失王不久，群内虫、蛹基本正常，则可采用直接诱入的方法给失王群介绍蜂王或王台。如果淘汰老王更换新王，白天应提前去除老蜂王。直接诱入方法有巢门诱入法、带蜂诱入法、直接放入法、蜂王换位诱入法等。

直接诱入蜂王后，不要马上开箱检查，开箱检查容易引起工蜂警觉，可能导致诱王失败。可进行箱外观察，如果蜂群巢门前工蜂活动正常，一般没有问题。过 2 天后再开箱检查。

1. 巢门诱入法　将副盖一端搭靠在巢门踏板上，从无王群中提出 1～2 张带蜂巢脾，将脾上的蜜蜂抖落在蜂箱前，靠近巢门的蜜蜂会举起尾部发臭，巢门前慌乱的蜜蜂慢慢会有序地沿着副盖爬向巢门，可乘蜜蜂慌乱之机，将要诱入的蜂王轻轻放到巢门前的蜜蜂中，蜂王会跟随蜜蜂一起进入蜂箱。

也可在傍晚，从交尾群中带脾提出开始产卵的蜂王，把此脾平放于失王群蜂箱的起落板处，有王面朝上，用手指轻轻驱赶蜂王，当蜂王爬上蜂箱的起落板时，立即把巢脾拿开，返还原蜂群，蜂王会自动爬进蜂箱。

2. 带蜂诱入法　对失王蜂群或去除蜂王或王台的换王群，于当天傍晚把将要诱入的蜂王连同巢脾及脾上的蜜蜂一起提出，放在需诱王蜂群的隔板外侧，并与隔板保持 2～3 脾距离。过 1～2 天再把此脾调整到隔板内侧，与蜂群合并。

3. 直接放入法　可在傍晚蜂群停止活动后，把无王群的箱盖和副盖打开，从交尾群中提出带王的巢脾，轻稳地捉起蜂王，将其放在无王群的框梁上，让蜂王在脾间自行爬进巢中。用这种方法诱王，应特别注意操作轻稳，不惊扰蜂群。所诱蜂王最好是已产卵数日的稳健蜂王。在诱王时，提前数小时向无王群中喷一些蜜水，也可滴入 1～2 滴白酒或香水，有利于无王群与蜂王群味的混同，诱入较容易成功。

4. 蜂王换位诱入法　换王时，在要更换蜂王的两群蜂中找到蜂王，连脾一起先后提出蜂群。先将被换蜂王轻轻捉走，马上将要诱入的蜂王轻稳捉起放到捉走被换王的位置。稍观察一会儿，如果蜂群没有围王，被诱入的蜂王稳重爬行，并寻找空巢房产卵，就可把巢脾各放回原蜂群。

(二)蜂王的间接诱入

蜂王的间接诱入，就是把要诱入的蜂王暂时关闭在能够透气、但工蜂又不能进入伤害蜂王的保护性器具中，再放入无王蜂群，等蜂王被蜂群接受后，再释放出蜂王。更换蜂王的蜂群诱王时，须提前一天将原群蜂王去除。这种诱入方法成功率高，一般不会发生围王事故。在外界蜜源不足，蜂王直接诱入困难时，常采用这种方法给失王群和需换王的蜂群诱入蜂王。

1. 诱入器诱王法　诱王常用的诱入器有扣脾诱入器、王笼、全框诱入器等。

(1)扣脾诱入器诱王：从失王群中提一张带蜜的卵虫脾，用扣脾诱入器将要诱入的蜂王扣在卵虫脾上有储蜜的部位，同时关入数只幼蜂陪伴蜂王。将该脾放回失王群，过 1～2 天后，打开蜂箱检查，如果诱入器上的蜜蜂已散开，或工蜂已隔铁纱开始饲喂蜂王，则说明蜂王已被无王群接受。如果工蜂仍紧紧地围住诱入器，甚至还有的工蜂咬住铁纱，这说明蜂群还未接受此蜂王。此时应将扣王的巢脾放回蜂群，直至蜂群接受后，再放出蜂王。如果手头无扣脾诱入器，养蜂人可用铁纱自制简易扣脾诱入器。可用剪刀将铁纱剪成大 7 cm×10 cm 左右的方形铁纱，在四边 1.5 cm 处分别剪出 1.5 cm 左右的小口，在剪口处朝同一方向折成直角，使之成为一个长方形纱罩，去除罩底约 0.5 cm 的横向铁丝，以便竖起的细铁丝易插入脾中，四角结合严后，自制诱王扣脾器即告完成。

(2)王笼诱王：王笼诱王时去除笼内伴随的工蜂后，将王笼直接夹在失王群的两脾中间或放在蜂路间，王笼的铁纱一面，面对蜂路与失王群的工蜂接触。过 1～2 天后，打开蜂箱检查，若王笼铁纱上的蜜蜂已散开，或工蜂开始饲喂蜂王，就说明无王群已接受该蜂王，可将此王放出，进入蜂群。否则应继续关王，直至蜂王被接受。

(3)全框诱入器诱王：间接诱王最好采用全框诱入器诱王法，即从交尾群中选择一框带有边角蜜的巢脾，连同蜂王、工蜂一起关入全框诱入器中，放进失王蜂群的边脾旁。过1～2天后，打开蜂箱检查，如果诱入器铁纱上的无王群工蜂已没有敌意，就可以撤去诱入器，将该脾并入无王群。此法有些类似蜂群合并，不仅安全可靠，而且在诱王过程中不影响蜂王的正常产卵。

2.小纸筒或铁纱诱王法　用边长为10 cm左右的方形白纸或铁纱，卷成直径约2 cm的小圆筒。纸筒要用小钉或针扎上数十个小孔。然后把蜂王装入圆筒中，封口后悬挂于无王群的蜂路间。过1～2天后，开箱检查，如围攻小圆筒的工蜂已散开，说明无王群已接受了铁纱筒中的蜂王。如系纸筒诱入，蜂王和工蜂咬破纸筒，蜂王已爬出，也说明诱王成功。此时可以将蜂王放出铁纱筒，并将铁纱筒或纸筒取出。

（三）组织幼蜂群诱入蜂王

组织幼蜂群诱入蜂王是最安全的诱王方法，对于处女王和较贵重的种蜂王可采用此法诱入。提前1～2天，用抖掉老蜂的正在出房的封盖子脾和幼蜂组成新蜂群。将新蜂群摆放在适当的位置，让少量外勤蜂飞回原蜂巢，把装有蜂王的囚王笼放入蜂群中的蜂路间，铁纱面对蜂路，等蜂王完全被接受后，释放出蜂王。幼蜂组成的蜂群，防卫性较差，易接受新蜂王，较易介绍成功。

（四）假台诱入处女王

处女王活泼、易惊慌，不易被蜂群接受，较难诱入成功。养蜂生产中一般不给失王群诱入处女王，常诱入较易被蜂群接受的稳健产卵王或成熟王台。如果特殊情况需诱入处女王，可采用假台诱入处女王法。用蜂蜡制成一个长约3 cm、端部直径0.7 cm、基部直径1 cm的大蜡台。蜡壁要比一般王台稍厚，以防处女王未被接受时就被工蜂很快咬破。制作好后，用针在蜡台的端部扎几个小孔，以便空气和蜂王信息素能与蜂群间流通。蜡台的基部粘在有一孔径约0.9 cm的薄木片上，并配一个圆木。诱王时，将蜂王通过木片上的圆孔放入蜡台，塞上圆木塞。将蜡台端部朝下，垂直安放在无王群的两巢脾中间。当处女王咬破蜡台自行从假台中爬出，蜂群便接受了该处女王。

(五)王台的诱入

诱入的王台应为封盖后6～7天的老熟王台，如果诱入过早，王台中的王蛹发育未成熟，较娇嫩，易受损伤；如果诱入过迟，处女王有可能出台。在王台诱入的前一天，应毁除需王台蜂群中的所有王台。如果有蜂王，还需捉出蜂王。诱入王台的过程中，应始终保持王台垂直端部向下，切勿倒置。将王台取下育王框、转移、镶嵌到巢脾上等过程，要尽量减少震动。

如果欲诱入王台的蜂群较弱或是交尾群，可在子脾中间偏下的位置，用手指压一些巢房，然后使王台保持端部朝下的垂直状态，紧贴在巢脾上的压倒巢房部位，嵌牢在凹进处；在给群势较强的蜂群诱入王台时，王台诱入后，常遭破坏，可用细铁丝绕成弹簧形的王台保护圈，对王台加以保护。保护圈下端留出蜂王可爬出的小口，上部用小铁片封住。保护圈也可用香烟盒中的锡箔代替，用锡箔包裹王台的侧面和上端，把下端部露出，供处女王出台时咬开爬出。

(六)被围蜂王的解救

围王是蜂群中工蜂对蜂王的一种排斥行为。围王时常有数十只工蜂将蜂王团团围住，形成围王球，使蜂王无法逃脱。围王球中，有许多工蜂撕咬蜂王，蜂王如不能得到及时解救，往往致残或被围死。这也是蜂群失王的一个重要原因。

缺蜜季节，介绍蜂王或合并蜂群易发生围王；给无王群中介绍处女王或产卵不久的新蜂王，易发生围王；给老蜂多的无王群、工蜂产卵群、有王台的无王群介绍蜂王易发生围王；在发生盗蜂时，刚介绍进蜂王的蜂群、新分蜂群，易发生围王；外界喷洒农药，导致蜂群有轻度农药中毒时也易发生围王。

一旦发生围王，形成围王球，应立即将围王球取出，喷以蜜水、清水或烟雾。也可将其投入凉水中，驱散蜜蜂，解救出被围的蜂王，并将它关进蜂王诱入器，扣在有少量储蜜的巢脾上，再将其送回蜂群。数天后，蜂王被接受，将其放出。其间可每晚对围王群进行奖励饲喂，促使蜂群早日接受蜂王。如被解救的蜂王已伤残，无利用价值，应及时淘汰更换新王。

八、防止盗蜂

盗蜂是蜜蜂种内生存竞争的一种体现形式，它是在外界蜜源不足时出现的蜂群食物竞争的主要表现。往往表现为盗蜂进入他群巢中搬取储蜜到自己蜂群。蜂群作盗范围多在本蜂场内，或相邻过近的蜂场间。从蜜蜂饲养管理上看，盗蜂的发生一般都是因管理不善造成的，如蜂场周围暴露有蜜、蜡、糖、脾等；或蜂箱破旧缝隙太多，巢门开启过大；饲喂不当，将蜜、糖水滴于箱外；开箱时间过长，巢脾暴露太久等。盗蜂形式可能是一群盗一群、一群盗多群、多群盗一群或多群互盗等，不管什么形式，盗蜂都会给蜂群的管理带来很多麻烦。盗蜂还会传播蜜蜂疾病，不但对蜂群的健康不利，而且如果蜂群的治病用药不当还会污染蜂产品。

（一）盗蜂的识别

进入他群巢内抢搬储蜜的蜜蜂称为盗蜂。被盗蜂抢夺储蜜的蜂群称为被盗群。蜂场发生盗蜂，较易从被盗群发现。个别身体油光发黑的老工蜂，举止慌张地徘徊在巢门或蜂箱四周，伺机从巢门或蜂箱的缝隙进入蜂群，有的工蜂刚落到巢门板上，守卫蜂一接近就马上逃走，这些都是盗蜂的迹象。蜂箱巢门前秩序混乱，工蜂抱团厮杀，并有腹部勾起的死蜂，这是被盗群的守卫蜂防止盗蜂进巢厮杀的结果。外界缺乏蜜源季节，发现有些蜂群进出巢门的蜜蜂突然增多。仔细观察，有些蜂群巢门口，进巢的蜜蜂腹小灵活，举动慌张，从巢内钻出的蜜蜂腹部膨胀，起飞时先急促地下垂，再飞向空中。这说明该群无力抵抗盗蜂，已被盗蜂攻入。打开蜂箱时，蜂巢内秩序混乱，常有老黑的蜜蜂在巢房吸蜜，说明该蜂群正在被盗。同时蜂场中有些蜂群巢门口的蜜蜂飞进飞出十分活跃，飞出去的蜜蜂腹部小，飞回的蜜蜂腹部胀满，说明该群正在作盗。为准确判断作盗蜂群，可在被盗群的巢门附近撒一些淀粉或面粉，然后在全场蜂群的巢门前巡视，若发现蜂体上沾有白色粉末的蜜蜂回巢，即可断定该蜂群是作盗群。

(二)盗蜂的预防

蜂场发生盗蜂会给养蜂生产带来很多麻烦，在蜂群管理中，只要多加注意采取适当的措施，盗蜂的发生是可以避免的。盗蜂的发生最根本原因是蜜源不足，因此预防盗蜂应考虑尽可能选择蜜粉源丰富的场地放蜂。并注意蜂群内始终保持充足的饲料。

蜂场内蜂群群势的差异也是发生盗蜂的一个原因，弱群守卫能力差，易被盗蜂攻入，因此蜂场应坚持常年养强群，合并弱群，适当调整平衡蜂群群势。

在蜂群日常管理中，管理措施应恰当，特别是当外界缺乏蜜粉源时，要注意缩小巢门和填堵箱缝。要尽量少开箱，若必须开箱，应选择清晨或傍晚蜜蜂停止活动时进行，并注意开箱时间要短，动作要迅速。并注意开箱时，不要将蜂蜜滴于箱外。蜂群缺蜜时，最好不要用味大易吸引盗蜂的蜂蜜喂蜂，而要用白糖水。喂蜂要在傍晚进行，注意不要将糖水洒到箱外。

在饲养中蜂的地区，因中蜂嗅觉灵敏，飞行迅速，出勤早，采集积极，常会出现中蜂骚扰意蜂的情况。但在外界无蜜可采时，又很容易出现大规模意蜂盗中蜂的现象。因此在选择场地时，中、意蜂不宜长期共处同一场地，尤其是在蜜粉源不足的情况下，中、意蜂场地距离不要过近，以免发生盗蜂。

(三)盗蜂的制止

蜂场发生盗蜂应及时处理，以防止发生更大规模的盗蜂，蜂场发生少量盗蜂，应立即缩小被盗蜂群的巢门并挡上树枝、青草，或安上防盗巢门。也可在被盗群的巢门上抹些石炭酸、樟脑油或植物性驱蚊剂之类的无毒驱避剂。如果盗蜂发生严重，而且是一群蜂作盗另一群蜂，可将作盗群和被盗群箱互掉一下位置；如果是多群作盗一群，可将被盗群在夜晚搬走，原地放一个装有空脾的蜂箱，在巢门口插一根长一点的小竹筒，使筒口和巢门口平齐，并堵严小竹筒周围的缝隙，让盗蜂能进不能出。等傍晚蜂群停止采集活动后，把这些盗蜂移到 5 km 以外的地方放置几天，等蜂场盗蜂平息后，再将它们迁回并入弱群中。如果一群蜂盗多群蜂，可以暂时取出作盗蜂群的蜂王，还可以将作盗群移位，在作盗群原位放一空蜂箱，使归巢盗蜂感到巢内环境突然变化，使其失去盗性。如果蜂场多群互盗，最好是将其都搬迁到 5 km 以外的地方暂放几天，盗蜂平息后再搬回原址。

九、蜂群偏集的预防和处理

蜂群偏集是指相邻蜂群的蜜蜂因认错蜂巢，而相对集中进入某一蜂群的现象。蜜蜂偏集的结果必然导致部分蜂群过强，一部分蜂群群势削弱。转地放蜂的蜂场，蜂群转运中途放蜂时，如出现蜂群偏集，再转运时，易出现强群闷死现象。春季蜂群密集摆放，如出现偏集，会影响蜂群的保温、育子及对病敌害的抵抗力。偏集的蜜蜂还有可能传播蜜蜂疾病。蜂场群势相差悬殊，还易引发盗蜂。

蜂群偏集主要是由于外勤蜂迷巢所致。如蜂场场地的改变，蜂群排列拥挤、更换蜂箱等都容易造成外勤蜂迷巢，从而导致蜂群偏集。蜂群一般向上风向、地势高处、蜂群飞翔活动中心、光亮处、产卵力强的蜂王所在群等方向偏集。

（一）蜂群偏集的预防

预防蜂群偏集，要针对蜜蜂产生偏集的原因来采取措施。在蜂群饲养管理中，应注意选择地势平坦、比较开阔、蜂场前方无障碍物的场地摆放蜂群。在蜂群摆放时，使巢门口背风、向阳。并且蜂箱的排与排、列与列间的距离要尽可能大，尽量避免将蜂箱逆风紧密排列。如果受地势等影响，蜂群无法完全背风，可在上风向一侧，设置防风屏障，如砌起一道围墙等。也可尽量将群势较弱的蜂群摆放在上风头。转地的临时蜂场，如场地拥挤，可将蜂箱围成一圈排列，巢门朝向中心。

定地蜂场，为使蜜蜂容易辨认蜂巢，可在蜂箱前涂以不同颜色，并使不同颜色错落分开。使相邻蜂箱较易区别。双箱并列摆放的蜂群，除蜂箱前面颜色不同外，两个蜂群的蜂王品种、年龄和产卵力应尽可能接近。双王同箱饲养的双王群，其蜂王年龄、产卵力等更应比较接近，否则更易出现偏集。在双王群的两巢门间立一块砖或木板，可有效防止蜜蜂偏集。

(二)蜜蜂偏集的处理

在蜂场采取了预防蜂群偏集的措施后，蜂群仍发生了偏集，可根据具体情况对偏集蜂群采取具体的调整措施。

早春蜂群搬出越冬室，蜜蜂在排泄飞翔后发生偏集，可以直接将偏多蜂群的蜜蜂调还蜜蜂偏少的蜂群。调整时，将偏多蜂群的带蜂巢脾提出，放置在需补还蜂群的隔板外侧，使脾上的蜜蜂自行进入隔板内。

如果蜂场中，一个蜂群的蜜蜂偏多，相邻两边的蜂群蜜蜂偏少。在蜜蜂出巢后，可暂时将偏多蜂群的巢门关闭，或在其巢门前设置蜜蜂进巢的障碍，如挡一草帘等，迫使蜜蜂飞进相邻蜂群。数次后可起到较好的调节作用。

双王群，如果发生偏集，在群势较弱，气温较低的初春，可将蜂多的一面蜜蜂直接抖入较少的一面，并在较靠近蜂多的一面巢门旁立一块砖或木板，使蜂少的一边巢门前较为开阔，同时关小蜂多一边的巢门，开大蜂少一边的巢门，可有效调节飞回蜜蜂进入两巢门的数量。也可在蜜蜂出巢后暂时关闭偏多蜜蜂一边的巢门，使蜜蜂进入偏少的一边。待蜂群强盛后，便可通过蜂群调整的方法，来平衡群势。

在外界蜜源条件较好的季节，可以把偏多和偏少的蜂群互相换箱位，使强群外勤蜂进入弱群，同样可起到平衡偏集蜂的目的。

十、蜂群的近距离搬移

蜜蜂具有识别本群箱位的能力，如果将蜂群搬离原箱位，重新摆放在一个它们飞翔范围内的新地点，已作过认巢飞翔的蜜蜂，仍会飞回到原来的箱位。因此，当蜂群因某种需要，要作近距离搬移时，需采取一定措施，使蜂群搬移后能很快识别新的箱位，而不再飞回原址。

(一)蜂群搬移的方法

如果少量蜂群需要作数十米范围内的近距离搬移，可用逐渐搬移法。一般每次前后移位不超过 1 m,左右移位不超过 0.5 m。搬动蜂群宜在早、晚蜜蜂回巢后进行,每隔 2～3 天搬动一次,直至达要搬移的目的地。

如果搬移的原址与新址之间有蜂群、墙体等障碍物或距离较远,可采用蜂群直接或间接搬移法。直接搬移法是于清晨蜜蜂未出巢前,用青草或树叶堵塞要搬动蜂群的巢门,然后将蜂群搬移到新址。打开箱底纱窗,以防止蜂群闷热死亡。外勤蜂急于出巢,啃咬巢门的填堵物,经一段时间的啃咬,蜜蜂钻出蜂巢后,会重新进行认巢飞翔。部分回原址的老蜂可用弱群收留或认其自行飞入临近他群。间接搬移法,就是把蜂群装订后暂时迁移到距离原址和新址都超过 5 km 的地方,过渡饲养 4～5 周,然后直接迁往新址。

定地蜂场的蜂群想改变饲养位置,在北方应尽可能利用蜂群的越冬期进行。当蜂群结成稳定的冬团后,就可以着手搬移,但搬动蜂群时要轻稳,避免震动,以防止蜜蜂掉落箱底冻死。经过漫长的越冬期,绝大部分越冬蜜蜂已对原箱位失去记忆,越冬结束后,蜜蜂会重新作认巢飞翔。

为了防止盗蜂、躲避农药危害等,需临时迁移的蜂场,可在搬移前将各箱位编号,作标记。返场后,按原箱位摆放蜂群,以免引起不同群间的蜜蜂因错投巢门相互斗杀。如系转地饲养,可不必编号。

(二)蜂群搬移前的装钉

较远距离的搬移或转地放蜂,在蜂群装车转运前都需要提前装钉蜂群。蜂群装钉要求牢固、快速、轻稳,尽量少用铁钉。巢脾固定时,巢框上梁有蜂路卡的,可先将巢脾推紧,再用手钳把 1.5 寸铁钉旋压入外侧巢脾的框耳处,把这张巢脾固定在前后箱壁的框槽中。然后,用起刮刀将中间的蜂路撬大,塞入一个较厚的约 1.5 cm 的蜂路卡。其余巢脾每隔一脾各压入一枚铁钉。巢框没有蜂路卡的巢脾,在装订前要先用较薄的蜂路卡(宽约 1.5 cm,厚约 1.2 cm,长 25 cm 的一小木块,上端钉一小寸钉),楔入巢脾两端的每个蜂路间,将所有的巢脾向箱壁的一侧用力推紧,在最外侧巢脾的两框耳各压入一枚铁钉,将该脾与蜂箱固定在一起。然后，用起刮刀将靠中央的蜂路撬宽，并在该蜂路中塞入一个较厚的蜂路卡，同时取出原来的蜂路卡。同样每隔一张巢脾，用铁钉压入框耳，使巢脾固定在蜂箱上。隔板用同法固定在巢脾外侧或蜂箱内壁。经常转地放蜂的蜂场，蜂箱的两侧配有专门用于转地固定巢脾的铁钉或蜂箱中装有齿状巢脾固定器，使用起来更为快捷方便。

巢脾固定后，将副盖盖好，用两枚 1.5 寸铁钉对角钉入，将副盖固定在蜂箱上。钉入的铁钉要留出约 0.5 cm 的钉头，以便到达目的地时拆除装钉物。巢箱与继箱之间可用 4 根长约 30 cm，宽约 3 cm 的木条或竹条连接。连接时，左右箱壁各用两根连条，成“八”字形固定在巢继箱上。固定好后，盖上箱盖，打开通气窗，整个箱体用绳子捆紧。转运前，于傍晚或天亮前蜜蜂归巢后关闭巢门。如蜜蜂聚集于巢门前不进巢，可采用喷水或喷烟的方法驱其进巢。

第二节　无公害蜂产品高产技术

蜂群强盛是蜂产品优质高产不可缺少的先决条件。培养和保持生产季节强盛的蜂群是蜜蜂饲养管理的中心任务。在蜂群饲养管理中常采用双箱体养蜂、双王群养蜂、主副群养蜂、多箱体养蜂等技术措施，来培育和保持强群。我国幅员辽阔，南北跨度大，蜜源种类繁多，花期不一；即使是同一种蜜源植物，不同地区花期也不一致。如油菜蜜源，长江以南的江浙地区，3～4 月份开花流蜜；而到了宁夏、甘肃，6～7 月份才开花流蜜。为了充分利用蜜源，促进蜂群的生产和繁殖，获取更高的蜂产品产量；或是为了躲避自然灾害、有毒蜜源、蜜蜂农药中毒等，以有效保证蜂群的安全和确保无公害蜂产品的生产，在养蜂生产中，养蜂者常采用转地放蜂等技术措施。

一、双箱体养蜂

双箱体养蜂是采用一个巢箱和一个继箱两个箱体养蜂的饲养管理方法。目前,我国大部分蜂场采用这种管理方式,它可以兼顾生产蜂蜜和蜂王浆,便于开展多种蜂产品生产。转地蜂场在蜂群的装订和转运时也比较便利。

越冬蜂群的群势在 7 框蜂以下,应采用平箱越冬;7 框蜂以上,可采取双箱体越冬。双箱体越冬,管理省时,蜂群越冬损失小,春季蜂群发展较快。但我国绝大部分蜂场很难双箱体越冬。多数蜂场采用平箱越冬和繁殖,到蜂群进入强盛期,才能进行双箱体饲养。

巢箱繁殖到满箱时,将巢箱的封盖脾和大幼虫脾及 1 框蜜粉脾放在继箱中的一侧,外侧加隔板;其余幼虫脾和蜜粉脾保留在巢箱,补加 1～2 张空巢脾。初加继箱,如果还未开始进行蜂蜜或蜂王浆生产,可以暂不加隔王板,让蜂王在两个箱体内产卵。蜂群群势强盛,开始蜂蜜、蜂王浆生产时,在巢继箱之间加上隔王板,限制蜂王在巢箱内产卵,在继箱上生产蜂王浆和蜂蜜。由于蜂群储蜜的向上性,蜜蜂采进巢内的蜂蜜都储存在继箱上。由于蜂王不在继箱上,取蜜抖蜂时,可以减少查找蜂王的麻烦。

双箱体蜂群应每隔 5～7 天调整一次蜂巢,将空脾和正在出房的封盖子脾调整到巢箱供蜂王产卵,将刚封盖的子脾和大幼虫脾调整到继箱。并根据蜂、脾关系,适当增减蜂群的巢脾数量。如果蜂群正处于增长期,当蜂多于脾,蜂王无处产卵时,就应给蜂群适当加脾。如果此时有较好的蜜粉源,也可以加础造脾。如果蜂群处于渐减期,蜂少于脾时,就应该适当撤出蜂群中多余的空巢脾。

在双箱体蜂群的整个饲养和管理过程中,要始终保持巢内有充足的饲料储备,并注意防止蜜粉限制蜂王产卵。蜂王浆生产时,继箱的浆框两侧要有小幼虫脾,并注意保持群势适当密集。外界蜜源大流蜜前 1 周,巢箱放置卵虫脾及刚封盖的蛹脾,以此适当限制蜂王产卵;流蜜开始后，工蜂减轻了哺育负担，集中力量采蜜和酿造蜂蜜。继箱摆放空脾和正出房的老熟封盖子脾，蜜源流蜜时，继箱集中储蜜，以便于取蜜操作。

二、双王群养蜂

将一个巢箱隔成两区，或将巢箱、继箱之间用隔王板隔成上下两区，每区一只产卵王，各为一群蜂。这种一箱两王共同繁衍的蜂群，就叫双王群。双王群可以加快蜂群的繁殖速度，是养强群、夺高产的有效措施之一。

巢箱双王群是养蜂生产中最常用的一种形式，其组织方法是先将巢箱用闸板严密地隔成相同的两区，各开一巢门。将相邻的具有2～3框蜂、1只同龄产卵蜂王的两个较弱蜂群，分别安置在同一蜂箱的两区，用图钉将一块稍大于蜂箱的覆布订在闸板上，使两群蜂的蜂王不能互通，盖上副盖和箱盖，双王群组织即告完成。

待两区蜂群的群势均发展到5框蜂时，即可加继箱。从每区各提2～3张蛹脾和一张蜜粉脾放在继箱中间，巢箱补入空脾。巢、继箱中间加隔王板，限制蜂王在其区内产卵。繁殖期，要注意巢、继箱巢脾的调整，一般5～7天调整一次蜂巢，把继箱中的空脾调入巢箱，每次每区调入2张，让蜂王有充分的产卵空间；在大流蜜期到来的前1周，如该花期不超过1个月，近期又不再有大宗蜜源流蜜，此时便不再需要大量繁蜂。而应开始限制蜂王产卵，以减轻流蜜期蜂群的哺育工作负担和蜂群育虫对蜂蜜的消耗，使蜂群集中力量采蜜和酿蜜。但本花期开始后45天内又有大宗蜜源流蜜，限制蜂王产卵的措施就应得当，否则会影响下个花期采集蜂的数量。

继箱双王群通常是在巢箱双王群的基础上组织起来的。当巢箱双王群繁殖到加继箱时，将其中的一群蜂整个提到继箱中，继箱上另开一巢门，巢、继箱间用铁纱隔开，7～8天后换成隔王板。蜜源流蜜前，除去1只老劣王，使之双王繁殖，单王取蜜。生产蜂王浆的蜂场，由于生产不便，一般不采用这种组织法。

三、主副群养蜂

将蜂场蜂群有意识地分为两部分，群势较强的专门采蜜和生产王浆；群势较弱的专门繁殖，为生产群不断补充老蛹脾，为生产蜂王浆提供幼虫脾供移虫。这种主副群分工协作的方式就叫做主副群养蜂法，也叫主副群繁殖采蜜法。

从繁殖开始，或转地摆放蜂群开始，就有计划地将强弱不一的两三个蜂群搭配为一组摆放在一起。确定强群为主群，弱群为副群。在主要蜜源开花前 2 周，将副群中的老蛹脾全部抽掉给主群，同时将主群中的卵虫脾调换给副群哺育。主群得到老蛹脾，子脾出房，群势很快就壮大起来，为蜂群采蜜、酿蜜准备了充足的劳动力。主要蜜源流蜜时，主群还不够强盛，采集力不强，为增加主群采集蜂数量，可将搭配成组摆放在一起的副群移走，副群的采集蜂自然进入主群。主要蜜源流蜜期一过，再用主群的老熟子脾补充副群，副群保持在 6 框蜂左右的群势，使之始终处于最佳繁殖状态。

主副群的比例一般为 1∶1 或 2∶1，可根据蜂场强弱蜂群的比例、人力、物力条件具体而定。主副群饲养的蜂场，因蜂群群势强弱不均，蜜源缺乏季节易发生盗蜂，在蜂群日常管理中要注意防止。

四、多箱体养蜂

多箱体养蜂采用 10 框标准箱，用 2～3 个箱体供蜂王产卵、蜂群育儿和储存饲料，进入流蜜期再加上储蜜继箱。它以生产蜂蜜为主，适合大规模机械化程度较高的蜂场采用。其优点是有利于培养和保持强群，产蜜量高，管理简便，便于机械化作业。

饲养多箱体蜂群要从秋季抓起，多繁适龄越冬蜂，使蜂群保持 7 足框蜂以上。加继箱越冬，巢箱放脾 5～6 张，以半蜜脾为主；继箱放脾

5～6张，以大蜜脾为主。使越冬蜂团从继箱逐渐移至巢继箱之间，这样越冬蜜蜂交流方便，越冬安全。

多箱体养蜂是以箱体为单位增减，采用活底10框标准箱饲养，早春多以两个箱体繁殖，蜂王先在继箱繁殖，1个月后，继箱满子，将巢、继箱对调，蜂王继续到继箱里产卵。主要流蜜期到来时，在上面加第3个箱体，并加上隔王板，待继箱储蜜八分满时，在隔王板之上，再加1个继箱，流蜜结束时，一次性取蜜。在最后一个主要蜜源中后期，适时撤去储蜜继箱，使蜂群在育虫箱装足越冬蜜，并从储蜜继箱选留质量好的封盖蜜储藏起来，作为越冬饲料。

五、转地放蜂

我国幅员辽阔，南北跨度大，蜜源种类繁多，花期不一；山区地带，由于海拔高度不同，同一蜜源花期也有差异。为了充分利用蜜源，躲避自然灾害，快速繁殖蜂群，增加单一花种蜂蜜和蜂王浆的产量，获得最佳经济效益，从而有目的的转地放蜂。为躲避有毒蜜源及农药中毒，生产合格无公害蜂产品，养蜂生产中也常常采用转地放蜂。

(一)转地放蜂前的准备

转地放蜂前，要做好转地目的地的蜜源调查，放蜂场地落实，确定转地日期，预定转地车辆等工作。做好蜂群的安全检查和群势调整，固定好巢脾，捆绑好蜂箱。还要准备随蜂携带的工作用具和工作人员生活用品等。

确定蜂群转地后，首先要明确转地的性质，是长途转地，还是短途转地。根据转地意向，对转地目的地做蜜源和环境调查。一个理想的放蜂场地，应蜜粉源丰富，蜜源植物长势良好，流蜜稳定，花期长。周边无造成蜂产品污染的不良因素。根据蜜源和环境的调查情况，联系好放置蜂群的场地。根据放蜂场地的蜜源流蜜期，确定转地的日期，联系好放蜂车辆。短途放蜂，只须定好汽车便可。如长途转地，还要落实好转地火车皮的编组和起运日期。

在做好上述工作后，于转地前2～3天，对蜂群进行最后检查，合并无王群，调整均衡群势。根据转地路途的长短，给转地蜂群留足饲料，但不宜过多。调整完蜂群后，即可将蜂群装钉。装钉方法请参阅本章第一节的有关内容。将巢脾与蜂箱、继箱与巢箱固定的同时，检查蜂箱是否结实，纱窗、纱帘通气性能是否良好。一切准备就绪后，还要准备好转运途中及到场后所使用的必要用具，如喷雾器、面网、起刮刀、取蜜机、铁锤、铁钉、喷烟器等。转运的头天傍晚，关闭巢门。

(二)转运途中的蜂群管理

短途放蜂，用汽车装运，比较简单方便。但在夏季运蜂，要傍晚装车，夜里行走。以减少转运蜂群内部温度过高，闷死蜜蜂。如果路程较远，宜夜行日宿。停车时，找有树阴、水源好的地方把蜂搬下来，让蜜蜂飞翔一天，晚上再走。走山路、土路，车速要低，以减少震动。必须白天行车，中途就餐停车时，要把车停在树阴下，停车时间要尽可能短，并注意洒水通风降温。

如果火车长途运蜂，途中管理工作要复杂得多。特别是夏季长途运蜂，气温高，蜜蜂就会奔向纱窗，把纱窗堵死。箱内空气流通不畅，蜜蜂会大量取食蜂蜜，活动加剧，更增高了群内温度，造成蜜蜂死亡。严重时，巢脾溶化，全群覆没。转运途中，一定要注意适时喂水，加强通风，避光降温。

(1)适时喂水：在蜂群安静时，往气窗内喷水喂蜂，一天数次，每次量不能太多。切忌在蜜蜂骚动剧烈时，往气窗内喷洒清水，以免加速蜜蜂死亡。

(2)加强通风：运行时，打开箱底、箱壁和大盖上的通风气窗。注意不要堵塞通风口。

(3)避光降温：用铺板等物品挡住太阳光，减少对蜂群刺激，使蜂群保持安静。外界气温过高时，可用草袋或麻袋装上冰块放在车厢内降温。没有冰块，可用凉水向车厢四壁及蜂箱周围喷洒，这样也可起到降温的目的。

转运途中，如果转运的蜂群强壮，子脾多，蜜粉充足，外界气温很高，无论汽车运输或火车运输，均可采用打开巢门的运输方法，放走老蜂。若发现强群蜜蜂堵塞气窗，上颚死咬铁纱，发出吱吱声和特异气味，说明蜜蜂正处于被闷死的前夕，要毫不犹豫地快速打开巢门或捅破气窗，把骚动的老蜂放走，以免全群覆灭。

运蜂火车到站后，如蜂群较安静，可直接从火车上搬移到汽车上，运进放蜂场地。到达场地后，让汽车停在场地当中，马上解绳卸蜂。蜂群摆放可视场地大小散放或背对背集中摆放，也可围成圆形或方形摆放，巢门朝向中心。卸蜂时，主副群组织采蜜或合并蜂群的可两箱叠放。蜂群摆放好后，就可打开巢门。蜜蜂认巢稳定后，就可解去蜂箱上的绳索，拆除装钉，检查整理蜂群，准备进行生产活动。

第三节　无公害蜂产品生产的蜂群周年管理技术

蜂群的四季饲养管理措施是蜂群健康强壮、蜂产品优质高产的保障。在蜂群的周年管理中，如果蜂群的管理措施得当，蜂群就会强健，就会大大减少蜂群患病机会，从而最大限度地减少蜂群治病用药对蜂产品的污染。

一、春季蜂群的管理

蜂群的春繁期是蜂群管理中最主要、最复杂的一个阶段，特别是早春气温低且不稳定，如果管理不当，容易发生蜜蜂孢子虫病、麻痹病、欧洲幼虫腐臭病、囊状幼虫病、蜜蜂蛹病等。因此，春季繁蜂期，要特别做好促进蜜蜂飞翔排泄、蜂巢保温等工作。对蜂群要加强饲喂，饲喂自留的优质无病源污染的蜂蜜或优质的砂糖及蜂花粉或花粉代用品，以增强蜜蜂的抵抗力。

我国各地气候、蜜源不同，蜂群本身有强有弱，蜂王有优有劣，早春蜂群恢复活动和蜂王产卵时间也有先有后。北方蜂群越冬期长，蜂王在越冬后，2 月底 3 月初开始产卵；华南冬季天气温暖，在 11～12 月份蜂群便进入繁殖期；长江中下游地区蜂王在立春前后开始产卵。

（一）全面检查

蜂群越冬会出现失王现象，且会有很多老蜂死亡落于箱底。开春后，选择晴暖无风天气，对蜂群进行一次快速全面检查，以了解蜂群越冬饲料消耗状况、蜂王损失情况等。对缺乏储蜜蜂群要及时补入大蜜脾；无王群及时介绍储备蜂王或结合群势调整并入它群。借全面检查之机，把箱底死蜂、碎蜡渣、霉变物等清除干净，这样既保持了群内卫生，又减少了蜜蜂清理死蜂等的工作负担。扣王越冬的蜂场，可同时将蜂王放出王笼。这次全面检查也是促进蜜蜂排泄的一次良好机会。

（二）调整密集群势

蜜蜂经过越冬后，会重新认巢，为平衡强弱群间的群势，需进行蜂群群势调整。蜂群在未做爽身飞翔前，或刚搬出越冬室是调整平衡蜂群群势的好机会。为有利于蜂群有效保温繁殖和抵御病害，群势调整要掌握全场群势均衡、强弱适度、适当密集、蜂多于脾的原则。

蜂群群势最弱也在 3 足框以上，且较为均衡的蜂场，可以免去蜂群相互间调整这一工作，待繁殖到新老蜂交替初期再强弱互补调整群势。平均群势在 3 框蜂左右，强弱群势相差又很悬殊的蜂场，要进行蜂群调整，以强补弱。蜂场群势都在 3 足框以下，需把 1～2 框蜂的弱群组成双王群或干脆合并，以利于蜂群的保温和繁殖。蜂群群势太弱，其保温和哺育力不足，蜂王的产卵力得不到充分发挥。

群势调整的方法：全面检查摸底，待蜜蜂安静后，把强群的蜜蜂连脾提出，轻轻放入弱群隔板外，注意不要把蜂王带出，次日把该脾移到隔板内即可。为使群势密集，蜂群中多余的巢脾，可在晴暖午后，将蜂抖净于蜂箱内抽出，即达到密集群势的目的。无王群及弱群的合并可采用直接合并法，具体方法请参阅本章第一节。

(三)促进蜜蜂飞翔排泄

蜜蜂在越冬期间一般不飞出排泄,粪便积聚在大肠中,使大肠膨大几倍。当气温达到一定温度,蜂王便开始产卵,蜜蜂将巢内育虫区温度调整在34～35℃,蜜蜂饲料消耗增加,使蜜蜂大肠中粪便积累增多。因此,为了保证蜜蜂的健康,到了越冬末期一定的时间,必须创造条件,促进蜜蜂飞翔排泄。

在北方,一般是选择晴暖无风、气温在8℃以上的天气,取下蜂箱上部的箱外保温物,打开箱盖,让阳光晒暖蜂巢,促使蜜蜂出巢飞翔排泄。如果蜂群系室内越冬,应选择晴暖天气,把越冬蜂搬出室外,两两排开,或成排摆放,让蜜蜂爽身排泄飞翔后进行外包装保温。排泄后的蜂群可在巢门挡一块木板或纸板,给蜂巢遮光,保持蜂群的黑暗和安静。在天气良好的条件下,可让蜜蜂继续排泄1～2次。

根据蜜蜂飞翔情况和排泄的粪便,可以判断蜂群越冬情况。越冬顺利的蜂群,蜜蜂体色鲜艳,飞翔敏捷,排泄的粪便少,像高粱米粒大小的一个点,或是线头一样的细条;越冬不良的蜂群,蜜蜂体色暗淡,行动迟缓,排泄的粪便多,排泄在蜂场附近,有的甚至就在巢门附近排泄。如果越冬后的蜜蜂腹部膨胀,就爬在巢门板上排泄,表明该蜂群在越冬期间已受到不良饲料或潮湿的影响;如果蜜蜂出巢迟缓,飞翔蜂少,飞翔无力,表明群势衰弱。对于不正常的蜂群,应尽早开箱检查。对于受不良饲料影响的蜂群,可用本场储备的优质蜜粉脾经预温后,换出受影响蜂群的巢脾。对过弱蜂群应及时进行合并。

(四)防治蜂螨

蜂王产卵以后,9天内就会出现封盖子脾,治螨工作必须在子脾封盖前结束,否则蜂螨潜入封盖子脾内,就不容易防治彻底。这次治螨的目的是消灭越冬初期蜂群治螨中未被彻底杀灭的蜂螨。此时蜂群中若有少量封盖子脾,蜂螨会转寄其中,这时要毫不犹豫地将其割除。

此次治螨是一年中最早的一次。选晴暖午后,用氟胺氰菊酯条(fluvalinate strip)即螨扑悬挂于蜂群内,每个蜂群1条,3周后取出。氟氯苯氰菊酯条(flumenthrin strip)悬挂于蜂群内,每个蜂群1条,6

周后取出。双甲脒条(amitraz strip)悬挂于蜂群空隙处,每10框蜂1条,春季蜂群较弱,防治蜂螨每个蜂群可用半条,点燃密闭熏烟15 min,每周1次,3周为1个疗程。双甲脒条可自制,500 mg原液均匀浸泡杀螨条1条。使用该药,至少要有7天的休药期。双甲脒对杀螨效果很好,但对人体有一定危害,养蜂者千万慎用,最好不用该药治螨。

(五)蜂群保温

早春夜间气温常降到0℃以下,与育虫区温度相差悬殊。虽通过密集群势后,蜂群自身保温能力有所加强。但气温高时,蜂群子圈扩大,寒潮来临,蜂群护脾不利,就会冻坏子脾。受冻子脾即使有些蜂子勉强羽化出房,成蜂健康状况也不好。因此,早春蜂群的保温工作甚为重要。早春蜂群应摆放在地势高燥、背风向阳的地方。可2～3群一组并列或成排摆放,这样既有利于蜂群间的相互借温,又节省蜂群保温的包装材料。蜂群保温的方法有箱内和箱外保温及巢门调节等。

1. 箱内保温　把巢脾集中于蜂箱中央,双王群则集中于隔板两侧。两侧各加隔板,隔板用钉子暂时固定,防止塞草时隔板内倾。两侧空间用草把塞实。框梁上面先覆盖一层覆布,盖上副盖,副盖上再加盖棉垫或草垫。箱内保温物可随气温升高、蜂巢的扩大逐步撤除。

2. 箱外保温　用纸糊严箱缝,封闭纱窗,箱底垫草,蜂箱左右和后壁用稻草帘包住,再用农用塑料薄膜把整排的蜂箱盖住。箱后的塑料薄膜用箱角压住,箱前可以翻动。晴暖的白天翻开,让工蜂进出,低温阴雨和夜里盖上,防寒除湿。注意加盖草帘和塑料薄膜时,要留出巢门,不要堵塞。箱外保温在蜂群发展到一定群势,外界气温转高、稳定时全部撤除。

3. 巢门调节　巢门是蜂群调节巢温的主要机关,气温较低时,冷空气容易从巢门进入蜂箱。寒潮期间和夜晚应缩小巢门。弱群的巢门夜晚可全部关闭,第二天再打开。

(六)蜂群偏集的预防和处理

早春气温较低,养蜂人习惯于将蜂群摆成一排,以利于蜂群的包装和保温。但由于风向、地势、光线强度、蜂王优劣、障碍物等原因,常导致蜂群偏集。在蜂群的管理中要注意采取适当措施加以预防和处理。

应选择地势平坦、比较开阔、蜂场前方无障碍物的场地摆放蜂群。在蜂群摆放时,使巢门口背风、向阳。尽量避免将蜂箱逆风排列。如果受地势等影响,蜂群无法完全背风,可在上风向一侧设置防风屏障,如砌起一道防风围墙等。可尽量将群势较弱的蜂群摆放在上风头。气温升高且较稳定后,尽快将蜂群散开摆放。蜂箱近距离搬移,可采用逐渐搬移法。

气温较低时蜂群偏集,可以直接将偏多蜂群的蜜蜂调还偏少的蜂群。调整时,将偏多蜂群的带蜂巢脾提出,放置在需补还蜂群的隔板外侧,使脾上的蜜蜂自行进入隔板内。

如果蜂场中,一个蜂群的蜜蜂偏多,相邻两边的蜂群蜜蜂偏少。在蜜蜂出巢后,可暂时将偏多蜂群的巢门关闭,或在其巢门前设置蜜蜂进巢的障碍,如挡一草帘等,迫使蜜蜂飞进相邻蜂群。数次后可起到较好的调节作用。

双群同箱的双王群,如果发生偏集,初春,可将蜂多的一边蜜蜂直接抖入较少的一边,并在较靠近蜂多的一面巢门旁立一块砖或木板,使蜂少的一边巢门前较开阔,同时关小蜂多一边的巢门,开大蜂少一边的巢门,可有效调节飞回蜜蜂进入两巢门的数量。也可在蜜蜂出巢后暂时关闭偏多蜜蜂一边的巢门,使蜜蜂进入偏少的一边。待蜂群强盛后,便可通过蜂群调整的方法,来平衡群势。

(七)蜂群饲喂

丰富的营养是蜜蜂健康繁育的基础。为了保证蜂群的健康快速繁殖,定地饲养的蜂群,在紧脾调整蜂巢前1～2天,对全面检查中缺乏花粉的蜂群,就应给其插入一张粉脾。紧脾时留下此脾。蜂场中如无花粉脾,繁殖开始后,要及时给缺粉蜂群饲喂花粉或花粉代用品。给蜂群保温时,留在箱内的巢脾每脾应有蜜0.5～1 kg。不足的,需及时进行补喂。已达到此数要求的,为加快蜂群繁殖,气温较高时,还需对蜂群进行奖励饲喂,并定期及时给蜂群补充饲喂花粉或花粉代用品。气温低和阴雨天,蜜蜂采水困难,还要给蜂群喂水。

1.喂糖浆或蜜水　在调整群势的当天傍晚，就可以用糖（蜜）与水按1∶1配成糖浆（蜜水）奖励饲喂蜂群。早春奖励开始时，因子脾少，饲料消耗少，可隔天1次，每次饲喂量50～100 g。饲喂方法最好是采用框梁饲喂，也可将较浅的饲喂器放在巢内隔板外侧的保温物上、覆布下面，饲喂器中放一些浮草，覆布与框梁之间横搭几根1～20 mm粗的木条，使蜜蜂便于通行。饲喂时只需掀开覆布一角，将糖浆（蜜水）倒入，不使巢温散失。蜂群进入新老蜂交替，子圈扩大，饲料消耗量增大，蜂群出现饲料不足时，要对蜂群进行补足饲喂。早春补饲最好是给蜂群加入本场上年选留的封盖蜜脾，如果没有，也可用温糖（蜜）水灌脾补喂。气温较高时，再用饲喂器饲喂。补饲糖（蜜）与水的比例为2∶1，喂量也可适当加大，以蜂群第二天可采完为宜。注意喂蜂蜜时，如蜂蜜不明来源，应先对其消毒后再饲喂蜂群。配制糖浆时，另加入适量酒石酸或柠檬酸（使其含量为0.1%），这样有助于蔗糖转化为单糖，并可预防饲料结晶。

2.喂花粉　目的是给蜜蜂和幼虫补充蛋白质饲料。最理想的方法是给蜂群放入前一年秋天保留下来的花粉脾。但花粉脾数量有限，需给蜂群进一步饲喂天然蜂花粉或花粉代用品。喂天然蜂花粉要注意对其消毒。花粉的喂法可粉喂、饼喂或液喂。

3.喂水　春季气温不稳定，如遇数天寒潮低温，工蜂不能飞出采水。蜂群缺水严重时还会导致蜂群脱子。蜜蜂如采回不洁净的水，还会导致蜂群患病。因此，喂水工作非常重要。喂水方法除蜂场设置采水器外，还可采用箱内喂水或巢门口喂水等方法。

（1）箱内喂水：在蜂箱内隔板外，或箱底放置饲喂器，倒上清水，让蜜蜂自行采水。

（2）巢门口喂水：在巢门口放一装满清水的小口瓶，内放一脱脂棉条，一头浸在水中，一头引入巢门口内，让蜜蜂在巢门口采用。此方法多在早春低温阴雨天、蜜蜂不能出巢采水时使用。

给蜂群喂水，最好加入少量食盐，浓度不超过0.1%，也可适量添加些维生素，以利蜂群健康。

(八)扩大子圈,加脾扩巢

有效扩大子圈,增加子脾数量,是春繁阶段的重要任务。但本阶段外界气温不稳定,蜜粉源情况变化较大,如果盲目扩大子圈,加脾扩巢,气温降低时,蜜蜂护不住脾,会使子脾受冻,繁育出的蜜蜂健康状况不佳,此阶段必须因群、因时制宜,灵活运用扩大子圈,增大蜂巢的技术。

1.扩大子圈　蜂王产卵,从巢脾中间开始,螺旋形扩大,呈圆形,常称子圈。子圈面积大,表明培育蜂子多。因此,早春管理的中心任务就是要设法扩大子圈。在气温较低的早春繁蜂,为保证子脾内蜂子的健康,只能恰当地扩大子圈。

在刚开始繁殖时,只有少数几个巢脾上有子,可采取割开子脾周围蜜盖,让蜜蜂采食后产子来扩大子圈,不要急于加脾扩巢。繁殖一段时间后,子脾位于巢脾阳面一端,在蜂脾相称的条件下,可把中间的巢脾调头,使整个子球拉长,不久蜂群就会扩大子圈,几张脾的子球就会变圆变大。

2.加脾扩巢　繁殖初期蜂多于脾的蜂群,一般在子脾上有2/3巢房封盖,或有少数新蜂出房时,给蜂群加第1张脾。新加的第1张脾,应是育过虫的半蜜粉脾,加到蜂巢外侧,这样既为蜂群补充了饲料,遇到寒潮袭击,蜜蜂又可退到原来的子脾上保温,确保子脾安全。

当新蜂大量出房,气温较高且较稳定后,便可加第2张脾。第2张脾可加到边脾与边二脾之间,此后每隔3～4天加1张脾,直到加至8～9张,可基本满足蜂王产卵。蜜蜂满箱后,可及时加继箱。初加继箱,巢箱放6～7张脾,继箱放3～5张脾,巢脾向箱内一侧靠拢,中间是蛹脾,边脾为蜜脾。双王群加继箱,巢脾向中间集中,中间放蛹脾,两侧为蜜脾。巢箱和继箱间加隔王板,再加脾时,加在巢箱内子脾外侧。

初春加脾时正值寒潮,要尽可能避开,可拖至寒尾暖头。在群势增长过程中,如有适当蜜源,蜂群出现蜜压子时,可以加巢础造新脾,这时是筑造优良新脾的好时机。蜂群不仅造脾快,而且造出的新脾雄蜂房少,子脾面积也容易扩大。造脾加础位置,一般在边三、边二脾之间。

（九）防止花粉压缩子圈

当蜂群发展到一定群势，外界粉源丰富时，工蜂会大量采集花粉，蜂巢内许多巢脾上都储满花粉，造成蜂王产卵空间缩小，子脾面积减少，影响蜂群的正常繁殖。此时可在巢门口安置一定时间的脱粉器，减少蜂群的进粉量。

如蜂群已出现粉压子，可将整花粉脾提出，原位置加入空脾让蜜蜂继续存粉，以减少蜜蜂因存粉对其他巢脾的占用。提出的花粉脾集中妥善保存，留待缺粉季节使用。根据蜂王喜欢新脾产卵而蜂群不喜欢新脾储粉的特性，可有计划地给蜂群加础造脾，使繁殖区多用新巢脾。也可将隔板的前面和底部用纸板或三合板临时加长，堵死两面的蜂路，使工蜂只能通过隔板的后部互通，在巢门口一侧用这种隔板隔出1～2张脾，限制花粉采集蜂在这两张脾上集中存粉，储满后，提出集中保存，原位再加空脾。进粉期过后，取下临时钉的纸板或三合板，恢复正常繁殖。

二、夏季蜂群管理

春末夏初至初秋，蜂群进入强盛阶段，抗病性增强，是蜂场生产的黄金时期。但由于夏季高温、高湿、生产活动集中等，给蜂群的健康造成不利。因而在蜂群管理过程中必须积极防病，保证蜂群健康，千方百计维持强群，这样才能获得蜂产品优质高产，取得较好的经济效益。该阶段蜜蜂常见病有美洲幼虫腐臭病、孢子虫病、螺原体病、麻痹病等，中蜂还易发生囊状幼虫病。有些地区还会发生程度不同的敌害。本阶段蜂群管理要遵守蜂群检查及生产操作规范，注意为蜂群降温，保持蜂群食料充足，及时更换劣王，并注意敌害与农药中毒的预防，加强科学管理。

（一）遵守蜂群检查及生产操作规范

夏季是蜂场生产的主要季节，取蜜、取浆等生产活动多，群间巢脾和产浆框的流动量增加，大大增加了疾病的传播机会，为了防止疾病的发生和传播蔓延，蜂场机具要注意卫生消毒。有个别蜂群患病时，对蜂群的检查及生产活动更要谨慎操作。应及时治愈患病蜂群，并注意不要将患病蜂群的巢脾、产浆框等与健康蜂群混用。在患病蜂群中撤出的巢脾要妥善保管，进行严格消毒。检查完患病蜂群，起刮刀和养蜂人员的手未经洗净消毒，不要检查健康蜂群。对未患病蜂群所采取的药物预防措施，应符合无公害蜂产品生产用药规范，所采用的药物应以中草药为主，尽量减少对蜂产品的污染。

（二）盛夏蜂群的降温

进入夏季，随着气温的不断上升，大量工蜂会外出采水和煽风来调节巢内温度、湿度，如气温超过 35℃以上，持续时间过长，蜂群就会出现蜜蜂离脾，蜂王停止产卵和卵不孵化及大量出房的新蜂爬出箱外死亡等现象，工蜂寿命缩短，群势大幅度下降，甚至造成秋衰。炎热夏天，检查蜂群要避开酷暑的正午，在早晨或傍晚进行。此期要设法为蜂群繁殖创造条件，防止蜂群度夏现象的出现。可把蜂群放在树阴下，或在蜂箱上搭设凉棚，凉棚前后还要注意通风。在特别炎热的日子，在蜂箱前后及蜂箱边上喷洒凉水，以降低蜂箱周围的温度。同时还要坚持巢内喂水，可在晴热日子的午前，将副盖上的盖布用清水浸湿，靠上面的水分蒸发为蜂群降温，也可供蜂群吮吸，供给巢内蜜蜂育子及降温。

（三）保持蜂群饲料充足

春末入夏后的蜂群，都有十余足框蜂，子脾也多。刚出房的新蜂及群内幼虫，都要消耗很多食料。在流蜜期，外界可以提供这些食料，但是，在非流蜜期就可明显看出，饲料消耗很快，需为蜂群提供补充。饲料不足，不但会影响蜂王产卵积极性，而且幼虫的健康发育和工蜂的寿命都会受到很大影响。

一般强壮的蜂群应有 4 kg 以上的储蜜，1 足框以上的存粉。如果蜂群的储蜜、粉量不足，就应及时补喂。补喂方法见本章第一节。缺蜜季节，给蜂群补喂饲料，要严格注意不要将糖浆等滴于箱外，以免引起盗蜂的发生。一旦发生盗蜂，不但造成蜂群的管理困难，也容易传播某些蜜蜂疾病。

(四)及时更换劣王

使用好的蜂王是饲养强群和保持蜂群健康的主要措施,如果蜂王产卵量小,培育出来的工蜂就少。由于新培育出的工蜂不及老蜂死亡数量多,蜂群群势就会不断下降,难以培育和维持强群。如果蜂王品质差,所产的卵培育出的工蜂抗病力不强,就难以保证蜂群的健康。

在饲养中,蜂群强盛时,良好的蜂王完全可以发挥其产卵力。如果蜜粉源良好,发现蜂王产卵量少,除非发生分蜂热,不论新老蜂王,都是不理想的,要及时更换。如果发现一巢房产数卵,或者产卵被脱空,有的巢房有卵,有的没有,并不成片,或者蜂王把卵产在巢房壁上,都是不正常现象,应及时把蜂王更换。换王方法请参阅本章第一节。

(五)注意预防敌害与农药中毒

进入夏季后,会有一些直接捕食蜜蜂或骚扰蜂群的动物,如蜡螟、胡蜂、蟾蜍、蜂虎等,要注意防治。棉花等夏季蜜源,由于农业上常用农药驱杀病虫,蜜蜂采集时,常造成很大伤亡,使蜂群群势下降很快,应注意积极预防。养蜂场要与农业单位及农户取得密切配合,用药前能使养蜂场得到通知,及时采取转场,或暂时关闭巢门等措施,防止蜂群受害。在不影响农药药效和不损害农作物的情况下,可在农药内适量加些石炭酸、煤焦油等驱避剂。已产生农药中毒的蜂群,应根据农药种类,采取适当措施为蜂群解毒,并对遭到污染的蜂蜜妥善处理,以防止混入商品蜜中,造成更大程度上的污染。

(六)加强科学管理

蜂群的强弱决定于出房工蜂的数量和工蜂的寿命,要维持强群,不但要增加出房工蜂的数量,而且要设法延长工蜂的寿命。1 只正常产卵王,群势 3 万只的蜂群,其工蜂羽化数量一定,工蜂寿命正常为 30 天,如果能延长 10 天,该蜂群群势就可成为 4 万只。延长工蜂寿命,就必须根据蜜蜂生物学习性,蜂群需要什么,就提供什么,努力为蜂群提供最佳的生活条件。创造一个既能增加工蜂数量,又能延长工蜂寿命的环境。影响工蜂寿命的因素除遗传因子外,营养,疾病,药害,敌害,外界温、湿度环境,都直接或间接的起作用。因此,蜂群的科学管理就是避其所害，努力创造和保持蜂群健康与强壮的生活条件。

三、秋季蜂群的管理

养蜂者把秋季作为一年养蜂的开始，秋季蜂群管理的中心任务是繁殖大量的健康越冬蜂，储备足优质的越冬饲料，为来年春季的繁殖打好基础。蜂群的秋繁期一般始于当地一年中的最后一个花期，秋繁时间南北方有一定的差异。北方及长江中下游缺乏秋末蜜源的地方，秋繁一般始于 8 月下旬至 9 月份；有零星蜜源的长江以南地区，越冬蜂繁殖始于 10～11 月份。本阶段一般为 21～30 天。为确保该阶段繁殖出量多、质优的越冬蜂，入秋后，必须加强蜜蜂健康保护和饲养管理工作。工作内容包括更换蜂王、防治蜂螨、紧脾奖饲、防止盗蜂和胡蜂的危害、调节巢温、及时断子、留足越冬饲料等。

（一）更换蜂王

老劣蜂王产子少、冬季死亡率高，必须在初秋培育一批优良健壮的新蜂王，更换掉老劣蜂王及作为储备蜂王。一般江南在棉花期，华北在荆条期，东北在椴树、筲条花期培育的蜂王来年春天产卵都较好。换王最好采用间接诱入法。对换掉的蜂王，可带一脾蜂组成小群进行繁殖，培育一批越冬蜂，到扣王停产时再淘汰，将小群并入越冬群。储备蜂王的方法，可用交尾箱分室储备，每室蜂王 1 只，工蜂 1～2 框。也可把蜂王关在王笼中，每笼 1 只，置于强群结团蜂巢中央越冬。冬季注意观察蜂群结团位置，勿让王笼置于蜂团外面，以防止蜂王被冻而死。

（二）防治蜂螨

本阶段初期繁殖的蜜蜂，是越冬蜂的哺育蜂，其身上的蜂螨必然要转寄到越冬蜂身上，如果越冬蜂的蜂螨寄生率高，蜂群越冬不安静，死亡率高，来年螨情发展快，对春繁不利。因此，秋季治螨务求彻底。

目前比较省事的治螨方法是，在蜂群巢门口的巢脾蜂路间及继箱上的巢脾蜂路间各挂一片长效螨扑片，即起到秋季治螨的良好效果。如蜂群群势不强，无继箱，只需在巢箱内挂一片螨扑片即可。亦可采用本节春季治螨的方法。如蜂场继续从事蜂产品生产活动，则不能治螨。

(三)紧脾奖饲

秋季繁殖开始时，抽出部分空巢脾，保持蜂多于脾的状态。在群内已留足饲料蜜的情况下，同时用稀糖浆进行奖励饲喂，促使蜂王积极产卵，尽量使子圈扩大。随着育虫的不断进行，蜜粉在不断消耗，要注意加强饲喂，以满足蜂群繁殖的营养需要。对蜂王产卵圈扩大到已无产卵空间的蜂群，要适时加脾，以工蜂密度降至蜂脾相称时停止加脾。如果繁殖期进粉太多，要及时适当地脱粉，不可出现花粉压子现象。如果蜂群内储蜜较充足，奖励饲喂时，注意不要出现储蜜压子现象。

(四)防止盗蜂与胡蜂的危害

秋季蜜源终止时，常易发生盗蜂，还易发生胡蜂危害。一旦发生盗蜂或胡蜂危害，蜂群会造成很大损伤。盗蜂还易传播蜜蜂疾病。饲养管理上应将蜂群巢门缩小。喂饲、检查蜂群等工作应早晚进行。并注意不要将糖汁或蜜水滴于箱外，尤其带蜜的巢脾和盛蜜容器等要妥善保存，勿使蜜蜂接触到，以免引起盗蜂。容易发生胡蜂危害的地区，每天在盗蜂易出入的时间，要注意到蜂场观察、扑打巢门前出现的胡蜂。

(五)调节巢温

本阶段处于秋末，气温渐低，且白天和夜间温差较大，夜间气温常降到10℃以下。低温对蜂群繁殖不利，如若蜂群护子不佳，繁育出的越冬蜂健康状况就会受到影响。尤其较弱的蜂群，保温工作更为重要。深秋繁蜂，巢门对巢温的调节作用很大，晴暖的中午，气温常可在20℃以上，就要适当扩大巢门，以利通风；而傍晚就应缩小巢门，以利于蜂群保温。

(六)及时断子

当秋繁蜂群繁殖到5～6张子脾，发现蜂王产卵速度开始下降，头一批蜂子出房时，就应采取适当措施，使蜂王停止产卵。如果对蜂王产卵不加以限制，不仅增加饲料消耗量，更主要的是，一旦新出房的工蜂参加了幼虫的哺育工作，便降低了其越冬价值。管理上应尽量保证大批集中出房的越冬蜂，不要参与饲喂幼虫的工作，充分保证其生理的年轻状态，这样才能保证越冬蜂的安全健康。

控制蜂王产卵可采用竹笼将蜂王囚禁，使其停止产卵。也可在秋繁后期，开始以蜜粉充塞巢房，压缩蜂群产卵圈，甚至可用蜂蜜或糖水浇灌已产上少量卵的巢房，让蜂王无产卵空间。也可将蜂群搬到阴凉处，巢门朝北，扩大蜂路，创造蜂王提早断子结团的环境。

（七）留足越冬饲料

全年最后一个采蜜期，要为蜂群越冬准备足够的蜜脾，以避免临到越冬时给蜂群饲喂糖量过大，增加工蜂的工作负担，导致其早衰。选留蜜脾的方法是当地最后一个大蜜源流蜜时，选留脾面平整、无雄蜂房、繁殖过几代蜂的优质巢脾，待蜜蜂储满蜜后放在蜂巢的边上，让其封盖，然后提出来放在室内空蜂箱中待翌年繁殖蜜蜂用。

到秋繁结束时，巢内留蜜不够的就要加紧喂足。用白砂糖喂蜂时，应在最后一批封盖子脾出房前 3 天结束，使新出房的工蜂不参加酿蜜工作。

越冬饲料的质量与蜂群安全越冬关系很大。优质的蜂蜜，大部分被蜜蜂消化吸收，后肠积粪少，有利于蜜蜂越冬。如果饲料质量差，不被蜜蜂消化的物质多，后肠积粪多，过多的粪便使蜜蜂不安，不能很好结团。严重时还会导致蜜蜂下痢，使蜂群不能顺利越冬。因此，蜂群补喂越冬饲料，应为不易结晶的优质洁净蜂蜜或优质白砂糖。越冬饲料中要非常注意不要含有甘露蜜等不利于越冬的劣质饲料。更不能用红糖、土糖、饴糖等作为越冬饲料。

如系用蜂蜜，加 5%～10%的水，用文火化开即可。如系白砂糖，需加水 30%左右，另加酒石酸或柠檬酸，使其含量约为 0.1% ，以文火化开，这样有利于蔗糖转为葡萄糖和果糖。喂蜂要在傍晚工蜂停止活动后进行，可用框式饲喂器饲喂蜂群。饲喂量以蜂群一夜搬完为宜。饲喂要集中 3～4 天喂完，时间不宜过长。饲喂过程中注意不要将蜜或糖浆滴于箱外，防止发生盗蜂。

（八）蜂箱及巢脾的消毒保管

蜂群进入秋繁后期、越冬初期，其群势有所下降，许多空脾被撤出蜂群,对这些巢脾应妥善保管,对巢脾的消毒保管方法,请参阅第十章有关内容。蜂箱可先消毒一空蜂箱,然后,逐群倒箱消毒,消毒方法参见第十章有关内容。

四、越冬期蜂群的管理

从蜂群断子后,直到来年春天蜂群散团、排泄飞翔并开始繁殖,称为越冬阶段。蜂群的越冬期,南北方差异较大,但越冬的主要任务都是设法保证蜂群健康,延长工蜂的寿命,降低越冬蜂的死亡率,减少饲料消耗,给翌年春繁创造有利条件。此期蜂群管理的主要工作是抓紧晴天治螨,淘汰劣王、合并弱群,合理布置越冬蜂巢,选好室外越冬场地,因地、因时制宜保温,注意观察蜂群、加强管理等。为确保蜂群越冬安全,降低死亡率及饲料消耗量,在我国东北和西北等严寒地区,及南方冬季温度偏高、室外越冬存在较严重不安全因素的地区,常采用室内越冬,都能取得理想的蜜蜂保护效果。

(一)晴天治螨

当秋繁蜂群断子以后,便进入了越冬阶段,蜂螨全部转移到工蜂体表,由危害子脾转移到危害成蜂。它的刺吸式口器,刺入蜜蜂节间膜吸取血淋巴。越冬蜂群中,蜂螨寄生率高,会使蜂群躁动不安,影响安全越冬,使越冬蜂寿命缩短。因而必须抓紧治螨。

越冬初期,虽然气温较高,但常在蜜蜂安全临界温度以下,螨扑片治螨不利于药效发挥。可选择晴天中午,气温较高时,用双甲脒片点燃熏杀治螨,方法同早春治螨。

(二)淘汰劣王,合并弱群

老劣王越冬,蜂王死亡率高,特别是囚王越冬时,老王的死亡率更高。无王蜂群,蜂团容易躁动不安,影响越冬成功率及工蜂寿命。所以已完成培育越冬蜂的老劣蜂王,这时可以淘汰,把蜂群合并给邻群。如果老劣蜂王的蜂群群势较强,可把弱群合并过来,另介绍 1 只新的产卵王。

群势较弱的蜂群，越冬结团小，不利于保温，在严寒地区，寒潮到来时，容易被冻死。根据当地气候情况，应将弱群适当合并到适合当地气温状况的合理越冬群势。

（三）合理布置越冬蜂巢

当外界气温低于5℃时，所有的蜜蜂都在靠近巢门的位置集结成团。这时表层蜜蜂结成2.5～5 cm厚度不等的保温外壳，并钻入饲料储备区的空巢房里，与这些巢房紧合，从而形成统一的整体。蜂团依靠吃蜜、运动产热，维持其外围气温在6～8℃之间，蜂团中心在13℃以上。蜂团外围的蜜蜂和团心的蜜蜂不断交换，使之不会冻僵脱离蜂团。整个蜂团随着储蜜的消耗先向上、再向后逐渐移动。食物靠蜜蜂相互传递供给。根据越冬蜂团的这一习性，蜂巢布置要大蜜脾在外，半蜜脾在中心，对准巢门，蜂路适当放宽，在14 mm左右，让蜂团集结于中间偏下方。

双王群越冬的，把两群的半蜜脾分别放在靠近闸板处，整蜜脾放在半蜜脾的外侧，2个蜂群的蜂团会集结在闸板两边，互相保温。蜂群强壮，冬季气温又不太低而用继箱越冬的蜂群，继箱内放整蜜脾，巢箱内放半蜜脾，蜂团起初结于巢箱中下部，随着饲料消耗，蜂团向上转移，结于巢箱和继箱之间。

（四）选择越冬场地

室外越冬的蜂场，蜂群摆放点要注意选择地势高燥、避风、安静、向阳的场所。越冬前期，场地周围最好没有任何蜜粉源，且能在半阳半阴的落叶树下，以利于蜂群保持安静，不使新出房的工蜂出外采集，加重工作负担。如果将蜂群摆放在整个越冬期阴冷、潮湿的地方过冬，工蜂死亡率高，且易得大肚病，越冬效果较差。冬季温度较高的地区，如果存在对蜂群安全不利因素而选择了阴处过冬，也要十分注意，在越冬后期设法将蜂群搬到向阳面。

（五）因地、因时制宜保温

越冬初期，气温不稳定，忽高忽低。此时蜂群可不必做内保温，副盖上加一草帘即可。箱外也先不必保温。长江以南地区，越冬中期后，大约12月中下旬后，可作群内保温。保温方法是在巢内塞些稻草把，先不要塞满，而弱群蜂箱空隙则可完全塞满，以防蜂群被冻死，整个越冬期可不做外保。华北中等寒冷地区，可先在群内塞稻草把做内保温，在天气寒冷，气温较稳定后，开始做箱外保温。可把蜂群2～3个一组分组包装，也可成一排包装。箱底垫一层厚10 cm左右的干草，周围和上面围盖草帘。到天气十分寒冷后，再把箱与箱间的空隙用干草塞实。东北和西北严寒地区室外越冬，蜂群做内包装后，一般可采用浅沟越冬法，就是选择地势高燥和避风向阳的地方，挖深为20 cm、宽100 cm、长视蜂箱多少而定的长沟，挖出的土放在沟的两端。立冬前后，最低气温降至－10℃以下时，将蜂群一箱挨一箱放入沟内。入沟前，在沟底铺一层塑料布，防止地下潮气侵入蜂箱，然后在塑料布上放10～15 cm厚的干草或锯末，将蜂箱放在上面。蜂箱后边及箱与箱间用干草填满，箱体上加盖草帘。等到气温稳定且较寒冷后，蜂箱前壁晚间覆盖草捆保温，草帘上加盖帆布，既防雪，又增加保温效果。

（六）注意蜂群观察，加强管理

越冬期间，无特殊情况，蜂群不宜开箱检查，可通过巢门观察蜂尸的情况及听测蜂群声音，了解蜂群的越冬情况。如果巢门口蜂体结冻，用细铁丝钩清理出的蜂巢内蜂尸保持正常；同时用皮管一头插在耳中，一头从巢门口放入箱底，轻轻敲击蜂箱，听测声音，如箱内发出“刷”的一声，很快停止，就表示蜂群正常。如果巢门蜂尸结冻，巢内蜂尸也结冻，听测时听到箱内发出微微起伏连续不断的“刷刷”声，说明蜂群在运动产热。蜂巢内温度偏低，要缩小巢门，加强保温。如果巢门蜂尸不结冻，巢中蜂散团，有部分蜂飞出巢门，听测时蜂团发出均匀的“呼呼”声，说明巢温高。要注意扩大巢门，通风降温。如果巢门口有碎蜡渣或碎蜂尸，群内发出异常气味，听测时听到群内发出异常叫声，说明蜂群有鼠害。此时如气温过低，应及时将蜂群搬入较温暖的室内检查，清理箱底，清除鼠害，堵塞老鼠出入口，巢门板钉几个钉子成梳子状，以防止老鼠从巢门钻入。

越冬后半期，老蜂死亡增多，要每隔一段时间清理一次巢门。对异常蜂群，选气温较高的晴暖午后，做快速检查。缺乏饲料的蜂群应及时补入优质蜜脾。正在受冻饿即将死亡的蜂群，可先将蜂箱移入室温14℃以上的房内，让蜜蜂复活，然后在蜂团边上加1～2个蜜脾，第二天再放回原处包装。

下雪天，巢门前要挡上草帘，防止工蜂趋光出巢冻僵。雪后及时清理巢门前积雪，防止积雪堵塞巢门。整个越冬期要经常检查巢门，调整巢门大小。温度较高的白天，适当放大巢门，傍晚和严寒天气，适当缩小巢门。

(七)蜂群室内越冬

室内越冬是北方高寒地区为保障冬季蜂群安全越冬常用的方法。建有专门的地上、地下或半地下越冬室等设施。近年来在长江以南有些地区也应用暗室越冬，以防止下述越冬期不利的因素：个别养蜂村的蜜蜂多，转地南返抵家后，放蜂密度太大，易引起盗蜂；越冬期晴天午后气温高，蜜蜂飞翔频繁，冬团不够安宁，增加了饲料消耗；个别地区冬后正是土法制糖时节，蜜蜂常因去制糖车间采糖，造成采集蜂死亡。室内温度比较稳定，蜜蜂室内越冬节省饲料，蜂群安静，死亡率低。蜂群室内越冬不论采用什么形式，都要求越冬室进出方便，清洁卫生，调温性能好，温度适宜，能保持黑暗，通风良好。

1. 越冬蜂入室时间　南方越冬，蜂群入室时间一般在扣王断子后1个月，新蜂已全部出房并经过试飞、排泄后。北方越冬，蜂群入室是在阴处结冰不融化时，也就是白天最高气温在0℃以下时，才把蜂群搬入越冬室内，入室时间宁晚勿早。

2. 入室方法　蜂群入室宜在傍晚进行。傍晚把巢门关闭后，轻轻将蜂群搬入室内，按一定秩序摆放蜂群，巢门朝向墙壁，放置两排。每排可放3～4层，上层为弱群，中层为一般群势，下层为强群。暗室空间大，也可以背靠背分层叠置，巢门都朝向通道，高度一般为3～4层。放蜂数量宜少不宜多，1 m^3 不超过1箱。摆放后，待蜂群安静下来，便可打开巢门和气窗。

3. 入室后的管理　越冬室温度最佳为−4～4℃。室温过高或过低都会增加蜂群对饲料蜜的消耗。当室温升高时，可打开越冬室的通气窗增加通风量，或放置排气扇增加通风量，扩大蜂群巢门。整个越冬期室温要宁冷勿热。越冬室通气孔要有防光设施，保证室内黑暗。

南方室内越冬，室温容易偏高，也应控制在6℃以下。白天关门窗保持黑暗，夜晚开门窗通风。遇到闷热天气，室温升高，蜜蜂骚动，要用电扇吹风给蜂群降温。

北方地区冬季气温较低，室温容易保持在－4～4℃，当室温降低时，要减少通风量，缩小巢门，关闭气窗。越冬前期和后期，气温较高，室温波动大，要注意通风以调整越冬室温度。

越冬室的相对湿度要保持在75%～85%。越冬室太干燥或太潮湿都不利于蜂群安全越冬。湿度过高，未封盖的蜜脾会吸水变质，影响蜂群健康。过于干燥的越冬室，同样对蜜蜂有害。干燥的空气能吸收蜂蜜中的水分，促使蜂蜜结晶，并会使蜜蜂感到口渴，因而过多地吃蜜，导致蜜蜂后肠积粪增多。如越冬室内干燥，可以在室内悬挂浸湿的麻袋，或向地上洒水，关闭出气孔，打开进气孔。越冬室湿度大、室温高时，要关闭进气孔，打开出气孔，甚至装排风扇，排出湿气。

蜂群入室的头几天要勤观察，当室温比较稳定后，可10天左右入室查看一次蜂群。在越冬后期，室温容易上升，要每隔2～3天观察一次蜂群，对异常蜂群应及时采取处理措施。特别是越冬后期，要注意检查越冬室不要透光，注意室内温、湿度，注意听测蜂群。在室内黑暗中，如蜜蜂飞出蜂箱，而测定室内温度不高，可能是室内太干燥。如同时伴有蜂群骚动不安，蜂球散团，蜜蜂无精打采，但巢内还有相当储蜜，这是蜂群缺水的现象。应及时给蜂群喂水。发现箱底和巢门板上有很多死蜂，尸体完整，舌伸出，蜜囊没有储蜜，监听时，蜂群响声微弱，手敲蜂箱反映小，这是蜂群饥饿的表现，要立即进行抢救性补喂。补喂的最好方法是直接加入储备的经预温的成熟蜜脾。全封盖蜜脾放入前，要用割蜜刀割去封盖蜜脾的部分蜜盖，以利于蜜蜂采食。

室内越冬后期，蜂群易出现下痢。若下痢严重，可将下痢蜂群搬于一间室温较高的房间内，摆在窗前，使正午阳光直射巢门，让蜜蜂出巢飞翔。这时检查蜂群，清除蜂箱的蜂尸和霉迹，取出玷污的巢脾，换上干净卫生的蜜脾。蜂群经排泄飞翔后，将窗口挡严，只在巢门处留有一些光亮，促使蜜蜂飞回箱内，待蜜蜂安静后，把巢门关闭，将蜂群搬回越冬室。

4.蜂群出室　蜂群出室一般应在外界最高气温达到8℃以上时进行。蜂群出室要在晴暖无风的午后进行。蜂群由越冬室搬出时，把巢门用铁纱封上，全部搬出排列好后，再启开巢门使蜜蜂飞翔排泄。

提示问答

1. 蜂群管理有哪些常用技术？
2. 蜂产品生产有哪些高产技术？
3. 蜂群四季管理应注意哪些问题？

第十二章

无公害蜂产品的生产

阅读指南　蜂产品生产蜂群的管理，蜂群疾病的防治用药，蜂场环境，蜂产品生产场所、生产过程、生产设备，蜂产品的储存包装等环节都与蜂产品的质量密切相关。蜂产品的科学无公害化生产，是保证蜂产品质量的有效途径。

第一节　无公害蜂蜜的生产

蜂蜜是指蜜蜂采自植物蜜腺或非蜜腺组织及某些昆虫（蚜虫、介壳虫）分泌的甜物质，经蜜蜂加工、酿造而成的味甜且有黏性、透明或半透明的胶状液体。通常多指蜜蜂从蜜源植物的花朵蜜腺上采集的花蜜，经蜜蜂酿造而成的具有特殊花香气味的天然甜物质。蜂蜜中含有180多种不同物质，主要成分是葡萄糖和果糖，占65％～85％，其余水含量16％～25％，蔗糖约5％，还含有少量的麦芽糖、松三糖、棉籽糖和微量的多种氨基酸、维生素、矿物质、芳香物质、有机酸、酶类、生物活性物质等。优质成熟的天然无公害蜂蜜，不需任何加工便可直接食用。蜂蜜之所以受到人们的青睐，究其原因就在于它的纯天然性。

蜂蜜产品基本为两种形式，机械分离蜜和巢蜜。我国生产的蜂蜜大多数是分离蜜。但近年来，由于国内外消费者对巢蜜需求量的不断增加，我国的巢蜜生产数量呈不断上升趋势。不管生产哪种形式的蜂蜜，放蜂场地都要求有丰富的、流蜜稳定的大宗蜜源；生产期气候良好；生产蜂群健康强壮，采集力强；生产场所及器具卫生洁净；生产人员健康无传染性疾病。

一、分离蜜的采收

分离蜜就是脱离巢脾的蜂蜜。它的生产就是将蜂巢中的储存蜂蜜，用分蜜机通过离心作用，将其脱离巢脾的过程。分离蜜的采收要经过采蜜蜂群的组织、采蜜蜂群的管理、蜂蜜采收前的准备、采收蜂蜜和蜂蜜储存等过程。

（一）采蜜蜂群的组织

在当地主要蜜源流蜜前 50 天，对蜂群进行奖励饲喂，刺激蜂王多产卵，开始培育适龄采集蜂。在主要蜜源流蜜开始前 10～15 天，开始组织采蜜群。双箱体饲养的蜂群，将正在出房的封盖子脾、卵虫脾、花粉脾放入巢箱，必要时再加入 1 张空脾。子脾居中，粉脾靠边，一般巢箱放脾 6～7 张，作为繁殖区。其余封盖子脾和蜜脾放入继箱，作为生产区，巢、继箱之间加隔王板。双王群巢箱的两繁殖区，可根据具体情况，每区保留巢脾 3～4 张，分别为卵虫脾、1 张空脾和 1 张粉脾。继箱为封盖子脾和蜜脾，巢、继箱之间加隔王板。用主副群繁殖采蜜法的蜂场，这时可从副群中抽调封盖子脾，加到主群的继箱中。流蜜开始后，继箱中的子脾均已出房成为空脾，这些空脾正好用于储存蜂蜜。此时，如果蜂群内的蜂脾关系为蜂多于脾，继箱中还可适当加入空脾，保持蜂脾相称。中蜂组织采蜜蜂群，群势较强的蜂群可用浅继箱取蜜。采蜜蜂群组织的最终目的是为了保证强群取蜜和生产区无子脾取蜜。

(二)采蜜蜂群的管理

主要蜜源流蜜期,取蜜次数多,可以刺激工蜂采蜜的积极性,有利于提高蜂蜜产量。但是过早过勤地采收,会影响蜂蜜的成熟度,使采收下来的蜂蜜含水量高,酶值低,口味差,而且容易发酵变质,不耐久存。在养蜂较发达的国家,多采用多箱体养蜂,一个花期只集中采收蜂蜜1～2次。这种蜂蜜成熟度高,水分含量低,质量好。由于我国饲养方式的不同,还不能广泛采用这种蜂蜜生产方式。但是,随着国内蜂蜜消费市场的日渐成熟,广大消费者对蜂蜜质量的要求越来越高,生产成熟蜜将成为必然。根据我国目前养蜂现状,饲养西方蜜蜂,主要蜜源流蜜期,当蜜脾上普遍有1/3以上的蜜房封盖,其余的蜜房正在封盖时,就可采收蜂蜜了。

流蜜期,应及时了解蜂群的储蜜情况,适时调整蜂群,一般3～4天检查一次蜂群继箱中的储蜜量,6～7天检查一次蜂王产卵情况。当本蜜源流蜜期不足1个月,蜜源过后近期内又没有新的大宗蜜源流蜜;本蜜源花期天气正常,蜜源流蜜稳定,能稳产高产时,一般在该流蜜期到来前1周,就应限制生产蜂群的蜂王产卵。限制时,单王群巢箱可放脾5～6张,分别为卵虫脾和刚封盖蛹脾及粉脾,使蜂王找不到产卵的空巢房。双王群每个产卵区放脾3张,分别为卵虫脾和1张粉脾。流蜜开始后,蜂群中的绝大部分幼虫已封盖化蛹,蜂群中的工蜂摆脱了哺育幼虫的负担,集中力量采蜜和酿蜜,整个蜂群生产能力会大为提高。相反,如果蜂群内幼虫多,由于工蜂具有很强的恋子性,采集活动减少,加之幼虫和刚羽化幼蜂对蜂蜜的大量消耗,使蜂群产蜜量大大下降。

当本蜜源流蜜期长达1个月以上,或近期仍有主要蜜源流蜜,而且后一蜜源比较稳产,商品价值也较高时,在蜂群的管理上,就要注意既考虑本花期高产,又要为下个蜜源花期培养适龄的工蜂。这时,只能采取繁殖和取蜜并重的做法。双箱体蜂群,巢箱内放脾6～7张,为卵虫脾、刚封盖蛹脾及1张空脾和1张粉脾,每隔6～7天调整一次蜂群,使繁殖区有适当空间供蜂王产卵;继箱放老熟蛹脾及适量空脾,供蜂群储蜜。双王群巢箱的繁殖区,可一边放脾3张,一边放脾4张,分别为卵虫脾和1张空脾，限制一区蜂王产卵，使另一区蜂王适量产卵。到本花期的中后期再给繁殖区每次加空脾1～2张，使蜂王大量产卵繁殖。

蜂蜜生产期要注意防止蜂群发生分蜂热。生产期蜂群一旦发生自然分蜂，会严重影响蜂蜜的产量。蜂场可利用群强、蜜足这一黄金时期生产蜂王浆，此期生产的蜂王浆产量高、质量好。也可利用流蜜期，给蜂群换王，以新王或处女王取蜜。上述措施均能起到很好的防分蜂效果。炎热夏季还要注意给蜂群遮荫，通风、降温。

(三)蜂蜜采收前的准备

蜂蜜采收前，应准备好分蜜机、割蜜刀、滤蜜器、蜜桶、蜂刷、喷烟器、水盆、空继箱套等工具。蜂蜜采收的前一天，必须清洗所有与蜂蜜接触的器具，晾干待用。

采收蜂蜜宜在洁净的室内进行。大型定地蜂场应设有专门的取蜜房间，其内墙最好贴有1 m多高的瓷砖，室内装有自来水龙头，以便于取蜜间的保洁。取蜜前将取蜜间清扫、擦洗干净。露天取蜜作业的转地蜂场，提前清理取蜜场所的杂草、尘土等。取蜜应选择无风天气，临取蜜前，用清水喷洒取蜜场所地面，以防止尘土飞扬。

蜂蜜是不经消毒可直接食用的天然食品，因此，蜂蜜采收人员必须健康、无传染性疾病。取蜜操作前，换上洁净的工作服，洗净手后再去接触分蜜机、蜜桶、滤蜜器等。分蜜机的齿轮和轴承应用食用油或蜂蜜润滑，严禁使用机油润滑，以防机油污染蜂蜜。

采收蜂蜜应避免影响蜂群的采集活动和尽量减少新采进的花蜜。取蜜一般在清晨进行，上午采集蜂开始大量出巢活动前结束。低温季节，如早期油菜蜜生产季节、中蜂采收冬蜜等，为了避免过多影响巢温和蜂子发育，取蜜时间应安排在气温较高的午后。

(四)分离蜜的采收工序

我国养蜂场规模相对较小，取蜜机械化程度低，现绝大多数蜂场仍沿用手工操作取蜜的模式。一般为3人配合，1人开箱抽脾脱蜂，1人切割蜜盖，分离蜂蜜，1人负责将空脾归还原箱，放回蜂群。分离蜜的采收主要包括脱蜂、切割蜜盖、分离蜂蜜、过滤和分装等工序。

1. 脱蜂 在自然状态下，蜂群中的巢脾上总是附着大量蜜蜂。在采收蜂蜜时，首先应将蜜脾上附着的蜜蜂脱掉，这个过程叫脱蜂。脱蜂的方法有手工抖蜂、工具脱蜂、化学脱蜂、机械脱蜂等。我国目前养蜂取蜜普遍采用手工抖蜂的方法。

手工抖蜂时，用双手握紧蜜脾框耳，在蜂箱内的空处部位，依靠手腕的力量，突然将蜜脾上下迅速抖动 3～5 下，使蜜蜂猝不及防离脾跌落进入蜂箱。抖蜂完成后，如果脾上仍有少量的蜜蜂，可用蜂刷轻轻将其扫入蜂箱。完全脱掉蜜蜂的蜜脾，放入备好的空继箱套中，继箱套装满蜜脾后，运到取蜜场所，进入取蜜切割蜜盖的工序。

在无盗蜂的情况下，满箱蜂群，脱蜂前可先提出 2 张蜜脾，靠放在蜂箱外侧，蜂箱中空出的部位，便于抖蜂。抖蜂过程中，要始终保持蜜脾的垂直状态，巢脾不要提得过高，以防止将蜂抖出箱外。巢脾提出和抖动时，注意不要碰撞蜂箱的前后壁和两侧巢脾，以防止挤压蜜蜂。中蜂平箱取蜜，抖育子区的巢脾，最好先找到蜂王，带脾靠到一边，以防挤伤蜂王。如果蜂群性情凶暴，可用喷烟器适当喷烟镇服蜜蜂。使用喷烟器时，点燃产生烟雾的材料，应是对人、蜂无毒无害的干草等，并注意喷烟时，不要将烟灰喷入蜂箱污染蜂蜜。

2. 切割蜜盖 采集蜂采回的花蜜，经内勤蜂酿造成熟后，就会将其储存在蜜房中，并用蜡盖密封。生产分离蜜时，只有把蜜盖割开，才能在离心力的作用下，将蜜房中的蜂蜜取出。切割蜜盖的方法有手工切割和机械电动切割。国外大规模蜂场多采用电动机械切割蜜盖，机械化取蜜。目前在我国的养蜂规模下，最常使用的还是普通冷式割蜜刀。

切割蜜盖时，将巢脾垂直竖起，用锋利的割蜜刀齐巢脾上框梁由上而下拉锯式徐徐将蜜盖割下。同时将蜜脾上的赘蜡、巢房的加高部分割除。切割下来的蜜盖用干净的容器承接，待蜂蜜采收完成后，将蜜盖放置在尼龙纱上静置，尼龙纱下面用容器盛接滤出的蜂蜜。

3. 分离蜂蜜 分离蜂蜜所使用的分蜜机，在我国基本上为两框固定手摇式分蜜机。蜜脾的蜜盖被切割后，便直接放入分蜜机的固定框笼中。同时放入的两个蜜脾，重量应尽量相同，巢脾的上梁方向相反，摇转分蜜机，最初转动缓慢，然后逐渐加快。转动过程中用力要均匀，转速不能过快，以防止巢脾断裂损坏。蜜脾一侧储蜜摇取完成后，将巢脾翻转，取出另一侧巢房中的储蜜。如果使用的分蜜机不开流蜜口，当取出的蜂蜜快到框笼的巢脾下框耳时，就应将蜂蜜倒入蜂蜜桶。

中蜂活框饲养的蜂群生产蜂蜜，一般多为平箱取蜜，储蜜区与育子区都没分开。为了减少对蜜蜂卵、虫、蛹发育的影响，从育子区脱蜂后提出的子脾，应立即分离蜂蜜，取蜜完成后，迅速将子脾放回原群。在取蜜过程中，要避免碰坏脾面，损伤蜂子。转动摇蜜时，转速要适当放慢，以防止将虫、卵甩出或使虫、蛹移位造成伤子。

4.过滤和分装　分离出来的蜂蜜，先用粗网不锈钢过滤器或尼龙纱过滤器过滤掉蜂尸、蜂蜡等杂物。将蜂蜜集中于广口容器中，使其澄清。蜂蜜中的细小蜡屑和泡沫会浮到蜂蜜表面，砂粒等较重的物体会沉落到底部。把蜂蜜表面浮起的泡沫蜡屑除去，经细密过滤器过滤后，便可将蜂蜜分桶包装了。

（五）分离蜂蜜的储存

分离蜜应按蜂蜜的品种、等级分别装入清洁、涂有无毒树脂的蜂蜜专用铁桶或不锈钢桶、塑料桶、陶器等容器中。蜂蜜装桶以 8～9 成为宜，蜂蜜装桶过满，在储运过程中容易溢出，高温季节还易受热胀裂蜜桶。蜂蜜具有很强的吸湿性，因此蜂蜜装桶后必须将桶口封紧，以防蜂蜜吸湿后含水量增高。蜂蜜储存场所应清洁卫生、阴凉、干燥、避光、通风，远离污染源。并不得与有毒、有害、有异味的物质同库储存。储存了蜂蜜的容器上应贴上标签，注明蜂蜜的品种、浓度、重量、产地、取蜜日期等。作为商品蜂蜜应尽早送交收购部门。

（六）无公害分离蜜优质高产技术措施

无公害分离蜂蜜生产技术应用的最终目的是为了生产品质好、产量高的优质蜂蜜。要实现这一目的，在蜂群管理、蜂蜜生产中，就要积极采取相应的优质高产措施。如科学引种养王；适时培育适龄采集蜂；蜂病防治的合理用药；用健康强壮蜂群采蜜；追花夺蜜、取成熟蜜；选择无污染场地放蜂；保持蜂蜜采收场所及使用器具的卫生等。

1.科学引种养王　我国市场上供应的蜂种，基本上可分为蜂蜜高产型，蜂王浆高产型和蜂蜜、蜂王浆双高产型三个类型。蜂蜜高产型以黑体色蜜蜂为主，具有单位蜜蜂采蜜量高，节省饲料，抗逆性强等特点。以“浆蜂”为代表的蜂王浆高产型蜂种，产浆能力强，但饲料消耗量大。蜜浆双高产蜂种，适应性强，蜂蜜、蜂王浆产量高，利用零星蜜粉源能力强，抗病力强，但这类蜂种多属杂交种，杂种优势在第一代、第二代表现明显，随着代数增加，其优势性能逐渐消失。

在不同品种、品系或同一品种的不同近交品系间蜂王与雄蜂交配，都可能表现出杂交优势，尤其是高纯度蜜蜂近交系之间杂交形成的杂交种蜜蜂，更能表现出极其显著的杂种优势。在养蜂生产中要努力保持这种优势，生产型蜂场必须进行科学引种，轮回换种养王。

2.适时培育适龄采集蜂　蜂群中的蜜蜂，有一定的工作分工，正常蜂群中工蜂一般按其日龄进行工作分工。多数情况下，5～17日龄的工蜂担负蜂群的巢内工作，如酿蜜、哺育幼虫、幼蜂等。17日龄以后才普遍成为采集蜂。流蜜期工蜂的寿命一般在30天左右，工蜂发育期为21天，因此，培育大量17～30日龄的采集蜂，应提前38～51天进行。在适龄工作蜂的培育中，应视流蜜期的长短，酌情掌握奖励饲喂的时间。

蜂群中蜂蜜的生产除大量采集蜂的有效工作外，群内一定数量的内勤酿蜜工蜂也是必不可少的，在适龄采集蜂大量培育的同时，也不可忽视对5～17日龄内勤蜂的培育。因此，适龄工作蜂的培育结束时间应延续到本流蜜期结束前26(21＋5)天。

3.蜂病防治的合理用药　蜜蜂病敌害防治的不科学用药是造成蜂蜜污染的一个重要根源。蜂群疾病重在预防这一概念是指通过对抗病蜂种的选育与应用；蜂群的科学管理；蜂机具及蜂场的无公害化消毒等综合措施，达到预防蜂群患病的目的。有些蜂农对蜂病的预防往往是不顾时机给蜂群滥用各种抗生素等药物，在他们的观念中，这样对蜂群可有病治病、无病防病，正是这种错误的做法，给蜂产品造成了一定程度的污染，这些蜂产品被消费者误食后，会对其身体造成一定的危害。

为了保证无公害优质蜂产品的生产，养蜂者一定要严格遵守蜜蜂饲养兽药使用准则。

4. 用健康强壮的蜂群采蜜　强壮的蜂群，是蜂蜜优质高产的基础。所谓强群，一是工蜂数量多，二是工蜂的健康状况好，采集蜂比例大。如果蜂群内工蜂幼蜂占有较大的比例，这些幼蜂不但不能出巢采蜜，反而还要吃掉很多蜂蜜。所谓强群还要有采集积极性，如果强群发生分蜂热，有分蜂意念，工蜂就会怠工，不出巢采蜜，强群也难以高产。患病的蜂群不可投入生产，患病蜂群生产的蜂蜜本身就是一种污染蜜，只有健康的蜂群才能生产出优质无公害的蜂蜜。

5. 追花夺蜜、取成熟蜜　我国幅员辽阔，南北纬度和地势海拔高低不同，各地气候差异很大。我国蜜源植物种类繁多，花期交错。即使同一种蜜源植物，生长在不同地区，其花期也不相同。蜜源植物开花，一般春季蜜粉源由南向北，由低向高顺序开花，这就为蜜蜂转地饲养，追花夺蜜，获得蜂蜜高产稳产提供了基本条件。为确保蜂蜜质量，采收蜂蜜，提倡取封盖的成熟蜜。

6. 选择无污染场地放蜂　过去几十年，我国曾大量使用有机氯农药，造成了部分地区的严重环境污染。至今，在我国蜂蜜中还能检测出“六六六”和“滴滴涕”的残留，外商对这两种农药残留的限量要求仍是我国蜂蜜出口所面临的问题之一。改革开放一来，由于一些小型化工厂、造纸厂等的陆续上马，对我国局部环境也造成了一定的影响，虽经国家有关部门多方治理，但仍存在一些问题。生产无公害蜂蜜，必须避开这些污染严重的地区放蜂，同时还应避开空气污染严重的城市、水土污染严重的化工厂及经常喷施农药的果园和农田等。

7. 保持蜂蜜采收场所及使用器具的卫生　采收蜂蜜应在洁净的室内进行，如在车辆流通频繁、尘土飞扬的马路边放蜂、取蜜操作，飞扬的粉尘很容易污染蜂蜜。至今，我国少数蜂农仍在使用过去十几年前遗留下来的一批已脱掉防锈树脂的生锈铁桶储蜜，更有为数不少的蜂农使用铁皮分蜜机生产分离蜜，用这些器具生产和储存的蜂蜜，很容易导致铁、铅等重金属污染。无公害蜂蜜的生产一定严禁使用此类器具生产和盛装蜂蜜，应严格遵守蜂产品生产对场地及使用器具的要求。

二、巢蜜的生产

巢蜜是蜜蜂采集的花蜜经充分酿造成熟的优质蜂蜜，储存在特制的新巢脾中，形成具有特定形状的小块封盖蜜脾。巢蜜较完好地保留了蜜源芳香、醇馥的鲜美滋味，蜜质纯正，不需任何加工，不易掺杂使假，无污染，纯度高，营养丰富，深受人们的喜爱，是高档次的天然蜂蜜产品。

（一）巢蜜生产的基本条件

巢蜜生产的条件比分离蜜的生产要求更为严格，不是所有能生产分离蜜的地方都适于生产巢蜜，巢蜜的生产必须具备良好的蜜源、适宜品种的强健蜂群和熟练掌握生产巢蜜技术的人员及设备。

1. 良好的蜜源　巢蜜生产需要巢蜜格储蜜快速、封盖完整。因此，巢蜜生产的首要条件，就是要有花期长、泌蜜量大的蜜源。巢蜜要求色泽浅淡，外形美观，口感好，不易结晶。刺槐、紫云英、椴树、荆条、柑橘、荔枝、苜蓿、党参等蜜源都是巢蜜生产的理想蜜源。油菜蜜、棉花蜜容易结晶，荞麦蜜、桉树蜜色泽深暗、有特殊气味，都不宜作为巢蜜生产的蜜源。巢蜜的表面或巢蜜格上黏附蜂胶，外观有被污染的感觉。西方蜜蜂生产巢蜜，还应避开胶源丰富的场地。

2. 适宜品种的强健蜂群　生产巢蜜的蜂群，要求造脾能力强、采集积极，采胶能力弱，蜜脾封盖为干型（巢脾蜡盖与巢房里的储蜜有一定距离）。在我国饲养的蜂种中，生产巢蜜比较理想的蜂种主要有东方蜜蜂的中华蜜蜂；西方蜜蜂的意大利蜂、喀尼鄂拉蜂、新疆黑蜂等。高加索蜂采胶能力强，蜜脾封盖为湿型，不宜用于生产巢蜜。

生产巢蜜的蜂群必须健康强盛，有较强的采集力。健康的蜂群所生产的蜂蜜，才能干净卫生。强壮的蜂群泌蜡造脾能力强，采蜜能力强，生产出的巢蜜才能整洁美观。

3. 生产技术和设备　生产巢蜜，必须要有特殊的巢蜜格、巢蜜格框梁架、巢础及巢础切割器具、浅继箱等。巢蜜生产人员，熟悉生产巢蜜的技术操作，只有这样，才能生产出优质巢蜜。

(二)巢蜜格上础与修造巢蜜格脾

巢蜜生产所使用的巢础，必须是优质纯净蜂蜡制成的较薄巢础。巢础的形状和大小应根据巢蜜格的规格用模盒切割。巢蜜格上础主要靠多组木块组装成的巢础垫板，它是将大小比巢蜜格内围尺寸略小1～2 mm、形状与巢蜜格相似的木块黏附在木板上制成。小木板的厚度略小于巢蜜格厚度的一半，使巢础正好能镶装在巢蜜格中间。装巢础时，把巢蜜格套放在木块上，将切好的巢础放入巢蜜格内，用熔化的纯蜂蜡或埋线器将巢础固定在巢蜜格中。

上好巢础的巢蜜格，可在蜜源未流蜜之前，加到生产群的巢箱上，用足够的蜜水刺激蜂群，促使蜂群提前造脾。在有两个蜜源衔接的地区，可利用前一个蜜源造脾，后一个蜜源储蜜，采收巢蜜。花期长的蜜源，亦可边造新的格子蜜巢脾，边生产巢蜜。

(三)巢蜜生产蜂群的组织与管理

巢蜜生产的蜂群群势要求比分离蜜生产的更强，蜂群繁殖期应采取一切措施，加速蜜蜂群势的增长，培育强群。流蜜开始后，大量采集蜂采回花蜜时，采用双箱体养蜂的蜂场，就应将蜂群的育子区压缩为一个箱体，使蜜蜂密集。巢箱育子区排放8～9张巢脾，并将巢脾放在巢箱中间，两侧加隔板，在巢箱上叠加一个装满巢蜜格的浅继箱。一般情况下，蜂王很少进入装有巢蜜格的浅继箱中产卵，巢继箱之间不必加隔王板。当第一个浅继箱中的巢蜜格巢脾储蜜达2/3时，加第二个装满巢蜜格的浅继箱。当第二个浅继箱中的巢蜜格巢脾已造好时，将第二浅继箱放到巢箱上，将第一浅继箱放到顶层。当第二个浅继箱中的巢蜜格储蜜达1/2时，再放第三个浅继箱造脾，同样第三个继箱的巢蜜格巢脾造好后，移至巢箱上储蜜区的最下层。如果继箱中巢蜜格储蜜速度不均匀，可将继箱调头。为了防止蜜蜂任意加高巢房，导致封盖不齐，可在每排巢蜜格之间加一块薄木板控制蜂路，以保证巢蜜封盖整齐美观。巢蜜浅继箱不要加得太快，以防巢蜜格储蜜不满。

(四)巢蜜的采收

当继箱中的巢蜜格完全封盖后，就应及时采收，以防止封盖的巢蜜表面出现蜜蜂爬行的污迹。无论是用蜜格托架还是蜜格框架，所安装的巢蜜格内的蜜房封盖程度不可能完全一致。因此，巢蜜完全成熟一块，就应先取出一块。采收巢蜜时，用蜂刷轻轻驱逐巢蜜格上的蜜蜂，取出巢蜜格。操作时动作要轻稳，注意不要损坏蜜脾的蜡盖。

(五)巢蜜的包装保存

西方蜜蜂生产出的格子巢蜜，从蜂箱中取出后，应检查巢蜜格上是否有蜂胶和蜡瘤。如有，应及时清除，若蜂胶不容易刮除，可用纱布浸95%的食用酒精，小心擦拭干净。在整修巢蜜格时，对巢蜜格逐个挑选，按巢蜜外表平整度、封盖完美度、颜色深浅、格子清洁度等进行分类，剔除含有结晶蜜及蜂花粉数量多、未封盖巢房多的不合格产品。在巢蜜包装前，要对巢蜜进行杀虫处理，以防止巢蜜遭受巢虫的破坏。可用无毒食品塑料袋密封蜜脾，将其置于无异味的－20～－15℃ 的低温冷库或冰柜中冷冻 24 h，可有效杀灭巢虫。杀灭巢蜜中的巢虫也可采用二氧化碳(CO_2)密闭熏蒸法，选择密闭性能良好，容积大小适度的容器或密闭房间，将巢蜜放置其中，充满二氧化碳气体。在室温 37℃，相对湿度 50%左右，保持室内 98%浓度的二氧化碳气体 4 h，可有效杀死蜡螟的卵、幼虫和蛹。经灭虫处理后的合格巢蜜，装入已经消毒的包装盒内，密封，置于阴凉、干燥、通风的库房保存。

高浓度的二氧化碳可使人窒息死亡。室内密闭熏蒸时，人不要进入室内。熏蒸完成，人室前要将二氧化碳排出，充分通风后方可入内。

(六)巢蜜的高产措施

巢蜜的生产要求有群势密集的强群，强群在巢蜜生产中较容易发生分蜂热。如果分蜂热得不到有效控制，必然影响蜂群的采集和酿蜜活动，直接影响巢蜜的生产。因此，巢蜜生产蜂群要特别注意控制分蜂热。巢蜜生产蜂群除采取生产蜂王浆、通风、遮荫、降温等措施控制分蜂热外，每隔 7 天全面检查一次蜂群，毁掉所有王台，是防止蜂群发生分蜂的最有效办法。一般情况下，流蜜期更换新王，也是巢蜜生产控制分蜂热的良好措施。

为了提高巢蜜的产量，同一花期同一蜂场的部分蜂群可同时生产分离蜜，当本蜜源即将结束，巢蜜格尚未储满或尚未封盖完成时，用其他蜂群生产的同一花种的纯蜂蜜饲喂生产巢蜜的蜂群。对于蜜格尚未储满蜂蜜的蜂群，可以早晚都喂，每次 1～1.5 kg；如果蜜格内已储满蜂而未封盖，可于每天晚上酌量饲喂，促使其加速封盖；如果巢蜜格中部已有少量封盖，周围不完满，则要限量饲喂。

为完善中蜂巢蜜生产技术，提高其产量，2002 年底，浙江省慈溪市养蜂管理站金汤东等人研究完成了中华蜜蜂格子蜜标准化生产技术及配套的中格式蜂箱及全塑巢蜜生产格承架等，有效地提高了中蜂格子蜜的产量和质量。其技术要点为，利用他们研制的蜂箱、格子蜜框、格子蜜盒、全塑巢蜜生产格承架等特制生产工具；选择流蜜稳定、气候良好的适宜蜜源生产；采用良种蜂王双王群提前 45 天大量培育适龄采集蜂；生产期酌情控制蜂王产卵，防止分蜂热；利用温控等物理方法解决格子巢蜜久储变色、颜色加深等问题。

第二节　无公害蜂王浆的生产

蜂王浆(royal jelly)的产值在我国养蜂业中占有重要的地位，我国蜂王浆产量占世界总产量的 90%以上。1990 年我国蜂王浆总产量突破 1 000 t。21 世纪蜂王浆总产量突破 2 000 t。10 年来，中国蜂王浆总产量增长了 1.5～2 倍。10 年前，中国的蜂王浆 80%以上不含四环素类抗生素，未见氯霉素、链霉素的检出报告。由于我国养蜂生产中缺乏统一的生产标准，近些年来个别地区，在蜂群疾病防治过程中，抗生素使用较为混乱。在我国蜂王浆产量稳步上升的同时，一些蜂王浆主产区生产的蜂王浆其 10-羟基癸烯酸(10-HAD)却呈逐年下降趋势。蜂王浆的收购价格也从 1992 年的约 130 元/kg 降至近几年的 60～

80 元/kg。要改变蜂王浆的品质，增加其附加值，蜂王浆的优质无公害化生产已势在必行。

蜂王浆是哺育蜂咽下腺又称营养腺、舌腺、王浆腺及哺育蜂上颚腺的混合分泌物，是蜂王生命活动的主要食物，又称蜂皇浆、蜂乳、王乳等。咽下腺位于工蜂头内两侧，成熟的腺体似一串葡萄。8～20 日龄的哺育蜂最为发达，工蜂取食的花粉、蜂蜜等营养物质经此腺体转化成蜂王浆中的蛋白质、氨基酸类物质，通过导管分泌到口器外，饲喂蜂王、蜂王幼虫、工蜂及雄蜂 3 日龄内的小幼虫。工蜂上颚腺位于头内上颚上面，为一对囊状体，开口于上颚基部两侧，分泌 10-HDA、生物激素等蜂王浆组分。

在自然王台中，自卵孵化为幼虫，哺育蜂就开始给其饲喂蜂王浆，一般头 1～2 天，蜂王幼虫所食蜂王浆较稀，且量少。其后，哺育蜂对蜂王幼虫的饲喂量逐渐增多，王台中的蜂王浆储量逐渐增加，到第 4 日龄末，也就是蜂王幼虫从卵孵化后的第 96 h，王台中的储存蜂王浆量达到最高峰，且质量最好。养蜂人就是利用蜂群培育蜂王时的这一生物学特性来生产蜂王浆。

一、蜂王浆无公害化采收的基本要求

（一）对环境及蜜粉源的要求

蜂王浆生产蜂群的繁殖及生产场地不但要有丰富的蜜粉源及辅助蜜粉源，还必须远离污染严重的城区、重工业区、化工厂、农药厂、垃圾处理及填埋厂、污水处理厂、污水严重污染的河流沟渠、经常喷施农药的果园及农区，以防止环境对蜂王浆的间接污染。

丰富的营养条件是蜂群健康繁殖、发育的基础。在自然界中蜜蜂的营养主要是蜜粉源植物提供的。丰富的花蜜、新鲜的花粉刺激蜂王积极产卵，激活工蜂王浆腺的发育，从而分泌丰富的蜂王浆。蜜粉丰富的大流蜜期是生产优质蜂王浆的最佳时期，如油菜花期、刺槐花期、椴树花期、荆条花期等。在非主要蜜源流蜜季节，有辅助粉源的地区往往靠给蜂群饲喂糖浆生产蜂王浆，一般也能获得较高的蜂王浆产量。在缺乏粉源的地区，蜂农往往给蜂群饲喂黄豆粉等营养补充剂坚持生产蜂王浆，虽也能获得一定的产量，但往往生产的蜂王浆外观及色泽品质远远不及自然蜜粉源丰富时生产的蜂王浆。因此，优质蜂王浆的生产除考虑环境污染因素外，生产期的放蜂场地、蜜粉源条件也是必须考虑的重要因素。

(二)对蜂王浆生产场所及人员的要求

蜂王浆作为可直接食用的食品，其生产过程要符合食品生产的基本要求。生产蜂王浆的移虫取浆房间应清洁卫生并与生活区分开。流动放蜂的蜂场，生产帐篷应选择卫生洁净的地方搭建，并与生活帐篷分开，生产帐篷进口要挂阻挡苍蝇的纱帘。帐篷应远离垃圾堆放场所、厕所、粪池等，机动车辆过往较多的路边也不宜搭建蜂王浆生产帐篷，以防止飞扬的灰尘落入蜂王浆中。

蜂王浆生产工作人员要身体健康，无传染性疾病，每年至少做一次身体健康状况检查。蜂王浆生产过程中，工作人员要穿洁净工作服，戴工作帽，保持手和服装干净。

(三)对蜂王浆生产器具的要求

蜂王浆生产的器具因直接或间接与蜂王浆接触，如器具材质选用不当，或使用操作不规范都会在一定程度上对蜂王浆质量造成影响。蜂王浆生产设备应无害化。

(四)对生产蜂群的要求

蜂王浆生产蜂群的种质与蜂王浆的产量和质量关系十分密切。“浆蜂”高产品系同等群势下，单次蜂王浆产量比“本意”提高1倍以上，比喀蜂高出数倍。所生产的蜂王浆品质也有相当大差异。据2000年9月份在长江下游一些省份的抽样调查结果发现，同一蜜源条件下，不同种质的蜂场所生产的蜂王浆，其10-HDA含量差异较明显，较高的10-HDA含量可达2.2%以上，而最低的仅为1.4%。蜂王浆中总糖的含量也有区别，最高的总糖含量16.56%，最低的14.16%。可见蜂王浆生产群品种选择的正确与否和生产出的蜂王浆数量与质量都有密切的关系。

在蜂王浆生产中，选择种用蜂王不能只偏重蜂王浆产量高这一项指标，而同时要十分注意该品系所生产蜂王浆的质量指标、抗病性能、采蜜能力等。如果所引进的蜂王系杂交种，如“黄山一号”等，该种王只能使用一代培育生产用王，第二代则不宜用于生产。第一代生产王表现出蜜浆双高产的特性，所生产的蜂王浆中 10-HDA 含量也较高。一般 2～18 月龄的蜂王产卵力较强，要选择该月龄段的蜂王用于繁殖和生产 。另外应个体大、色泽鲜艳、行动稳健，只有这样的蜂王作为生产蜂王，才能维持强群，才能繁育出大量适龄哺育蜂。

生产期，生产蜂群中要有大量 8～20 日龄的哺育蜂，蜂群群势至少在 8 足框蜂以上。蜂群健康，无传染性疾病。群内蜜粉饲料充足。生产蜂群应在生产期到来前 50 天，开始奖励饲喂，刺激蜂王多产卵，刺激工蜂积极育虫，使蜂群尽快强壮。

二、生产蜂群的组织

(一)原群组织法

用隔王板将蜂群隔成繁殖区和生产区，生产区内放 1～2 张蜜粉脾，1～2 张幼虫脾，其余为封盖子脾，采浆框插在幼虫脾与蜜粉脾或封盖子脾之间。繁殖区放卵虫脾、空脾、即将或开始出房的蛹脾、蜜粉脾，使生产群蜂脾相称或蜂略多于脾。

(二)多群拼组法

如外界气候、蜜粉源条件良好，而蜂群群势尚不足，可采用多群拼组法，提前生产蜂王浆，即于生产蜂王浆前一周，将数群非生产群中的正在出房的老熟子脾及刚出房的幼蜂提入预定的生产群。1 周后，生产群群势达 8 框蜂以上。在巢、继箱之间加隔王板，继箱为无王生产区，巢、继箱的巢脾摆放同原群组织法。

三、蜂王浆生产蜂群的管理

刚开始生产蜂王浆，蜂群群势较弱，王台基数量要适当，量群定台。王浆生产群群势要适当密集，蜂略多于脾。

炎热季节，注意给蜂群遮荫或将蜂群放在树阴下，扩大巢门，打开箱底纱窗和箱盖上的通风口。高温干旱时，要在每天上午 11 时和下午 2 时，用打湿的覆布或毛巾盖在铁纱副盖上，或在巢内加饲喂器喂水，便于蜜蜂吸水降温和保持巢内湿度。

每隔 5～7 天检查调整一次蜂群。检查调整时，将繁殖区的新封盖脾和 1～2 张幼虫脾调到生产区，将生产区内的正在出房子脾调到繁殖区。检查时，注意清除自然王台，以免影响王台接受率和蜂群发生自然分蜂。

四、供虫群的管理

生产蜂王浆移虫时，需要较多虫龄一致、健康的 1 日龄小幼虫。齐整的小幼虫脾，不仅可以提高移虫工作效率，而且可使所生产的蜂王浆质量稳定。

供虫群最好是专一的蜂群，蜂群群势在 3～4 足框蜂，放脾 3～4 张，一张蜜粉脾、一张老熟子脾、一张新旧适宜的空脾。空脾提前 5 天插入供虫蜂群，供虫群蜂王产卵，5 天后提出该脾，移虫使用。移虫时，该脾大部分幼虫为 12～36 h 虫龄的幼虫。在供虫群管理中要每隔 1～2 周调入 1 张老熟封盖子脾，使供虫群始终有新蜂出巢，以保证供虫群的群势和哺育力。

供虫群也可由 5～6 框蜂的较大蜂群承担，可在该蜂群中放置产卵控制器，限制蜂王在空脾上产卵，生产时提前 5 天插入新旧适宜的空脾供蜂王产卵，产卵 2 天后，将已产上卵的巢脾提出控制器，在该群中孵化，再插入一张新旧适宜的空脾继续供蜂王产卵。生产时，用已孵化的

12～36 h 虫龄的小幼虫移虫，生产蜂王浆。该法可不必调整老熟封盖子脾，只需隔周留一脾幼虫让蜂群哺育即可。该群势下，蜂群基本可保持自然繁殖。

五、蜂王浆的采收工序与保存

（一）蜂王浆采收工序

一年中蜂群首次开始生产蜂王浆，要经过安装台基、工蜂清扫台基、点浆、移虫、下框、补虫、提框、割台、捡虫、取浆、清台、王浆保存等工序。

1. 安装台基　蜂王浆生产开始前，选用王台基大小适宜的台基条，用铁丝捆绑或用胶粘到采浆框的台基板条上。

2. 工蜂清扫台基　开始生产王浆前一天将新组装好的采浆框插入生产群内，让工蜂清扫 24 h 左右。

3. 点浆　新台基经过工蜂清扫后，临移虫时用洁净毛笔往其底部点少许新鲜蜂王浆，以提高蜂群对移入幼虫的接受率。

4. 移虫　在供虫群中，取出事先准备好的幼虫脾，抖去脾上的蜜蜂，用盛托盘盛托幼虫脾，用移虫针把 12～36 h 内的幼虫从巢脾的蜂房中移出，轻轻放在台基底部的中央，每个王台基 1 只幼虫。移虫时，注意移虫针要从幼虫弓起的背部方向沿巢房壁插入王浆中，将幼虫带出。移虫针舌片不要直接接触幼虫，以防止擦伤幼虫。

5. 下框　移好虫的采浆框暂时放在浆框盛放箱中，用洁净的湿毛巾或纱布覆盖，及时运到蜂场，插到生产群中预留的浆框插放位置。

6. 补虫　将采浆框插入蜂群后，过 3～5 h，对无幼虫的台基补移一次虫龄与原来幼虫虫龄相近或稍大些的幼虫。补移时，如未被接受的王台不多，不必将采浆框上的蜜蜂抖掉，只需倒置采浆框，倾斜一定角度，直接将幼虫移入空台基中即可。

7. 提框　移虫后 3 天，将采浆框从蜂群中提出，轻轻抖落框上的蜜蜂，然后用蜂刷把框上余下的蜜蜂扫落到原巢箱门口，把采浆框放置在浆框盛放箱中，及时运回取浆室。

8. 割台　用洁净的锋利削刀，将台基加高部分的蜡壁割去。割台时，要使台口平整，不要将幼虫割破。割台前，禁止在台壁上喷水，以防止过多的水分进入王浆中。更要严禁其他不符合卫生要求的做法。

9. 捡虫　用清洗消毒待用的镊子将王台基中的幼虫一一捡出。不慎割破或夹破的幼虫，要把王台内的带幼虫体液的王浆挖出另存，不可混入商品王浆中。

10. 取浆　用洁净的取浆器具如刮浆片、刮浆板、吸浆器等取浆，尽可能将王台内的王浆取净。取出的王浆暂存于盛浆瓶中。

11. 清台　被接受的台基可继续移虫，未被接受的塑料台基内往往有赘蜡，要用清理王台的专用工具将台基清理干净后，再移入适龄幼虫，投入下一轮取浆生产。

(二)蜂王浆的保存

蜂王浆应采用符合食品卫生要求的带盖塑料瓶或桶盛装，用前要清洗干净，并用75%的食用酒精消毒。蜂王浆采收完成后，应立即密封蜂王浆瓶的瓶口，标明重量、生产日期、产地、花种，并尽快将其放到冰箱或冰柜中冷冻保存。没有冰箱、冰柜的转地蜂场，则应及早送到收购单位交售。

六、无公害蜂王浆优质高产的技术措施

优质高产种蜂王的使用，强壮健康的蜂群，利用主要蜜源大流蜜期生产蜂王浆，经常保持生产群的饲料充足，严格掌握移虫日龄，根据蜂群群势确定使用王台数量及蜂王浆生产人员的个人卫生都是保证蜂王浆品质和产量的重要环节。

1. 采用蜂王浆优质高产蜂种　生产蜂王浆蜂群的品种不同，其生产性能及所生产出的蜂王浆质量也有所不同。我国近年来筛选的“浆蜂”品系，大大提高了我国蜂王浆的产量，但同时，部分王浆生产区由于

全面推广该品系，使所生产的蜂王浆中 10-HDA 呈逐年下降趋势，也成为不争的事实。

以生产蜂王浆为主的蜂场，在引种时要从育种单位引进蜂王浆优质高产种蜂王，培育生产用王。如系杂交王，只能使用一代。如系高产低 10-HDA“浆蜂”纯系种王，生产王应是与本地其他品系蜂王的杂交王。不要连续两代以上使用同一种王培育生产用王。

2. 用健康的强群生产蜂王浆　生产蜂群要健康无传染性疾病。对生产蜂群要加强饲养管理，保持群内蜜蜂适当密集。蜂机具注意卫生消毒，以防止蜜蜂疾病的发生。蜂王浆生产蜂群在蜂王浆开始生产前 6 周，停止使用蜂药。尤其禁止使用抗生素、杀虫脒等药物。生产群要保持强壮，群内要始终保持有一定数量的 8～20 日龄哺育蜂。

3. 利用大流蜜期生产蜂王浆　外界蜜源大流蜜时，外勤蜂采进的大量新鲜花粉和蜂蜜，刺激哺育王浆腺活性，充足的营养使哺育蜂泌浆能力提高，所分泌的蜂王浆量大、质优。蜂王浆生产蜂场，要抓住这一有利时机积极生产蜂王浆。

4. 保持生产群有充足的饲料　蜂群内如果饲料不足，工蜂就会动用体内的营养储备，使工蜂寿命缩短，且工蜂分泌的蜂王浆质量较差。蜂王浆生产群要经常保持 4 kg 以上的储蜜和 1 框以上的花粉脾，达不到该储存量时，应及时补喂。缺蜜时，用 50% 的糖浆或 1∶1.5 的蜂蜜水饲喂蜂群，饲喂宜在取浆的前一天和当天傍晚进行，这样不但可防止饲喂不当发生盗蜂，又能刺激蜂群提高移虫接受率，增加蜂王浆产量。

5. 量群定台　根据研究发现，同样群势的蜂群，生产蜂王浆时，所用王台数越多，所生产的蜂王浆中 10-HDA 含量越低。在蜂王浆生产中，应掌握单台平均浆量在 250 mg 以上。一般蜜源条件良好时，8～11 框蜂群用 90～150 个王台基，12～14 框蜂群用 150～200 个王台基，15 框以上蜂群用 200～260 个王台基。

6. 严格掌握移虫日龄　自然王台中，自卵孵化后，96 h 虫龄时，王台中集聚的王浆最多，质量最好。因此，取浆周期为 3 天时，生产王浆所用的幼虫虫龄最好为1日龄幼虫。应严格控制幼虫日龄在12～36 h范围内。这样生产出的王浆才能产量高、质量好。

7. 注意生产环境器具卫生及取浆人员的个人卫生　生产蜂群周边环境要符合蜂场选址环境要求。生产房间要清洁卫生，并定期喷洒漂白粉水溶液消毒。取浆用具取浆前后要清洗，并用75%的酒精消毒。取浆工作人员要健康无传染性疾病，并具备良好的个人卫生习惯。取浆时，要穿洁净工作服，戴工作帽。

第三节　无公害蜂花粉的生产

蜂花粉是蜜蜂从粉源植物花朵的雄蕊上采集的并携带回蜂巢的花粉细胞，是蜜蜂的主要食物之一。在自然状态下，蜜蜂的生长发育及腺体分泌所需要的蛋白质和氨基酸几乎全部由花粉提供。

我国蜂花粉作为商品生产，始于20世纪70年代，目前已成为养蜂生产的主要产品。在粉源充足的时候开展蜂花粉生产，既有利于解决花粉压子，又能在缺粉季节，把采收下来的蜂花粉补饲给蜂群。优质的无公害蜂花粉还是人们喜欢食用的一种保健食品。

蜂花粉采收的原理是迫使采集携带花粉团归巢的工蜂，通过一特定大小的小孔洞进入蜂巢。采粉蜂通过孔洞时，将其后足花粉筐中的花粉团截留下来，然后收集处理。

一、无公害蜂花粉采收的基本要求

无公害蜂花粉的采收必须具备丰富的粉源；无有毒粉源；生产场地无环境污染；脱粉蜂群健康，群势适当；脱粉及干燥器具卫生。

(一)丰富的粉源

粉源丰富是蜂花粉生产的前提条件。我国蜂花粉生产应尽量选择大面积的种植油菜、玉米、向日葵、荞麦、茶花、西瓜等场地放蜂。蜂场周围 3km 范围内，粉源面积大，水土条件良好，开花茂盛。

（二）健康、群势适当的蜂群

健康的蜂群是生产无公害蜂花粉的基本条件，只有蜂群健康，生产出的产品才能卫生可靠。患病蜂群不得用于蜂花粉生产。生产蜂花粉的蜂群群势要适当，弱群采集力差，不宜用来生产蜂花粉；但群势过强的蜂群，安装脱粉器后，会造成巢门不同程度的拥堵，把大量采集蜂阻塞在巢门内外，降低了采粉效率。为保证蜂花粉的采收效率，蜂群群势调整到 8～10 足框蜂为宜。

（三）无有毒粉源

在贵州、宁夏、云南等地，雷公藤、藜芦等有毒粉源植物往往与主要蜜粉源植物同期开花，在这样的场地放蜂采收花粉，易使蜂花粉中混入有毒的花粉，因此，要特别注意，蜂场 5 km 范围内，不得有有毒粉源植物，生产花粉应避开存在有毒粉源的场地。

（四）生产场地无环境污染

在工业废水、废气、废渣等环境污染区域生产的蜂花粉中，铅、砷等对人体有害物质的含量严重超出国家食品卫生标准。在经常喷洒农药的粉源场地生产的蜂花粉也易被农药污染，必须避开上述环境生产蜂花粉。

（五）脱粉及干燥器具卫生

脱粉器具种类较多，应选择结构简单、脱粉孔径合适、不伤蜂体、能很好地保持蜂花粉团颗粒完整、易保持清洁、不易混入杂质的脱粉器具。花粉干燥器具，应无毒，不污染蜂花粉。禁止使用油毛毡自制储粉盒或晾晒蜂花粉。

二、无公害蜂花粉采收蜂群的管理

生产蜂花粉的蜂群要求有大量采集蜂，在开始生产蜂花粉前 45 天开始对蜂群奖励饲喂，培育大量的适龄采集蜂。在生产花粉前 15 天或进入生产花粉产地前后，从强群中抽出部分带幼蜂的封盖子脾补助弱群，将强群群势补成9框蜂左右。生产蜂花粉的蜂群，以增殖期8～10框蜂的群势产量较理想。生产蜂花粉的蜂群，应选用年轻、产卵力强的蜂王，蜂群中保持有较多的幼虫，以刺激采粉蜂采集的积极性。若双王群生产花粉，两区应同时安装脱粉器，以防止蜂群发生偏集。

生产蜂花粉期间，蜂群内应保持充足的储蜜，如果蜂群储蜜不足，会使大量采集蜂不去采粉，而是去寻找和采集花蜜。生产蜂花粉时，如果该粉源只有粉而无蜜，对蜂群储蜜不足的应及时补足饲喂，储蜜较为充足的，还要对蜂群进行奖励饲喂，以刺激蜂王多产卵，使蜂群幼虫增多，以刺激蜂群的采粉积极性。蜂群中存粉较多的，要同时将群内的花粉脾抽出，妥善保存，使蜂群保持储粉不足的状态，以激发蜂群采粉的欲望。

整个蜂花粉生产期，生产蜂群不得使用任何药物为蜂群防病治病，以防止兽药污染花粉。

三、蜂花粉的无公害化采收

脱粉器是采收蜂花粉的工具。脱粉器的种类较多。各类脱粉器主要由脱粉板、落粉板和集粉盒构成。在选择脱粉器时，脱粉板的孔径应根据饲养蜂种的蜂体大小、脱粉板的材料及加工制造方法决定。硬塑料板等材料脱粉形式的脱粉板，可选择孔径大些的。用不锈钢丝等材料绕制而成的脱粉板，其孔的边缘比较圆钝，不容易伤害蜜蜂，可选择孔径稍小些的。国内生产蜂花粉所使用的脱粉器的脱粉孔径，西方蜜蜂为4.5～5.0 mm，一般为4.7 mm；东方蜜蜂则为4.2～4.5 mm。

在粉源植物开花季节，当蜂群大量采进蜂花粉时，把组织好的采粉群巢门档取下，在巢门前安装脱粉器进行蜂花粉生产。脱粉器安装前，先将生产群的蜂箱前壁与巢门板擦洗干净。安装工作应在蜜蜂采粉较多时进行。脱粉器的安装应严密，要保证使所有进出巢的蜜蜂都通过脱粉孔。为防止因安装脱粉器引起的蜜蜂偏集，生产花粉时，至少同一排的蜂群要同时脱粉。

脱粉器放置在蜂箱巢门前的时间长短，可根据蜂群巢内的花粉储存量、蜂群的日进粉量决定。蜂群采进的花粉数量多，巢内储粉充足，则脱粉器放置的时间可相对长一些。脱粉的强度以不影响蜂群的正常繁育为度，一般情况下，每天脱粉 2～3 h。每天脱粉结束，要及时收取脱下的蜂花粉，拆除脱粉器。脱下的花粉应及时做干燥处理。收取花粉时，动作要轻，以免花粉团破碎。每天脱下的蜂花粉取出后，要将脱粉器具清洗干净，以便下次使用。否则剩到脱粉器中的花粉团，不能及时干燥，易变质，再次使用脱粉器，易污染新生产的蜂花粉。

一般来说，在蜜源丰富的季节，蜂蜜生产所获经济效益往往高于蜂花粉生产，因此，在大流蜜期应首先保证蜂群采蜜。流蜜期上午 10 时、下午 2 时是蜂群采蜜的高峰期，此时不宜安装脱粉器。

四、蜂花粉的干燥

新采收的蜂花粉含水量很高，一般在 20%～30%。采收后的蜂花粉如果不及时处理，很容易发霉变质。因此，蜂花粉采收后应及时进行干燥处理或冷冻保存。蜂花粉干燥脱水的方法包括日晒干燥、自然风干、烘干箱烘干、变色硅胶干燥、真空冷冻干燥等。

1. 日晒干燥　将采收下来的新鲜蜂花粉均匀地摊放在干净的纸或布上，厚度不超过 2 cm，罩上防蝇防尘纱网，置于阳光下，日晒过程中应勤翻动，翻动时动作轻缓，避免花粉团破碎。如果将花粉摊放在用支架撑起的细纱网上通风晾晒，干燥效果会更好。这种干燥方法无需特殊设备，被绝大多数蜂场采纳。蜂花粉经过白天的干燥，为防止夜间花粉吸潮，傍晚前需将晾晒后的花粉装入塑料袋中密封，第二天再继续摊晒，直至花粉含水量小于 8%以下。

2. 自然风干　将采收到的新鲜蜂花蜂摊放在干净的用支架撑起的细尼龙纱网或纱布上，厚度不超过 2 cm，罩上防蝇防尘纱网，放在干燥通风处自然风干。如有条件，可用电扇等辅助通风。这种干燥处理方法需要时间较长，且干燥的程度也不如日晒干燥。该法多用于阴雨天的应急干燥。

3.远红外恒温干燥箱烘干　中国农科院蜜蜂所和福建农业大学蜂学院分别研制出了体积小、耗电低、热效率高的便携式蜂花粉远红外干燥箱，干燥箱的箱内干燥温度43～46℃。使用时，将温度调控好，把花粉放入烘干箱中，干燥6～10 h，可起到很好的干燥效果。

4.变色硅胶干燥　将采收下来的新鲜蜂花粉和变色硅胶按重量比15∶1的比例，交替堆叠在密封干燥箱中干燥。变色硅胶需用4～5层纱布包好，硅胶吸水后由蓝色变为红色。吸水的变色硅胶在150℃下烘烤，恢复蓝色后可反复使用。

5.真空冷冻干燥　把新鲜的蜂花粉放入冻干机中，在冷冻状态下，通过抽真空使蜂花粉中所含的水分蒸发。这种干燥方法能最有效地保持蜂花粉的活性，延长蜂花粉的保存期。冻干处理后的蜂花粉，用铝箔复合膜袋真空后充氮包装，能有效保持蜂花粉中的营养成分。这种干燥方法设备条件要求高，只适用于专业化加工厂。

五、蜂花粉的包装储存

蜂花粉包装材料应清洁、无毒、无异味，符合食品包装材料的卫生标准。包装物要牢固，密封性好，能防潮。

干燥处理后的蜂花粉，经手工或过筛除杂后，可放入无毒塑料袋密封，外包装可用纸箱等便于装卸的牢固材料，也可暂时存于密封的陶罐或塑料桶中。蜂花粉应放在干燥、低温、避光、无异味的场所暂存。长期储存，应放在4℃以下清洁、无异味的冷库中。

六、蜂花粉的优质高产措施

(一)选择喜采粉蜂种

蜜蜂种质的不同，其采粉积极性也有所不同，一般高产蜂王浆的品系，工蜂泌浆需花粉量大，采集花粉积极性高，可利用这种品系生产蜂花粉。

（二）培育大量适龄采粉蜂，保持适当生产群势

适龄采粉蜂多，才能采回大量的花粉，一般在花粉生产开始前45天，对蜂群奖励饲喂，大量培育工蜂。采粉蜂的群势不同于生产蜂蜜、蜂王浆的蜂群。群势并非越强越好，生产蜂花粉的蜂群，群势一般8～10框蜂生产效率较高。

（三）保持蜂王旺盛的产卵力

蜂王产卵力强，产卵多，生产群内才能保持一定数量的幼虫，蜂群内的大量待哺育幼虫，刺激了采粉蜂的采集积极性，从而获得蜂花粉高产。

（四）不轻易转地

蜂群的转运过程中，往往加速工蜂的老化。采粉蜂多为青壮年工蜂，转地后的蜂群适龄采粉蜂减少，造成蜂花粉产量降低。在蜂花粉生产中，只要粉源条件不是太差，产量能保持一定水平，就不要轻易转地。

（五）脱花粉期间不割除雄蜂

割除雄蜂蛹后，工蜂就要清除雄蜂房中的虫蛹，安装脱粉器后，给蜂群的清理工作带来不便，使巢门内堆积大量的虫蛹躯体，许多虫蛹残体也易落入集粉盒，混入花粉团中。花粉生产期割除雄蜂，对花粉的产量和质量都会造成一定程度的影响。

（六）防止污染

在蜂花粉生产过程中，应选择环境良好，无工业废水、废气、农药等污染的场地放蜂。蜂花粉采收时，注意防止灰尘等杂物混入花粉，尤其干燥多风的地区更应注意。生产蜂群应放置在灰尘较少的清洁地方或草地上。安装脱粉器前，应先给蜂群周围的蜂场空地喷洒一些干净水，以防止尘土飞扬；箱盖、蜂箱前壁、巢门踏板应清洗干净，以防止灰尘落入花粉中。

第四节　无公害蜂胶的生产

蜂胶是工蜂从胶源植物的芽苞、幼芽或枝干的愈伤组织上采集的树胶或树脂,并混入了工蜂上颚腺分泌物及蜂蜡等加工而成的胶状天然混合物质。蜜蜂用蜂胶填塞蜂箱缝隙、孔洞,缩小巢门,磨光巢房壁,加固巢脾等。有时还用蜂胶把被它们螫死于蜂箱内而无法搬出蜂巢的入侵者的尸体密封起来。蜂胶主要分布在框梁、副盖、覆布、框耳、框槽、隔王板、箱壁、巢门等部位。

蜂胶是一种黏性固体物质,温度低于15℃时变硬变脆,高于35℃时变软,而有黏性和可塑性。熔点65℃左右,相对体积质量为1.127左右。蜂胶的颜色因胶源不同而有区别,呈黄褐色、棕褐色、灰褐色,有时带有青绿色,少数近于黑色,有光泽。有明显的树脂的芳香味,微苦。有明显的辛辣味。在沸水中的溶解度不超过5%,大部分物质溶于乙醇,易渗于丙酮、乙醚、苯和2%的氢氧化钠水溶液。粗蜂胶因其质量不同,成分有所不同。

一、无公害蜂胶高效生产的基本要求

采胶场地要远离污染严重的城市、有环境污染的工厂以及使用农药的胶源植物。采胶场地胶源植物种类多,数量大,生长旺盛,泌胶丰富。蜂胶生产期,天气晴朗,气温在25℃以下。当气温低于20℃时,胶源植物很少泌胶,已分泌的树胶,容易干涸硬化,蜜蜂无法采集。生产蜂胶的蜂群要健康强壮,有适量老蜂的强群才具有良好的采胶能力,才能高产。选购无毒无害材料制作的设计科学的采集器采集蜂胶。蜂胶未采收前,不使用任何兽药防治蜜蜂疾病。

二、采胶蜂群的组织管理

目前的养蜂生产中，蜂胶采收的专一化程度还不高，养蜂者很少单独组织蜂群生产蜂胶。利用采胶器采胶时，只需选择健康强壮蜂群，将适宜的采胶器安装在蜂群的特定位置，对蜂群正常管理即可。到目前为止尚无成熟的独特的高产蜂胶蜂群管理措施。

三、无公害蜂胶的采收

蜂胶采收有多种方法，有结合蜂群管理随时刮取，利用覆布、尼龙纱盖收取，利用集胶器采收等。

（一）结合蜂群管理刮取

在开箱检查蜂群的同时，直接从蜂箱的覆布、副盖、巢框上梁等蜂胶聚集较多的地方，用起刮刀刮取蜂胶。用这种方法刮集的蜂胶中蜂尸、木屑、蜡瘤等杂物较多，必须及时除杂。蜂箱框梁、箱壁、副盖纱等处一般都会积聚较多的蜂胶，可结合秋季换箱消毒，统一刮集蜂箱中的蜂胶。

（二）利用覆布、尼龙纱取胶

用较厚的纯棉白布、麻布等作为覆布，盖在副盖下方的巢脾上梁上，并在框梁上横放 3～5 根细木条，使覆布与框梁之间保持 2～3 mm 的缝隙，这样蜜蜂就会把蜂胶填充在覆布与框梁之间。取胶时，把覆布放于日光下晒软蜂胶，用起刮刀刮取。也可将覆布置于冰箱或冰柜中，将蜂胶冻硬冻脆后，将覆布卷起，用木棍击打覆布上的蜂胶。将覆布盖回蜂箱时，沾有蜂胶的一面朝下，保持蜂胶只在覆布的一面。

炎热夏季，使用覆布生产蜂胶，因通风不良，会造成蜂巢闷热。这时候可用尼龙纱代替覆布集胶。当尼龙纱上集聚了一定蜂胶后，放入冰箱或冰柜，使蜂胶变硬变脆，然后将尼龙纱卷起，用木棍敲打，击落尼龙纱上的蜂胶。

在尼龙纱的上面加盖一块覆布能提高蜂胶产量。一般情况下，强群在 20 天左右就能用蜂胶将覆布和尼龙纱粘在一起。检查蜂群时，轻轻把覆布和尼龙纱分开，覆布上的蜂胶受拉力作用，分开时，在覆布与尼龙纱间形成蜂胶细柱，再将覆布与尼龙纱放在一起时，尼龙纱与覆布间就会形成一定的空隙，放回蜂群让蜜蜂继续集胶。蜂胶积聚到一定数量，取下尼龙纱和覆布取胶。取尼龙纱时，提起尼龙纱，用起刮刀在框梁上沿尼龙纱掀起的方向推刮，边揭边刮。取下的尼龙纱和覆布经冷冻后，卷成卷用木棍敲打，尼龙纱和覆布上面的蜂胶就会掉落下来。

(三)用集胶器取胶

集胶器是根据蜜蜂在巢内集胶的生物学特性设计的蜂胶生产工具，可有效提高蜂胶的产量和质量。集胶器的种类很多，有板状格栅集胶器、可调式格栅集胶器、巢框格栅集胶器、巢门格栅集胶器、继箱集胶器等。

1. 板状格栅集胶器　由平行排列的两部分板条格栅构成，其中一部分的板条咬合在另一部分板条的缝隙中。板条可用椴木或红、白松木制作。格栅集胶器的格栅由横向板条、纵向板条和轴构成。横向板条的长度可根据格栅集胶器在巢内放置的位置而定。板条间缝隙宽度约 3 mm。它可以放置在蜂箱巢、继箱体之间，巢框上梁，边脾外侧，箱壁等处集胶，每隔 2～3 周采集一次蜂胶。收集蜂胶时，将取出蜂群的格栅集胶器在低温下冷冻使蜂胶变脆，轻轻拍打取胶器，便很容易地使蜂从格栅中脱落。

2. 可调式格栅集胶器　集胶器由若干根横向板条、两根纵向板条及小铁钉构成。板条可选用吸水性较强的杉木。横向板条宽约 20 mm，厚 5 mm，纵向板条宽 25 mm。横向板条间距离约 10 mm。每根横向板条两端各用一根小钉固定在纵向板条上。当需调节集胶器的缝隙时，将集胶器立起，使其一角落地，然后对角施以适当压力，就可调节横向板条间的缝隙大小。产胶群刚放置集胶器时，将集胶器缝隙调到 2～3 mm，积累一定量蜂胶后，可适当调大缝隙。采胶时，将集胶器浸入冷水中，蜂胶便很容易脱落。

3. 巢框格栅集胶器　巢框集胶器是在普通巢脾的上、下框梁上，钉以薄木板条或竹片，构成人为的缝隙和凹角，促使蜜蜂在缝隙和凹角处多积蜂胶。板条宽度 6～9 mm，厚约 3 mm，长度与巢框上、下框梁相同。一般在巢脾的上梁两侧各钉一根，上面钉两根；在下框梁下面及两侧各钉一根。巢框集胶器加在蜂群的边侧，做边脾用，在蜂胶生产季节每隔 2 周采收一次蜂胶。采收时，可用起刮刀刮集。

4. 巢门格栅集胶器　格栅集胶器间留有巢门供蜜蜂出入，两侧用木板条或竹条分隔出多个宽为 3 mm 左右的缝隙，板条的安装以便于拆装和收取蜂胶为原则，格栅集胶器的形状和大小与巢门挡板相同。使用时取下巢门挡板，换上格栅集胶器，蜜蜂为了堵塞缝隙，缩小巢门，便积极采胶，封堵巢门的缝隙。可每隔 2～3 周刮取一次蜂胶。这样采收的蜂胶纯度高，含蜡少。春末夏季、初秋气温较高的流蜜期均可采用格栅集胶器生产蜂胶。缺蜜季节，格栅集胶器取胶易诱发盗蜂，要适时换上巢门挡板。

5. 继箱集胶器　继箱集胶器是在原来的继箱模式下，在继箱的后壁或侧壁木板上开有许多沟槽或缝隙，缝隙的宽度以蜜蜂不能通行为准。为了预防盗蜂，缝隙外侧可封以窗纱。大流蜜期，可用继箱集胶器换下原来的继箱套生产蜂胶。大流蜜期末，利用老龄蜂积极采胶堵塞箱缝的特性生产蜂胶，用继箱集胶器生产蜂胶，一般产量较高。在气温偏低或盗蜂易发生季节，不宜采用继箱集胶器采胶，以防加重蜂群保温工作量及诱发盗蜂。

四、蜂胶的包装储存

包装蜂胶的材料应符合食品卫生安全标准要求，包装物应牢固、防潮、密封。蜂场采收的蜂胶可用聚乙烯塑料袋密封包装，以减少蜂胶中的芳香油挥发。包装后，暂存于纸箱或塑料桶等容器中，放置在阴凉干燥、清洁卫生的场所，严禁日晒、雨淋及有毒有害物质的污染。

五、蜂胶的优质高产措施

(一)选用高产蜂胶的蜂种

蜜蜂采集蜂胶的习性与蜂种有密切的关系，东方蜜蜂不具有采胶性能，西方蜜蜂中的不同品种蜂胶采集能力也相差很大。灰色高加索蜂采胶能力较强，意大利蜂和欧洲黑蜂采胶能力次之，但在意大利蜂中的个别蜂群，同样具有很强的采胶能力，要注意加强选育。卡尼鄂拉蜂的采胶能力稍差。许多含有高加索血统的杂交种蜜蜂，通常也表现出较强的采胶能力。培养、筛选和应用高产蜂胶的蜂种，是取得蜂胶高产的一项重要措施。

(二)利用健康强群生产蜂胶

强群是蜂胶优质高产的基础，只有健康、强壮的蜂群才具有良好的采集能力和加工能力。生产蜂胶要着力组织和利用有较多老龄采胶蜂的蜂群。

(三)及时采胶

蜜蜂采胶是为了满足蜂群堵塞箱缝、缩小巢门等的自身特殊需要。当蜂群内需要蜂胶的部位基本积满时，蜂群采胶积极性就会降低。及时的采收蜂胶，可刺激蜂群的采胶积极性，有效提高蜂胶产量。

(四)采用无污染采胶器具

养蜂生产中使用铁纱副盖取胶，是造成蜂胶中重金属铅污染的重要原因。而采用无毒无异味尼龙或塑料纱网、覆布、木制或塑料集胶器生产的蜂胶品质优良。

(五)禁止蜂胶生产期使用蜂药

蜂群防治病用药特别是喷雾施药，很容易污染蜂箱及巢框等处的蜂胶。蜂胶生产期严禁使用蜂药。蜂群用药防治蜂螨前，应先采收蜂箱中的蜂胶。

第五节　无公害雄蜂蛹的生产

自蜂王产下雄蜂卵起 21～22 天，即雄蜂幼虫封盖后 11～12 天，这个日龄的雄蜂蛹，肢、翅未分化，体壁几丁质尚未硬化，蛹体色呈乳白色，极具商品价值。这个日龄的雄蜂蛹，由于变态的消耗，体型缩小，体壁表皮坚韧，容易采收。作为商品雄蜂蛹要求日龄一致，蛹体外观整齐，蛹体呈乳白色或淡黄色，头部完整，复眼为浅蓝色。

雄蜂蛹的化学成分因日龄和饲料来源的不同而有一定差异。22 日龄雄蜂蛹含水 80.02%，干物质 19.98%。干物质中粗蛋白 63.10%，粗脂肪 15.74%，碳水化合物 3.68%。雄蜂蛹含有 17 种氨基酸，尤其以赖氨酸和蛋氨酸含量最丰富。雄蜂蛹含有丰富的维生素，以维生素 A、维生素 D 含量最丰富。

一、生产雄蜂蛹的基本条件

生产雄蜂蛹的蜂群群势要强，蜜粉饲料储备充足，蜂群产生分蜂热而有培育雄蜂的欲望，外界有较丰富的蜜粉源条件。

大规模生产雄蜂蛹，必须有充足的雄蜂脾。配齐蜂王产卵控制器具、锋利的割蜜盖刀具、镊子、承接雄蜂蛹的器具等。

二、雄蜂脾的修造

理想的雄蜂脾要求脾面平整、无破损、无工蜂房，并培育过两批雄蜂。修造雄蜂脾的蜂群要强盛，子脾多，巢内蜜粉储备充足，有分蜂欲望。雄蜂巢础加进蜂群后，除非大流蜜期，还应对造脾蜂群进行奖励饲喂。

三、产卵蜂群的组织

选择群势在7足框蜂以上的蜂群，用隔王栅或产卵控制器隔出1张脾位置，插入雄蜂脾，放入产卵王，迫使蜂王在这张雄蜂脾上产卵。蜂王产卵一昼夜后，把产上卵的雄蜂脾提出，给哺育蜂群孵化、哺育。产卵群可重复利用，强群亦可同时用作哺育群。

四、雄蜂卵的孵化哺育

将产上卵的雄蜂脾提出蜂群、捉走蜂王、抖落工蜂后，加入事先选择好的强群内孵化哺育。哺育群要保持蜜粉饲料充足，特别在雄蜂的卵虫期，除非外界蜜源大流蜜，还应当对哺育蜂群进行奖励饲喂，以防止工蜂拖弃雄蜂幼虫。雄蜂幼虫封盖后，该群可同时做第二张雄蜂幼虫脾的哺育群。

五、雄蜂蛹的采收

从蜂王产下雄蜂卵算起21天后，即第22天，把哺育群中的封盖雄蜂脾提出蜂群，抖落脾上的蜜蜂。如有冰柜最好先将雄蜂蛹脾放入冰柜，将蛹脾的蜡盖冻硬，以方便蜡盖的割除。割盖时，把封盖的雄蜂蛹脾水平放置，用木棒或割蜜刀背在巢脾上梁轻轻敲击几下，让巢脾上半面的雄蜂蛹沉入房底，空出房盖，用锋利的割蜜刀把雄蜂蛹上的蜡盖割掉。割盖时注意不要割到蜂蛹的头部。割完一面后，把巢脾翻面，使割开的巢房口朝下，轻轻敲击巢脾上梁，将雄蜂蛹振落于盛放器具中。振落雄蜂蛹的同时，巢脾另一面的蜂蛹沉到房底，同法割掉其房盖，翻面振落雄蜂蛹。对个别未掉出巢房的雄蜂蛹，用镊子夹出，收集于盛放器具中。

六、雄蜂蛹的无公害化加工储存

雄蜂蛹最好、最简单的保存方法是生产完后，尽快将其装入食品塑料袋或其他容器中密封，放入冰箱或冰柜中冷冻保存。无此条件的蜂场，可用热盐水处理的方法短期保存。用 1 份精盐加 2 份水，放入锅中煮沸，倒入雄蜂蛹，使其在沸腾的盐水中煮 10 min 左右，捞出沥水晾干，密封包装后，暂时保存于阴凉通风处。

第六节　无公害蜂毒的采收

蜂毒是工蜂毒腺和碱腺的分泌物，防卫蜂螫刺敌体时从螫针排出。18 日龄后，工蜂毒囊里的存毒量较多，每只工蜂存毒约 0.3 mg。蜂毒是一种淡黄色黏性透明液体，味苦，具有特殊的芳香气味。酸性，pH 值为 5.5，相对体积质量为 1.131 3，含水量 80%～88%。常温下蜂毒易挥发，能失去 70%的重量，成为阿拉伯胶样的透明块状。蜂毒易溶于水和酸，不溶于醇，对酸碱和热都相当稳定。在密闭和干燥的条件下可保存数年。

蜂毒的成分非常复杂，含有多种生物学和药理学活性物质。蜂毒的主要成分为多肽类、酶类、生物胺、氨基酸、脂类等。还含有少量糖类，甘油，胆碱，蚁酸，磷酸，镁、硫、铜、钙等元素。蜂毒中的多肽类主要为蜂毒肽、蜂毒明肽、肥大细胞脱粒肽、蜂毒肽 M、蜂毒肽 F、心脏肽、组胺肽、多肽安度拉平等。酶类主要为磷脂酶 A、透明质酸酶、磷酸酯酶等。生物胺类主要为组织胺、儿茶酚胺、腐胺和精胺等。

蜂毒具有抗菌、消炎、镇痛、降血压、抗辐射等作用。蜂毒能抑制 20 多种细菌。蜂毒中的多肽有抗炎作用，能促进血液中肾上腺皮质激素的增加，用于治疗风湿性关节炎、类风湿性关节炎和神经炎。蜂毒还用于治疗心血管疾病、口腔疾病和皮肤病等。

少数人有严重蜂毒过敏反应，被蜂螫后会引起休克，救治不及时会危及生命。因此，用蜂毒治疗疾病应在医生指导下进行。

一、采收蜂毒应具备的条件

采收蜂毒应具备必需的取毒器具，应选择有较多适龄蜂的强壮蜂群。采毒人员健康，无严重蜂毒过敏反应。春末、夏季有较丰富的蜜粉源时，采收的蜂毒量大、质量好，最宜采毒。

二、无公害蜂毒的采收方法

蜂毒采收方法有直接刺激取毒法、乙醚麻醉取毒法和电取蜂毒法等。

1. *直接刺激取毒法*　直接刺激取毒法是将工蜂激怒，让其螫刺滤纸或纱布，使毒液留在滤纸或纱布上，然后用少许蒸馏水洗涤留有毒液的滤纸或纱布，文火蒸发掉毒液中的水分，得到的粉状物即为粗蜂毒。

2. *乙醚麻醉取毒法*　乙醚麻醉取毒法是将适龄工蜂抖入一适当容器中，在容器底部加入适量乙醚，蜜蜂吸入乙醚气体后麻醉排毒，将蜂毒留在容器中，然后进行收集。把蜜蜂倒出容器，蜜蜂苏醒后会飞回蜂巢。此法由于蜜蜂麻醉后常会吐出蜂蜜，所取的蜂毒纯度不高。

3. *电取蜂毒法*　电取蜂毒法是在电刺激下，使蜜蜂排毒，所取蜂毒纯净、质量好，且对蜜蜂伤害轻，是目前最理想的取毒方法。电取蜂毒所用的电取毒器种类较多，但都是由电源、产生脉冲间歇电流的电路、电网、取毒托盘、平板玻璃等几部分构成。电网由间隔 6 mm 左右的不锈钢丝制成栅状，电网下部紧贴尼龙沙，尼龙沙下面放一块玻璃板，尼龙沙和玻璃板间隙为 2 mm。在间歇脉冲电流的刺激下，引起工蜂腹部收缩，毒针刺入尼龙沙，将毒液排在玻璃板上。取毒应在早晚进行，以免影响蜜蜂采集。每次每群取毒 5 min 左右，轮换蜂群取毒，定时刮取蜂毒。取毒时蜜蜂在电刺激的激怒状态下极易螫人，取毒操作人员要穿戴防护服装，同时避免其他人员及家畜进入蜂场，以免被螫。

三、蜂毒的包装储存

采收的蜂毒应及时装入适当大小的干净玻璃瓶中，瓶口用木塞盖严，木塞及木塞与瓶口的连接部分用熔化的纯蜂蜡密封，以防止蜂毒有效成分的挥发。蜂毒应置于阴凉干燥卫生的场所妥善储存。采收好的蜂毒要及时交售有关部门。

提示问答

1. 怎样高效生产无公害蜂蜜？
2. 怎样高效生产无公害蜂王浆？
3. 怎样高效生产无公害蜂花粉？
4. 怎样高效生产无公害蜂胶、蜂毒、蜂蛹？

第十三章

无公害蜂产品生产的蜜蜂引种和繁殖技术

阅读指南 在相同的气候、蜜源和饲养管理条件下，一个蜂场的蜂群繁殖多少、群势发展快慢、蜂产品产量的高低，完全取决于蜂场饲养蜂种的优劣。因此，蜂种是养蜂生产成败的重要因素。如果引种得当，可以改善一个蜂场或一个地区的养蜂状况；如果引种不当，也会带来麻烦，产生意想不到的后果。本章主要介绍了无公害蜜蜂引种和换种，蜜蜂退化的表现、原因，怎样选择优良蜂种及蜜蜂的杂种优势。

第一节 引种与换种

一、引种

引进新品种要有目的，不能盲目进行，更不要引进许多品种，以免造成蜂种混杂，达不到蜂种改良复壮的目的。引种要选择适应本地自然条件的品种，最好是已经经过有关单位的选育试验或已经推广过的品种。如果引种是为了搞生产性杂交，那么，要以自己蜂场当时饲养的品种做父本，引进一个相应的品种做母本；如果引进纯种或杂交种直接用于生产，那么就更有必要选择适应本地自然条件、具有较高生产能力的品种或杂交组合。

二、引种方法

引种常用的方法有两种，一是引进种群，二是引进种王。目前以引进种王较为普遍。种蜂王引进本场时要利用“幼蜂安全介绍法”将蜂王介绍入蜂群，以后逐渐加强，待蜂王正常产卵后，再进行移虫育王。在蜂王较少的情况下，可以利用“输送卵虫”法进行多快好省地引种换种。方法是在育王季节，将种蜂带到养蜂集中区，养蜂者可以带着育王框（远途可用运输箱，带着小育王群；近途可用保温物包裹育王框）前来移虫，也可取回卵虫脾，回本场进行育王，或者引进成熟王台、处女王，同本场雄蜂进行杂交。

三、换种

换种是在引种的基础上进行的，由于引种者多数受到经济条件所限，一般只引进1～2只种蜂王，然后自己育王，再把蜂场的其他蜂种换下来。

1. 初步换种　当新品种引进本地或本场时，首先要大量培育处女王，同本场的雄蜂交配，然后，利用这些新蜂王更换本场原品种蜂王，这种换王形式也叫“顶交”。顶交以后，原品种的血统逐渐减少，引进的新品种逐渐代替原品种。但往往因为本地区空中雄蜂成分混杂的影响，所以换种只能靠引进的品种做母本进行生产性杂交。

2. 二步换种法　第一步（初步）换种时，用引进优良蜂种的卵虫培育处女王，与当地的雄蜂杂交成为生产性杂交种后，换掉所有的异种蜂王；第二步再用原引进优良蜂种的卵虫培育处女蜂王与第一步换的蜂王产生的雄蜂交尾，这样培育出成功的蜂王就成为纯种蜂王，改良由于混杂引起的种性退化的蜂群。

第二节　蜜蜂杂种优势的利用

目前，在养蜂生产中多以利用杂种优势的途径改良蜂种，其好处是简单易行，时间短，见效快。

一、蜜蜂杂种优势

一个纯种处女王和另一个纯种的雄蜂在交配之后产生的后代工蜂，为杂交种。在其受精过程中相结合的性细胞是变异的，差异较大，因此，它们的生活力较强。在一定范围内，性细胞的这种差异越大，其后代的生活力就越强。在某些性状上要超过父母双亲(如采集力、繁殖力等)。然而，纯种处女王和本品种的雄蜂交配之后所产生的工蜂仍然是纯种，在其受精过程中相结合的性细胞是同质的，没有差异或差异很小，因此，他们的生活力较弱，在性状上没有大的变化，表现不出优势来。由两个不同的纯种进行杂交的后代，所表现出来的有益于养蜂生产的某些性状，超过了两个纯种应有的生产能力，即为蜜蜂的杂种优势。

二、蜜蜂杂种优势的特点

蜜蜂是三型蜂同群两代同堂的昆虫，蜂群的性状是由亲代蜂王和子代工蜂共同体现的。要获得一个蜂群的蜂王和工蜂都是一样血统的杂交种是不可能的，因为一个蜂群的工蜂若是单交第一代的话，那么这个蜂群的蜂王必然是纯种；假如这个蜂群的蜂王是单交种，那么它的工蜂不是回交后代就是三交一代或双交一代，绝不可能是单交一代，要想获得亲代和子代都具有优势性能的蜂群，只有采用三个或四个品种配制成三交种或双交种。不过杂交种的生产性能不单与杂交的方法有关，更主要的还取决于亲本的选择是否合适，如果亲本选择适当，单交种也会具有比较理想的生产性能。

三、杂交种的配制

当前推广的杂交种，多数属于生产性杂交(即以生产上使用的普通品种为父本，以新引进的纯种、单交种、三交种、双交种为母本)，只有少数是经过育种单位利用近交系组配的杂交种。

杂交种能否增产，主要取决于杂交组合配制得是否得当，也就是参与杂交的亲本的配合力如何。配合力强，杂种优势明显，增产效果好；反之效果就差，杂种优势不明显。要想得到配合力强，增产效果好的杂交组合，必须事先进行各杂交组合的对比试验。通过比较它们的经济效益，确定最佳杂交组合之后再推广应用。如果是引进未经试验的品种，盲目搞杂交，那就不一定达到增产的目的。组配杂交种的方法如下：

1. 单交种　两个品种或品系间的杂交称为单杂交，所产生的杂交种为单交种。单交种的蜂王本身是纯种，仅为杂交王，不是杂种王，没有优势；工蜂是单交种，具有优势；雄蜂为纯种。

例1：　KK(♀)× E(♂)

↓

KE(工蜂)单交种

2. 三交种　三个品种或品系之间的杂交称之为三杂交，所产生的杂交种为三交种。三交种蜂群的蜂王本身是单交种(或纯种)，仅为三交王；工蜂是三交种；雄蜂是单交种(或纯种)。当三交的蜂王是单交种时，蜂王和工蜂都具有优势。

例 2： KK(♀)×E(♂)

↓

KE(♀)×G(♂)

↓

KE·G(工蜂)三交种

例 3： GG(♀)×E(♂)

↓

GE(♀)

↓产未受精卵

KK(♀)×GE(♂)

↓

K·GE(工蜂)三交种

3. 双交种 两个单交种之间的杂交称为双杂交，所产生的杂交种为双交种。双交种蜂群的蜂王本身是单交种，仅为双交王；工蜂是双杂交种；雄蜂是单交种。由于含有多种血统，若配合得当，蜂王和工蜂都具有很强的杂交优势。

例 4： GG(♀)×H(♂)

↓

KK(♀)×E(♂)　　GH(♀)

↓　　↓产未受精卵

KE(♀)　×　GH(♂)

↓

KE·GH(工蜂)双交种

4. 蜜蜂正反杂交 用 A、B 两个品种杂交时，若以 A 品种为母本，B 品种做父本为正交，而以 B 品种做母本，A 品种做父本为反交。试验证明,正反交所用的素材虽然相同,但优势效果却不相同,并且遗传性状表现倾向于母本。如果产蜜量较高的品种甲与产蜂王浆量较高的品种乙进行正反杂交,甲×乙蜂群的产蜜量高于乙×甲蜂群的蜂蜜产量,而乙×甲蜂群的蜂王浆产量高于甲×乙蜂群的蜂王浆产量。父母本之间某一遗传性状差异越大,正反交的某一遗传性状的差异也随之增大,偏向于母本的某一性状也大;反之,父母本之间某一遗传性状差异较小,其正反交的遗传性状差异也小,偏向于母本性状也小,甚至有的出现相反现象。

四、蜜蜂退化的表现及原因

(一)蜂种退化的表现

蜂种退化是指某一蜂种的优良性状在使用过程中逐渐丧失,致使该蜂种的经济性状在养蜂生产中失去了过去拥有的使用价值,或者能够使用,但是收不到预期的效果,主要表现为繁殖力(有效产卵量、育虫能力、工蜂寿命、蜂群发展速度、可维持群势)下降,生产能力低,蜂群的采集力(飞翔力、勤奋程度、对蜜源的利用)降低,生产量(蜂蜜、蜂王浆、蜂花粉、蜂胶等)下降,抗病能力减弱,抗逆性(越冬、越夏、防卫)差。

(二)蜂种退化的原因

蜂种退化一方面与遗传因素有关,另一方面受环境因素的影响,可综合为以下一些原因:

1.近亲繁殖　多年来饲养一个品种,以少数种群累代近亲繁育,没有及时更新血液,因而父母本的生殖细胞差异较小,使后代的生活力降低;由于近交使基因纯合,基因的显性与上位效应减少,而平时被显性基因所掩盖起来的隐性有害基因得到表现;再之,蜜蜂的基因完全纯合后,会发育成二倍体雄蜂,在幼虫阶段被工蜂食掉,使蜂群的有效产卵量下降等,导致蜂种退化。

2.混杂繁殖　蜜蜂的自然交尾活动是在空中进行的,一般蜂场无力控制空中的雄蜂,蜂种随机杂交,累代繁殖,导致种性混杂。由于蜜蜂的杂种优势只表现在1～2代身上，此后控制优良性状的基因逐渐分离变异。所以，饲养杂交种蜜蜂不进行及时换种，其优势明显减退。

3. 育种养王方法粗放　不注意选种，任蜂群自然育王或不加选择地随机采用急造王台，或者育王移虫的虫龄较大，哺育群的蜂数少，王台数量多，尤其是不注重雄蜂的培育，参与交尾的雄蜂质量低劣等，均可导致蜂群的种性退化。

4. 不良的环境条件　蜂群长期受不利的饲养条件影响，如蜜源缺乏、饲料不足、粗放的饲养方法以及病虫害的危害等，都能导致蜜蜂控制优良性状的基因向不利的方向退化，生活力衰退，生产性能下降。

五、蜜蜂改良的方法

选种之前，先要对蜂群的生产力、生物学特性和形态特征做一次全面的观察和鉴定，然后在此基础上，采取优选和纯选结合的方法进行选种。对于一个种性混杂较严重的蜂种，先从“纯”字着眼，再从中择其优者做种群；对一个种性较纯的蜂种，则以优为主，结合纯选。

什么是“纯”呢？构成一个物种要有一定的条件，即具备一定的形态特征和生理特性。不同品种的蜜蜂，形态特征和生活习性是不相同的；同一品种的蜜蜂，形态特征和生活习性则有一定的特点，而且是相对稳定的。所以在选种之前，必须对各种蜜蜂的特征、特性以及丰产性能等搞清楚，这样才有一个标准。例如意大利蜂的体色为黄色，性情温驯，耐湿热等，若不具备这些特征、特性，便不属于意大利蜂。不过，一个蜂种的性状不是一成不变的，即使是很纯的蜂种，从产地引到外地后也会逐渐发生变化。所以，纯种的标准和稳定性是相对的，在进行某一蜂种的纯选时，无须追求它的什么古老的典型标准。就拿蜜蜂体色来说，原则上只要蜂群的工蜂和雄蜂具有比较一致和固定的体色，即可能为纯种的体色特征。

什么是“优”呢？不同的蜂种具有不同的性状，“优”的内容也就不一样。优，主要是对经济性状而言的，诸如蜂王的产卵力、工蜂的采集力、分蜂性、抗病力、抗逆性等。凡是生产性能好，不爱分蜂，抗病能力强，抗逆性强，就是优。但是对一个蜂种来说，一般都不会是十全十美的，如意蜂和喀蜂都是优良蜂种，又各有其缺点，前者抗幼虫病力弱，后者分蜂性强。因此，对意蜂来说，抗幼虫病强者为优；对喀蜂来说，分蜂性弱，能维持大群者为优。所以在选择蜂种时候，要特别注意它的弱点，发扬其优点，克服其缺点，乃是选优的目标。

第三节　蜜蜂繁育技术

一、蜜蜂繁育技术

（一）蜜蜂的生殖方式

蜜蜂产生后代的生殖方式可分为两大类，即单性生殖和有性生殖。

1. 蜜蜂的单性生殖　单性生殖系指生物的生殖在没有雄性受精的条件下，由雌性单方完成。单性生殖在植物和微生物中较为常见，在蜜蜂生殖过程中单性生殖主要表现在未受精卵能够发育为成虫。蜜蜂的处女王失去交尾机会或经人为的特殊处理，不与雄蜂交尾也可产生后代；即使与雄蜂交尾的蜂王，它产的雄蜂卵也是未受精卵；还有工蜂在无王状态下产的卵均属于无雄蜂参与的单性生殖。蜜蜂这种单性生殖的后代多数都是雄性个体。由于蜜蜂的单性生殖主要表现在雄蜂的繁殖上，而工蜂、蜂王仍是通过有性生殖产生的，所以称蜜蜂是单倍体和二倍体生活在一个群体里的生物。

2. 蜜蜂的自然交尾（有性生殖）　蜜蜂的自然交尾是在空中进行的，雄蜂和处女王的交尾飞行半径为5～12 km。处女王出房6天左右性成熟，雄蜂出房后12天左右达到性成熟。雄蜂和处女蜂王一般在晴暖天气的上午10时至下午5时进行交尾飞行，一次飞行时间15～

50 min。处女王一般要进行一次以上的交尾飞行，可与 8～10 只雄蜂交尾。在天气适宜的情况下处女王飞翔交尾活动在出房 8 天左右就可完成，待精子转移到储精球内，侧输卵管排空后就可产卵。蜂王一经产卵，一般情况下，就不再进行交尾。根据蜜蜂交尾的特点，改良蜂种或培育纯种必须控制王交尾才能达到目的，控制处女王自然交尾有以下两种方法：

(1)空间隔离法：在育种区内控制非种用蜂群进入，保证处女王与选定种用雄蜂交尾。根据雄蜂和处女王的交尾特点，选择蜜粉源丰富的山区做隔离交尾区，其半径在 12 km 内不准有其他品种蜂进入。也可以选择有水面隔离、有蜜粉源的海(湖)岛或半岛做隔离交尾区。

(2)时间隔离法：根据雄蜂季节性出现的特点，在非种用雄蜂出现之前，人为地早培育种用雄蜂，提前培育蜂王，利用时间差，达到制种的目的。

(二)蜜蜂组配方式

1.蜜蜂的同胞近交　同一只蜂王产的处女王和雄蜂之间的交配称同胞近交或兄妹近交。同胞近交在遗传学上相当于母女回交。蜜蜂在自然交尾的情况下，可发生同胞近交，但需要严格控制交尾场地，一般可将交尾场地设在深山区或有宽阔水面隔离的岛上。

2.蜜蜂的自交　处女蜂王性成熟以后，不让其交尾，用 CO_2 每天麻醉 10 min，连续麻醉 3 日，诱入到有雄蜂脾的蜂群里，使其产未受精卵，培育雄蜂，雄蜂出房 8 日左右，幽闭限制该蜂王产卵，使其生殖道排空，雄蜂性成熟后进行采精，用该蜂王所产的雄蜂精液给自己进行受精，在遗传学上相当于自交。蜜蜂在自然交尾的情况下，不可能发生自交，只有通过特殊的人工培育和人工授精技术，才能实现蜜蜂的自交。

蜜蜂的同胞近交和蜜蜂的自交均属于近交，蜜蜂近交有以下益处：

(1)固定优良性状。近交的基本效应是使基因纯合，用近交的方法来固定优良性状，使其能够比较确切地遗传给后代，很少发生退化。一般在培育新品种过程中，当出现了符合要求的优良性状后，采用适当的近交方式来固定优良性状，使其稳定地遗传下去。

(2)淘汰有害基因。由于有害性状是隐性基因控制的,在非近交情况下很少出现。而近交时,由于基因型趋于纯合,隐性有害基因暴露的机会增多,因此,可以将携带有害基因的个体淘汰。

(3)提高蜂群的同质性。近交使基因纯合的另一结果是造成群体的分化,但是经过选择,却可以得到比较同质的蜂群,达到提纯的目的。这样遗传结构比较一致的蜂群,在与其他品种杂交时,杂种优势比较显著,而且杂种比较一致。

3. 蜜蜂的杂交　一般把不同品种间的交配叫杂交;不同品系间的交配叫系间杂交;不同种或不同属间的交配叫远缘杂交,蜜蜂的远缘杂交在目前还没有成功的实例。蜜蜂杂交有以下益处:

(1)杂交能够使基因和性状重新组合,原来不在一个蜂群中的基因集中到一个群体中来,原来分布在不同群体中的性状集中到一个蜂群中来。所得杂种具有较多的新变异,有利于选择。

(2)杂交还具有较大的适应范围,有利于培育,因而是培育新品种和建立新品系时的良好素材。

(3)杂交还能起到改良的作用,迅速提高低产品种的生产性能,也能使具有个别缺点的种群得到较快改进。

(4)杂交所产生的后代,往往在生活力、适应性、抗逆性以及生产力等方面都较纯种有所提高,即“杂种优势”。

二、良种蜜蜂选育方法

1. 集团繁育　选出的蜂群数量较多,则分成两组,分别作父群和母群。一般情况下,父群的数量要比母群的数量多,而且母群不同时做父群。

在繁育过程中,种群的选配是十分重要的。在形态特征方面,母本应挑选工蜂纯度高一些的蜂群,父本应挑选雄蜂纯度高一些的蜂群;在经济性状方面,父本和母本应各有特点,假如抗病力都比较好的话,那么就用繁殖力强、采集力一般的蜂群做母群,用采集力强、繁殖力一般的蜂群做父群。这种使母群和父群在性状上有差异的选配方式叫做“异质选配”，其优点是能够综合和改良蜂种的性状。经过繁育，对其后代进行鉴定，再进行优选和纯选，再分成两组，分别做父本和母本进行繁育。如此反复选育，当该蜂种的经济性状比较全面地表现出来以后，就采用“同质选配”的方式（即父、母群在性状上比较一致）巩固其优良性状，达到纯化的目的。

在繁育过程中，要按着种群的具体表现，有目的地交替使用异质选配和同质选配。

集团繁育是一种普遍采用的繁育方法，主要好处是能够使纯种具有比较丰富的遗传性，保持较高的生活力和生产力。

2. 单群繁育　单群繁育是在种性混杂比较严重、选择出来的蜂群数量很少（只有一两群）的情况下，或者在蜂种繁育过程中，发现个别蜂群的产蜜量或某个经济性状特别突出，并经过形态特性和生物学特性鉴定表明它的种系较纯的情况下采用的繁育方法。具体地说，就是将这一两个蜂群既做母本又做父本，进行近亲繁育，所以单群繁育，又叫近交系繁育。通过繁育，对其后代进行鉴定，再进行优选纯选，继续繁育，如此连续进行下去，即可达到纯化的目的。

近亲繁育的作用仅在于巩固纯系的优良性状。在高度的近亲繁育中，一般会出现蜂群生活力和生产力显著下降的现象，但我们的目的不在于纯系本身的生产效果，而在于它的育种价值。

在纯种繁育过程中，将集团繁育和单群繁育相结合，交错进行，效果更好。

3. 闭锁繁育　1981 年美国的 R·E·佩奇和 H·H·莱德劳根据其对蜜蜂遗传学研究的结果，把家畜的闭锁种群育种原理应用到蜜蜂育种领域，提出了蜜蜂闭锁繁育方案。选择遗传性不同的 25 只蜂王，分别作好标记，诱入蜂群，在遗传方面结合成封闭式种群组。计算机模拟表明，由 25 只种王群组成的闭锁繁育组，如果 25 只蜂王种的每一只都由其下一代的蜂王中的一只代替，并且这些谱系一代代地传下去，10 代后在这个闭锁繁育组里，幼虫的成活率仍能达到 85％以上。闭锁繁育35群时，20代时幼虫成活率仍能达到85%以上。

提示问答

1. 怎样引种？
2. 怎样换种？
3. 什么是蜜蜂的近交和杂交？
4. 什么是蜂种的“纯”和“优”？
5. 什么是单交种、三交种、双交种蜜蜂？
6. 如何对杂交种的进行配种？

第十四章

无公害蜂产品高效生产中的蜜蜂病虫害防治

阅读指南 本章介绍了现今在国内影响养蜂生产的主要病虫害，并针对蜜蜂不同的病敌害，通过病原生物学、诊断、防治、卫生防疫疫病的监测等几方面详细阐述了生产过程中各种病害的应对措施。

第一节 我国蜜蜂病虫害防治现状及对无公害蜂产品生产的重要性

一、我国蜜蜂病虫害防治现状

我国作为世界上蜂群数量最大、从业人数最多的养蜂大国，具有非常悠久的养蜂历史。尤其是近些年，我国养蜂规模及效益不断提高，不但解决了农村一大批人的收入及就业问题，为农村经济结构调整及自然资源的可持续利用发挥了巨大作用，而且蜂产品的出口在为国家换回大量外汇的同时也提高了国内人民的生活质量及身体素质。可以说随着我国经济实力的增强，人民生活水平的不断提高及对身体保健的逐渐重视，我国养蜂业呈现出了一种快速发展的态势。

但与此同时，我们不能不看到一些问题正不断地困扰着我国养蜂业的健康发展，其中最突出的就是蜂产品的质量问题。它不但直接影响我国蜂产品的出口创汇，而且对蜂产品在保健品市场中的健康发展起着决定性作用。要解决这一问题首先面临的就是产前蜜蜂病虫害的防治。

现今在国内影响养蜂生产的病虫害主要有三大类(蜂螨、成蜂爬蜂病、幼虫病)近 10 个种类。这些病虫害的发生及危害主要呈现出以下几个特点：

(一)造成的损失有主次

在所有病虫害中以蜜蜂外寄生螨病对养蜂业产生的影响最大，约占所有因病虫害造成损失的 50%～60%，是每一个养蜂员的头号大敌，每年因蜂螨防治不利而直接导致蜂场绝收甚至全场破产的事例屡见不鲜。自从 20 世纪 90 年代应用由中国农科院蜜蜂研究所从国外引进消化并推广的杀螨剂“螨扑”(主要成分为氟胺氰菊酯)以来，由于防治效果明显，危害有所下降。但近年来由于原料进口受限制，加之抗药性的增加，从 1999 年起危害逐年增加。

其次对养蜂生产影响较大的病害是成蜂爬蜂病，约占所有因病虫害造成的损失的 20%～30%。它主要是由蜜蜂成蜂体内病原物(如病毒、细菌、真菌及原生动物等)大量侵害造成蜜蜂体质衰弱、无力飞行并死亡，因表现为成年蜂遍地乱爬故取名为“爬蜂病”。近些年在蜂种选育及推广上由于片面强调高产而忽略了抗病性，蜜蜂总体体质有所下降，这种病害的危害有不断上升的趋势，甚至个别年份会出现大面积的暴发，造成严重损失。

其他影响较大的病害是幼虫病(包括美洲幼虫病、欧洲幼虫病、囊状幼虫病及白垩病),占总损失的10%～20%。它主要通过大量幼虫感染死亡导致群势衰弱从而影响了蜂产品产量。同“爬蜂病”一样,近年危害也在不断上升。

(二)发病范围广,危害大

在现今国内养蜂生产中有两个很明显的特点:一是品种不断趋向于单一、片面的高产化。为了追求高产,一些产量高但抗病性下降的蜂种在全国范围内大量推广应用,结果造成我国蜜蜂总体抗病性能的下降;二是全国范围内大规模的转地放蜂而传染性疾病检疫工作未能起到很好的监控作用。正是这两个特点为病虫害的大范围传播及发生创造了非常有利的条件,比如1999年就曾经在整个华北地区暴发过蜜蜂病毒性爬蜂病,造成了不小的损失。

蜜蜂病虫害对养蜂生产所造成的损失主要由以下几个方面构成:

(1)由于影响了蜂群群势的发展导致蜂产品产量的下降。平均来说这种产量的下降可以达到30%以上。

(2)为了控制病虫害,每年在蜂群用药方面产生了大量的消耗。以每群每年用于防治用药的花费4元保守计算,全国700万群蜂每年就有2 800万元以上用于疾病防治的花销上。

(3)由于病原物及防治药物残留的污染而造成蜂产品质量的下降,影响了蜂产品的价格等。尤其随着人民对产品质量的日益重视及出口产品质量标准的不断提高,这一问题已日渐突出。特别是近两年以抗生素为代表的有害物质残留已成为影响我国蜂产品出口最主要的因素之一。

总的来说,蜜蜂病虫害对养蜂生产所造成的损失巨大,而且这种损失有不断上升的趋势,尤其是对蜂产品质量的影响已成为我国养蜂业健康发展的最主要障碍之一。

二、蜜蜂病虫害防治在无公害蜂产品生产中的重要性

我国是养蜂大国，蜂产品经济价值很高，在我国农副产品中占有非常重要的地位。作为天然优质的保健品，它不但提高了我国人民的身体素质，同时每年的出口为我国换回了大量的外汇。但蜜蜂病虫害防治用药造成蜂产品的化药及抗生素污染已成为影响我国蜂产品质量的一个严重问题。例如，我国饲养的蜜蜂群中，80%以上是意大利蜜蜂，它们几乎100%感染大蜂螨，受感染的蜂群如不及时治疗，1～2年内就会全群覆没，因此目前所有意大利蜜蜂群每年至少用化学药物治螨2～3次，这些均造成了蜂产品中化药等有害物质的污染。同时由于我国一直处于家庭式养蜂模式，蜂农在蜜蜂病虫害防治上素质较低，降低蜂产品中化药等有害物质残留的意识不强，在养蜂生产中用药混乱、滥用药物现象严重，结果使问题更加严重。

为了从根本上解决农产品污染和安全问题，农业部遵照国务院领导的指示精神和农业发展新阶段的需要，在大量调查研究的基础上，决定在全国范围内实施“无公害食品行动计划”。该计划将以全面提高农产品质量安全水平为核心，以“菜篮子”产品为突破口，以市场准入为切入点，从产地和市场两个环节入手，通过对农产品实行“从农田到餐桌”全过程质量安全控制，用8～10年的时间，基本实现主要农产品生产和消费无公害。与此同时，各地先后开展了无公害产品生产技术的研究、示范和推广工作，有力地推动我国无公害农产品的生产和无公害事业的发展。

国内外市场表明，虽然无公害蜂产品比一般蜂产品价格高，但市场需求旺盛。显而易见，开发无公害蜂产品可以提高其经济效益，具有较强的市场发展前景。现今蜂产品中的化学药物和抗生素的污染主要来源于蜜蜂病虫害的防治用药，因此建立无公害蜂产品生产技术首先应该解决蜜蜂病虫害过程中使用药物的性质及合理用药等技术问题。

第二节　无公害蜂产品生产中主要蜜蜂病虫害及防治措施

特别注意：由于任何药物的使用都会造成蜂巢中蜂产品的残留污染，影响蜂产品的质量，因此针对各种蜜蜂疾病，在生产季节都严禁用药，如必须用药，则用药蜂群的蜂产品不得用作商品，只可用于蜂群饲料。停药期一定要控制在生产期前1个月。

Ⅰ.传染性疾病

一、蜜蜂寄生螨

（一）大蜂螨

1.简介　大蜂螨在分类上属于蛛形纲蜱螨亚纲寄螨目中气门亚目瓦螨科。大蜂螨在世界范围内一直是造成蜂群损失的主要原因之一，它不但本身因为吸食蜜蜂血淋巴，造成大量寄主蜜蜂体质下降，而且通过其刺吸式的口器还可以在蜂群内或群间传播蜜蜂的细菌、病毒病[国外报道曾在大蜂螨的体内检测到蜜蜂克什米尔病毒（KBV）粒子]。

2.传播途径　大蜂螨在蜂箱间的传播，主要是通过蜜蜂间的相互接触，盗蜂和迷巢蜂是传播的重要途径。此外，养蜂人员调整蜂群、调换子脾以及人工分群、有螨群和无螨群的蜂具混用等也可能造成蜂群间的相互传染。蜂螨的远距离传播则主要是通过蜂群或蜂种的买卖和转地放蜂等造成的。

3.防治方法　为生产无公害蜂产品的需要，防治大蜂螨就需要按照其繁殖规律和生活习性采用合理方法。在北方，由于蜜蜂要过一个相对较长的越冬期，大蜂螨此时的基数比较少，雅氏瓦螨一般自春季蜂王开始产卵，蜂群内有封盖子脾时就开始繁殖。秋季气温低，蜂群群势逐渐下降，而雅氏瓦螨在蜂群内仍然继续繁殖并集中在少量封盖巢房内和蜂体上，寄生率反而显著上升。秋末冬初，蜂王停止产卵，蜂群内无子脾时，雅氏瓦螨也停止繁殖，以成螨在蜂体上越冬。一年中在春繁前和秋季断子后由于蜂群内没有封盖幼虫，蜂螨多集中于蜂体上，所以此时防治能达到事半功倍的效果，同时由于此时距蜂群生产期相对较长，用药后会有足够的时间保证蜂产品的药物残留不会超标。因此蜂螨的防治应集中在春繁前和秋季断子期。在南方，由于没有越冬期，因此治螨时机主要依照蜂群中螨的寄生率来判断，当寄生率超过危害水平，则应及时治螨。

(1)物理方法防治：大蜂螨比较喜欢在雄蜂房中产卵，我们可以利用这个特点，将蜂王囚禁于雄蜂脾，让其产卵，引诱大蜂螨进入这张“诱饵脾”，等完全封盖后再提出销毁“诱饵脾”。此外定期割除巢脾上的雄蜂封盖房，虽然单独使用这种方法效果不是十分好，但是可以作为一种辅助防治的手段，用于大蜂螨的防治中则是十分不错的选择。

(2)断子治螨：由于蜂螨必须依靠幼虫才能繁殖，因此通过断子可有效降低蜂螨的寄生率。在南方，由于没有越冬期，可每年在生产期前后不影响生产的情况下人为断子进行治螨。

(3)化学药物治螨：必须注意应在生产期前 1 个月停止使用药物，并在生产期前将存蜜摇出，此蜜不得用于商品蜜销售。

(4)抗螨育种：我们也可以通过蜂种的选育来提高西方蜜蜂对大蜂螨的抵抗能力，从而少用或者不用化学药物。

(二)小蜂螨(亮热历螨)

1. 简介　小蜂螨属蛛形纲寄螨目历螨科。主要寄生在蜜蜂幼虫和蛹体上，一般不寄生在成蜂体上。小蜂螨除转房繁殖外，整个生活史都在封盖房内完成。雌螨很少吮吸成蜂的血淋巴，在成蜂体上存活只有 2 天。在南方蜂群终年不断子地区，小蜂螨伴随子脾整年危害，而在北方地区，由于越冬期较长，对小蜂螨的存活和危害极为不利，所以总体危害小于南方。

2.传播途径　小蜂螨的传播方式与大蜂螨基本相同。与大蜂螨不同的是，一般说来，在北方小蜂螨不能在蜂体上过冬，北方地区蜂群发生小蜂螨为害主要是由南方蜂群转地饲养传播所致。

3.诊断方法　选择正在出房的巢脾，抖掉蜜蜂，在阳光下振动巢脾，如看到巢脾上有小蜂螨爬行即可确诊。在子脾上如果看到有较多带小孔的封盖房，孔口能看到突起的"白头蛹"，挖开一些封盖巢房如果能够找到小蜂螨则可确诊，同时说明小蜂螨危害已较严重，需尽快治疗。

4.防治方法

(1)生物防治：由于小蜂螨不能吸食成蜂的血淋巴，所以在成蜂体上只能存活1～2天，而在蛹体上最多也只能存活10天，我们可以利用小蜂螨这个弱点，采用囚禁蜂王的方法，人为断子(指蜂群中无各龄期幼虫、无封盖房)至少3天以上就可以有效的控制小蜂螨的危害。

(2)化学防治：防治大蜂螨的方法一般对小蜂螨也有效。

(三)防治大、小蜂螨原则和注意事项

(1)在生产期和生产期前1个月坚决不用化学药剂防治，防治时要最大限度地降低药物给蜂产品带来的残留。

(2)要严格按照药物使用说明中的施用剂量来使用，合理计划用药次数。

(3)尽量不要常年施用一种杀螨药物。

(4)结合断子治疗螨害可以起到理想的防治效果，同时也减轻了药物的残留。

二、蜜蜂病毒病

(一)蜜蜂慢性麻痹病

又称为"黑蜂病"或"瘫痪病"，是导致成年蜜蜂爬蜂的一种主要病因，这种病在世界许多国家均有发生。在我国主要发生于春、秋两季，据调查每年春末夏初或秋末冬初在我国发生的爬蜂病中有超过60%是麻痹病。由于这种病可造成蜂群大量成年蜂丧失采集力，使蜂群群势下降，因此对蜂蜜和蜂王浆的产量有较大的影响。

1. 病原　为肠道病毒属的蜜蜂慢性麻痹病毒（chronic paralysis virus，CPV）。该病毒多寄生于成年蜜蜂的头部，在胸、腹部神经节的细胞质内，肠道，上颚腺，咽下腺等部位也含有此病毒，但不侵染肌肉组织及脂肪组织。在30℃条件下该病毒在病蜂体内会大量繁殖，在35℃条件下致病力最强，病蜂症状明显，死亡迅速；在蜜蜂尸体中可以保存毒性2年，加热至90℃时，病毒30 s内会被杀死。

2. 发病症状及诊断　蜜蜂慢性麻痹病有两种典型症状，一种黑蜂型，另一种为大肚型。

（1）黑蜂型：俗称“油炸蜂”，蜜蜂刚被侵染时还能飞行，但体表绒毛脱落，呈现出黑色的背、腹部，个体略小于健康蜂。腹部发黑且成油腻状。病蜂被驱逐出蜂群，几天后病蜂开始表现出震颤，失去飞行能力并在箱外迅速死去。

（2）大肚型：被感染的病蜂腹部肿胀，拉出中肠呈乳白色，失去弹性，多见其中有大量类似花蜜的液体，后肠经常充满黄色粪便，失去飞翔能力，双翅及身体不断震颤。患病个体常于发病5～7天后死亡。

这两种症状在蜂群中往往一起出现，早春及晚秋由于气温较低、排泄飞行不畅等原因，所以多以大肚型为主；盛夏及秋季由于天气炎热，多以黑蜂型为主。

3. 传播途径　蜜蜂慢性麻痹病发病快，传染迅速，尤其当外界蜜、粉源缺乏，蜜蜂个体抗病性相对较弱时可迅速导致全场发病。病毒在蜂群中的传播主要通过以下几种途径：

（1）病蜂蜜囊、上颚腺及咽下腺中的病毒颗粒可通过分食传至其他健康蜜蜂并被感染。

（2）由于蜜蜂头部腺体中含有大量的病毒，因此病蜂在潜伏期内采回的花蜜及花粉中也会混有大量的病毒颗粒。当健康蜜蜂吞噬受污染的花粉时则有可能会被感染。

(3)若蜂群蜜蜂过于密集,蜜蜂在蜂群中相互摩擦,当身体上的刚毛脱落时会留下微孔,病毒会从微孔侵入蜜蜂体内造成发病。

(4)寄生螨通过吸取患病寄主而带毒,当螨转移至健康寄主时有可能同时将病毒粒子转入健康寄主。

4.发病规律

(1)该病在蜂群内的发生与传播有较明显的季节性,一般一年中分别在春季及秋季各有一个发病高峰期。在全国范围内一般由南向北、由东向西逐渐蔓延。日平均气温为15~20℃,相对湿度为50%~60%时发病较重。

(2)蜂群失王时,慢性麻痹病在蜂群中可能会迅速发生,但原因目前尚不清楚。

(3)当外界蜜粉源充足时病情会很快减轻甚至消失,相反当蜜粉源不足时病情会加重,甚至可以导致全场暴发,这可能与个体抗性强弱有关。

5.防治方法

(1)及时换王。利用无病蜂群培育抗病品种以替换患病蜂群的蜂王,从而提高整体蜂场的抗病水平。

(2)加强饲养管理。尤其在早春及晚秋季节,应加强对蜂群的保温,适时晒箱以降低蜂箱内的湿度。在饲喂时给蜂群补充一些营养,适当喂一些奶粉、豆粉、蛋白酶、多酶片等以补充蛋白质及维生素。

(3)及时清理病蜂。将有典型症状的病蜂及死蜂统一收集焚毁或深埋,以控制病原物的扩散。也可采用换箱法,清除病蜂。具体方法是将发病蜂群移走,在原位置上摆放一只空箱,将病蜂群的蜂脾逐一抽出,将蜜蜂抖落在新蜂箱的巢门前,蜂脾放入新蜂箱内,观察蜜蜂的回巢,将最后行动缓慢的蜜蜂全部收集销毁。

(4)由于蜂螨对蜜蜂麻痹病可能有一定的传播作用,因此要适时治螨。

(5)药物防治。除附录药物外,以下药物也可参考使用。

①核糖核酸酶2.5 g,溶于1 kg水中可治5群蜂。傍晚待蜜蜂回

巢后喷脾，每星期 1 次，2～3 次为一个疗程。

②针对大肚型为主的病群，在用药的同时可结合喂以大黄苏打片以促进蜜蜂的排泄。用法是每群蜂 2～3 片，喷喂结合，3 天 1 次，4 次为一疗程。

③一些中草药对病毒病有一定的疗效，例如半支莲(30 g)、甘草(8 g)、金银花(30 g)等，可取适量水煎后过滤，滤液加入蜜蜂饲料中喂蜂。

(二)蜜蜂囊状幼虫病

蜜蜂囊状幼虫病又叫“囊雏病”、“尖头病”，是由病毒引起的蜜蜂幼虫传染病。西方蜜蜂对其有较强的抗性，一般不发病，即使发病也不很严重，很快便会痊愈。但东方蜜蜂对该病的抗性比较弱，经常在较大的范围内出现暴发，对蜂场造成较大的损失。蜜蜂囊状幼虫病是危害我国中蜂最大的病害之一。

1. 病原　引起蜜蜂囊状幼虫病的病原是囊状幼虫病毒(sacbrood virus，SBV)，属于肠道病原属。该病毒相对于蜜蜂慢性麻痹病毒对外界环境的抵抗力较弱，在患病幼虫的尸体中可以存活 1 个月，而如果幼虫尸体腐烂则最多只能存活 10 天；在蜂王浆中可以存活 3 周，蜂蜜中只有 5～6 h；阳光直射 5～7 h 可彻底将其杀死；残留在巢房壁上的病毒夏季可以存活 3 个月，冬季则最多可存活 4 个月，一般来说残留在巢蜂壁中的病毒是造成蜂群重复感染、年年不绝的主要原因。

2. 发病症状及诊断　该病一般通过消化道感染 2～3 日龄幼虫，潜伏期 5～6 天，在幼虫中肠细胞、脂肪细胞和气管等组织中大量繁殖。幼虫多死于封盖以后。主要症状如下：

(1)发病初期由于工蜂的清理，蜂王又重新产卵，所以同一面脾上会出现“花子现象”，即封盖子零星散落，不集中。

(2)幼虫多死于封盖后，封盖略凹陷，并被工蜂咬出一个小孔，死亡幼虫头部上翘呈“龙船型”。

(3)幼虫体色为白色，体表失去光泽，用镊子夹出时因里面包有大量液体所以成为“水袋状”，无臭味。

(4)残留在巢房中的病死幼虫，体色逐渐变成黄褐色，最后成为深褐色或黑色干片贴于巢房壁，死虫无黏性，易于清理。

3.传播途径

(1)由于囊状幼虫病毒可以在工蜂体内繁殖而不引起明显的症状，所以工蜂就成为了蜜蜂群内的主要传播者，尤其是幼年工蜂在清理搬运病死幼虫时会吞下含有大量病毒的病虫体内容物，这些病毒会在这些工蜂的咽下腺中大量累积，并通过工蜂的饲喂活动传染给健康的幼虫。

(2)养蜂人员不注意日常蜂群管理的操作规程，蜂群之间随意调换巢脾，蜂具不进行严格消毒，这些都会将病毒从患病蜂群传播至健康蜂群。

(3)盗蜂、迷巢蜂甚至巢虫等都会成为囊状幼虫病毒的携带和传播者。

4.发病规律

(1)该病的发生于气候及蜜源情况有一定的关系，一般来说，北方地区多集中于5～6月份，夏季病情会逐渐减轻。南方地区多集中于早春(2～3月份)及冬季(11～12月份)，同时当地蜜源情况与发病也有一定的关系，一般蜜源不足而幼虫又缺乏蛋白质饲料时容易发病。

(2)除上述原因外，该病的发生还与蜂种有关，不同蜂种间抗病性差异很大。西方蜜蜂虽也会受侵染，但一般发病较轻，且易于治愈。而东方蜜蜂极易感染此病，一旦发病多会引起全场暴发造成重大损失，且不易彻底治愈，会出现常年反复发病的情况。

5.防治　由于这种病一旦受侵染不易彻底治愈，多会出现反复发病的情况，所以总的防治原则是防重于治，日常管理效果好于药物防治。

(1)加强饲养管理，提高蜂群抗病能力。尤其在北方地区，在春季气温相对较低的时候，应将群势较弱的蜂群适当合并，要做到蜂多于脾，以利于群内的保温，同时能保证蜂群有较强的清巢能力。当发现蜂群出现囊状幼虫病的症状时，应果断囚王断子，以利于工蜂清扫巢房，减少幼虫重复感染的几率，同时也有利于药物治疗的彻底。在发病季节，应注意适当增加蜂群的营养，适当补充一些蛋白质饲料及维生素以提高蜂群的抗病性。

(2)及时换王，选育抗病品种。从蜂场中选择抗病性较强的蜂群作为母群培育新王用来替换病群的蜂王，以提高蜂场整体的抗病性。

(3)每年定期进行预防。结合本地区囊状幼虫病的发病时间及规律，每年提前进行药物预防并结合蜂场及蜂机具消毒。具体消毒方法见本书附录。

(4)隔离病群，严格消毒，杜绝传染源。如发现蜂场内个别蜂群开始出现发病症状，有条件的蜂场应立即将病蜂群转移至距蜂场1～2 km以外的地区，没有条件的也应尽量将病群与健康群分开以防止因盗蜂或迷巢蜂传染。严格禁止将病蜂群的子脾换入健康群，同时操作完病蜂群后的蜂具不能直接接触健康群，工作人员的手及蜂具都应进行严格的消毒之后才能接触健康蜂群。

(5)药物防治。除《蜜蜂饲养兽药使用准则》中附录A所标明药物外，还可使用下述中草药治疗。中草药复合制剂：a. 半支莲50 g；b. 板蓝根50 g；c. 贯众30 g＋金银花30 g＋干草6 g；d. 华千藤10 g；以上四种中草药均可分别通过煎煮、过滤，加入0.5 kg糖水(浓度为1∶1)，喷喂结合，可用于10框蜂一次。隔日一次，4～5次为一个疗程。

(三)蜜蜂蛹病

蜜蜂蛹病又称“死蛹病”，患病蜂群常常出现“见子不见蜂”的现象，造成蜂群采集蜂数量大量减少，影响了蜂蜜和蜂王浆的产量，严重的可导致全群死亡。这种病在意蜂中较为常见，在中蜂中较少流行。

1. 症状及诊断　病毒一般在蜜蜂大幼虫期侵入虫体并在体内大量繁殖。表现症状：虫体失去天然光泽和丰满度，变为灰白色，后虫体颜色不断加深逐渐变成浅褐色至深褐色。蜜蜂多在蛹期发病死亡，死亡的蜂蛹呈暗褐色或黑色，尸体无臭味，多呈干枯状，无黏性。发病幼虫的封盖多会被工蜂咬开，露出死蛹的头部成为“白头蛹”。少数病蛹虽可以发育成蜂，但这些幼蜂体质衰弱，出房后不久即死亡。

蜜蜂蛹病的症状在某些方面和蜂螨、巢虫、蜜蜂囊状幼虫病造成的情况有些类似，在这里简单加以区分：

(1)受蜂螨危害的蜂群中幼蜂会出现大量的缺翅蜂，同时会在蜂体上及巢房中发现大量的蜂螨。

(2)受巢虫危害的蜂群也会出现大量的“白头蛹”，但这种蜂群多为弱群，且仔细观察会在巢脾内部发现巢虫和隧道。

(3)患囊状幼虫病的幼虫多死于封盖后的大幼虫期，封盖会被工蜂咬开一个小孔，在巢房中患病幼虫头部上翘成为“龙船型”，且死亡幼虫用镊子夹出后呈典型的水袋状。

2. 传播途径及发病规律　蜂群中患病的死蛹及蜂王是蜜蜂蛹病的主要病源。病毒可以寄生在工蜂的头部和中肠细胞中，同时也可以寄生于蜂王的卵巢中，所以当清理过病死蛹的工蜂哺育幼虫或患病蜂王产卵时都会将病毒传至健康幼虫。此外被污染的巢脾及其他蜂具也是蜂群间病毒主要的传播媒介。

蜜蜂蛹病的发生和气候、蜂种以及蜂王的年龄都有一定的关系：

(1)一般晚秋或早春时缺乏蜜源，如果饲养管理不当使蜂群处于营养不良或消化不良的状态下，若再赶上天气潮湿寒冷就会很容易诱发这种病。

(2)不同的蜂种或品系对蛹病的抗病性也有较大的差异。一般意蜂抗病性较差，受危害较严重；而卡蜂和东北黑蜂的抗病性则较强；中蜂相对抗病性较西方蜜蜂强，不易发病。

(3)一般蜂王年龄越大，蜂群抗病性越差，越容易发病。

3. 防治

(1)加强饲养管理，提高蜂群抗病能力。

①注意蜂群的保温，保持蜂群内适当蜂多于脾，蜂密集；

②注意保持蜂群内有充足的饲料，当外界蜜粉源缺乏时应适当补充以优质的蜂蜜或白糖；

③注意保持蜂场卫生，及时清理被蜂脱出箱外的病死蜂蛹，以消除

传染源；

④在整理蜂群时不要随意在蜂群间调换巢脾，以免造成群间传染。

(2)选育抗病品种，及时更换蜂王。

①蜜蜂不同品种其抗病性不同，在实际生产中注意观察发病相对轻或不发病的蜂群，以这些蜂群的蜂王为母本培育抗病蜂种，替换发病严重的蜂群的蜂王；

②及时更换老王，以提高蜂群的抗病能力。

(3)及时消毒。对从患病的蜂群换下的所有蜂具都应彻底消毒，蜂箱及蜂具应用火焰喷灯灼烧消毒，对换下的巢脾也应进行药物消毒。

(4)药物防治。《蜜蜂饲养兽药使用准则》中附录A所标明药物外，还可使用下述中草药治疗。具体药物种类及使用方法参见“蜜蜂囊状幼虫病”，除此之外也可将板蓝根、贯众或连翘等抗病毒药物煎煮后，过滤加入 0.5 kg 糖水(浓度为 1∶1)中，喷喂结合，可用于 10 框蜂一次，隔日一次，4～5 次为一个疗程。

三、蜜蜂细菌病

(一)美洲幼虫腐臭病

美洲幼虫腐臭病又称“烂子病”。这种病多发生于西方蜜蜂，中蜂对其有一定的抗病性。由于其传播速度极快，所以常出现大面积的暴发，且由于危害严重，所以尤其对西方蜜蜂群是一种毁灭性的病害。

1.病原　该病病原为幼虫芽孢杆菌(*Bacillus larvae* White)。由于这种细菌可以在不良环境下形成具有外壳的芽孢，所以有很强的生命力，在干燥的土壤中或病虫的尸体里可以保存 10 年仍具有致病性；芽孢在 100℃沸水中可坚持多达 10 min 不死，在 100℃蜂蜜中可坚持 40 min；室温下芽孢能抵抗 5%的石炭酸溶液达数月之久；在 0.5%次氯酸钠溶液中能存活 30～60 min；在 4%福尔马林溶液中能存活 30 min。

2.发病症状及诊断　蜜蜂的幼虫一般在 4～5 日龄开始表现出症状：

(1)幼虫体色由正常的白色逐渐变深，最后成为褐色或黑褐色。

(2)虫体不断失水干瘪，直至最后成为紧贴于巢房壁难以清除的鳞片状物。

(3)病虫多在封盖后死亡，少数也在封盖前或蛹期死亡。死亡幼虫的巢房封盖颜色变深，下陷，穿孔。

(4)病虫尸体腐败后成胶状，有腥臭味，用镊子可挑取拉出 3 cm 左右的细丝。

(5)巢脾常见卵、幼虫、封盖蛹相间的“插花脾”现象，蜂群出现“见子不见蜂”。

常用诊断方法：

(1)显微镜检测：挑取死亡幼虫的尸体涂片，置于 1 000～1 500 倍显微镜下观察，若发现较多单生或呈链状的杆菌及芽孢时，用孔雀绿芽孢染色法或石炭酸复红染色法进一步染色观察，前一种方法染色后芽孢呈绿色，细菌菌体呈微红色；后一种方法染色后芽孢呈红色，菌体呈蓝色。

(2)荧光检查：有条件的地方可将干燥的鳞片状病虫尸体置于紫外光灯下，在紫外光照射下鳞片会发出强烈的荧光，通过此可以初步诊断为美洲幼虫腐臭病。

(3)牛乳凝集实验：由于幼虫芽孢杆菌在遇不良环境形成芽孢时会产生大量的凝乳酶，所以可以将病虫尸体置于少量牛奶中，加热，约 1 min 内牛奶会发生凝固。

3. *传播途径及发病规律*　细菌的主要传染源是被污染的蜂粮及发生过幼虫病的巢脾及死亡的幼虫。在蜂群内主要是通过哺育蜂的饲喂活动将含有病原细菌或芽孢的蜂粮喂给幼虫而使其染病。而群间则主要通过盗蜂、迷巢蜂或调换巢脾传播开来。

美洲幼虫腐臭病发病与季节关系不大，一年中任何时间只要有幼虫都有可能发病。一般在大流蜜期由于蜜蜂个体抗病力提高，所以发病的几率和危害程度都会减弱，有时甚至会消失。

4. *防治*　由于这种病危害严重，传播迅速且十分顽固不易根治，所以这种病在国外一旦发现一般都是立即全群销毁以避免传染其他群。在我国则主要采取预防为主，结合药物治疗的方法，尽量降低发病的几率和危害性。

(1)预防为主。

①每年早春繁殖前及晚秋越冬断子后，都应对蜂箱、巢脾和其他蜂具用消毒液进行一次彻底消毒，以杀灭蜂箱中存留的病原菌。消毒药剂的选择及具体消毒方法参见本书附录。

②蜂饲料需要严格保证其卫生，尤其用蜂蜜或花粉做饲料时必须煮沸或蒸 30～60 min 以杀死其中的病原菌。

③购买蜂群时一定要仔细观察所购蜂群是否患病，以免将病蜂带入自己的蜂场。

④养蜂员在日常的管理操作时一定要严格遵守卫生消毒操作的规程。

⑤不要轻易在群间调换巢脾(尤其是子脾)。

⑥将怀疑有病的蜂群尽量集中到一起，如果有条件可以将患病蜂群及怀疑患病的蜂群和健康蜂群相互隔离 3 km 以上，没有条件的也应尽量相互分开。

⑦检查蜂群应先检查健康蜂群，然后再检查患病蜂群。每次检查完毕后都应将所用蜂具消毒。

⑧如发现蜂场内有患病蜜蜂，应随时将病蜂或死亡的幼虫等集中焚烧以杜绝传染源。同时适时给病蜂群内喂水以防止蜜蜂通过采水相互传染。

⑨每年早春在奖励饲喂时可以适当添加一些药物进行预防，通常可用 0.1%的磺胺噻唑钠。

⑩饲养强群以提高蜂群的整体抗病性及清洁能力。

⑪及时控制蜂螨的发生，以减少蜂螨对病原的传播。

(2)药物防治。除《蜜蜂饲养兽药使用准则》中附录 A所标明药物外，一些中草药例如金银花、马齿苋等对该病也有一定的抑制作用。

(二)欧洲幼虫腐臭病

1. 病原　欧洲幼虫腐臭病的病原是蜂房蜜蜂球菌(*Melissococcus pluton*),不形成芽孢,不耐酸但抗逆性也很强。在干燥的幼虫尸体中可以存活3年以上,在巢脾和蜂蜜中可以存活1年左右,在60℃的水中或80℃的蜂蜜中可以存活10 min。

2. 发病症状及诊断

(1)症状:

①欧洲幼虫腐臭病一般只感染小于2日龄的幼虫,通常被感染的幼虫会在4～5日龄封盖前死亡。

②患病幼虫体形及体色均会发生变化,幼虫身体塌陷,逐渐在巢房底部腐烂,尸体有黏性但不能拉成细丝,最终病虫尸体干枯成为无黏性、易清理的鳞片,虫体腐烂时会发出难闻的酸臭味。在虫体变形的同时体色也会由白色逐渐加深成黄色,直至最后呈黑褐色。

(2)诊断:

①用镊子挑出尚未腐烂的病虫置于载玻片上,用2把镊子夹住躯体中部的表皮,平稳地拉开,将中肠内容物留在载玻片上,可见内有不透明、白垩状的凝块。而健康幼虫中肠的内容物为棕黄色。

②用牛奶凝集反应可见结果与美洲幼虫腐臭病相反,用此方法可分辨两种病害。

③显微镜诊断。挑取病虫尸体少许于载玻片上,加一滴无菌水涂匀,用碱性美蓝染色,600～1 000倍显微镜下观察,若发现蓝色单个或成对、成堆或呈链状的球菌并有梅花络状,即可初步确诊为欧洲幼虫腐臭病。

3. 传播途径及发病规律　传播途径与美洲幼虫腐臭病基本相同。与美洲幼虫腐臭病不同的是该病的发生有明显的季节性,一般容易在春繁和秋繁两季发生和流行,主要是由于春季多阴雨天,气候潮湿,再加上蜂群群势较弱,蜜源又比较缺乏,所以蜂群整体抗病性差,细菌在蜂群中增殖较快,易于发病。同时在幼虫繁殖季节,由于幼虫数量巨大,单个幼虫获得的营养物质减少造成体质下降,且患病幼虫得不到及时清理，在一定程度上也有利于病害传播。而到大流蜜期由于幼虫数量减少，再加上营养物质充足，抗病性提高，病害往往会减轻甚至自愈。

4. 防治　西方蜜蜂一般情况下发病不会很严重，通常不需要治疗，多数蜂群会自己痊愈。中蜂发病较严重，且会影响关键的春繁及秋繁，因此需要适时治疗。总的治疗原则是“预防为主，适时用药”。

(1)预防：

①平时注意观察各蜂群发病情况，从抗病蜂群选育对病害抵抗力较强的品系。

②饲养强群，使蜂多于脾，以保证蜂群足够的清理能力。

③尤其在繁殖季节要适当对蜂群补充营养以提高蜂群体质。

④随时观察，当蜂场小范围发病时应将发病严重的巢脾及时烧毁深埋，并作全场消毒，争取在发病早期就能控制病害的发展。

⑤在春繁及秋繁季节可结合饲喂进行预防性给药，具体参考“蜜蜂美洲幼虫腐臭病”的预防。

(2)药物防治：具体药物种类及使用方法参见“蜜蜂美洲幼虫腐臭病”。

(三)蜜蜂副伤寒病

蜜蜂副伤寒病(honeybee parathoid disease)又称“下痢病”，是蜜蜂冬末春初常见的一种细菌性传染病。该病多见于西方蜜蜂。患病蜜蜂腹泻，大量死亡，严重影响蜂群的正常越冬及春繁。

1. 病原　致病菌为副伤寒杆菌(*Bacterium paratgphialvei*)。副伤寒杆菌对外界不良环境的抵抗力较弱，在沸水中只能存活 1～2 min，在 40%福尔马林蒸汽中也只能存活 6 h。

2. 症状与诊断　患病蜜蜂腹部膨大，体色暗淡，失去飞翔能力，常伴有下痢。病蜂排出的粪便稀薄且有恶臭，蜂箱内的巢脾均被病蜂排出的粪便污染。解剖病蜂，会发现中肠变成灰白色，中、后肠膨大，后肠充满褐色的粪便。

3. 传播途径及发病规律　经实验查明，蜜蜂副伤寒杆菌是通过消化道侵入蜂体的，被病蜂粪便污染的饲料、水源以及巢脾均是该病的主要传染源，此外群间可以通过盗蜂、迷巢蜂、随意调换巢脾等相互传染。该病的发生有比较明显的季节性，多发生于越冬后期及早春，外界气温低、阴雨潮湿都容易造成副伤寒病的流行。

4. 防治方法

(1)预防为主。选用优质白糖或蜜脾作为越冬饲料，蜂群越冬环境应选择背风向阳、干燥的地方，以降低蜂箱内的湿度。蜂场应设有卫生清洁的水源，以保证蜂群采水的健康。春季晴暖天气应促进蜂群排泄飞行。

(2)药物防治。

①氟哌酸 0.025 g 混入 500 mL 糖水(1∶1)中，喷雾或饲喂，隔日 1 次，连用 5～7 次为一疗程。

②中草药煎煮方法：将中草药加入 300 mL 水中进行煎煮，待水煎煮至 50～100 mL 时过滤即可。

(四)蜜蜂败血病

蜜蜂败血症(honeybee septicacmia diseases)是危害成年蜜蜂的一种传染性疾病，世界各国均有发生。该病主要侵染西方蜜蜂，在我国北方偶有发生。

1. 病原　蜜蜂败血症是由蜜蜂败血杆菌(*pseudomonas apiosepticus*)引起。该菌对不良外界环境抵抗力较弱，在沸水中 3 min 即可被杀死，在蜜蜂尸体中可存活 1 个月，在潮湿土壤中可存活 8 个月左右，阳光直射或在福尔马林蒸汽中只可存活 7 h。

2. 症状与诊断

(1)成年蜜蜂患病初期表现为焦躁不安，腹部膨大，体色发暗，失去飞翔能力，在蜂箱内外缓慢爬行，有时出现肢体麻痹、腹泻等症状，最后抽搐、痉挛而死。

(2)发病严重的蜂群在箱底可见大量的死蜂及排泄物，并发出恶臭气味。

(3)蜜蜂死亡后肌肉组织迅速腐烂分解，导致蜜蜂各部分肢体关节处分离，最终可见四处分散着蜜蜂的头、胸、腹、足等残余。

(4)解剖新鲜病死的蜜蜂尸体,其血淋巴呈浓稠乳白色液体。

3.传播途径及发病规律　蜜蜂败血杆菌在自然环境中广泛存在,尤其是污水中。若蜜蜂采水时接触了含有蜜蜂败血杆菌的污水,病菌即有可能通过蜜蜂的节间膜或气门侵入蜜蜂体内造成感染。因此蜂群周围的污水极有可能就是该病的传染源。

由于病菌是通过气门侵入蜜蜂体内,因此蜜蜂败血症多发于春夏多雨季节,高温、高湿有利于病害的传播。此外,蜂场消毒不严、箱内环境过于潮湿、饲喂劣质饲料等都可以成为诱发该病的原因。

4.防治方法

(1)应选地势高燥、空气流通、湿度相对较低、附近没有污水源的地方作为蜂场,蜂群内注意通风降湿。

(2)场内应设有足够的采水器,以防止蜜蜂去场外采集污水。

(3)对蜂场内个别发病的蜂群要及时换箱换脾并严格消毒,收集死蜂集中销毁,同时在蜂场地面撒些石灰用以消毒。

(4)药物防治:具体药物及使用方法可参考“蜜蜂副伤寒病”。

四、蜜蜂真菌病

(一)蜜蜂白垩病

白垩病又称“石灰子病”,是侵染蜜蜂幼虫的一种顽固性传染病。世界各地许多国家均有发生,是我国西方蜜蜂中一种主要的幼虫病。虽然该病不能造成蜂群全群覆灭,但可造成幼虫大量死亡,使群势下降,影响蜂群的发展和蜂产品的产量。

1.病原　蜜蜂白垩病的病原为蜂球囊菌(*Asosphaera apis*),属真菌子囊菌纲。蜂球囊菌可形成充满孢囊孢子的孢囊,这种孢囊孢子生命力极强,在干燥状态下可存活 15 年以上。

2.症状与诊断

(1)发病初期,被侵染的幼虫体色不变,为白色幼虫。

(2)发病中期,幼虫身体柔软膨胀,体表开始长满白色的菌丝。

(3)发病后期，病虫尸体逐渐失水萎缩变硬，最终成为白色或黑色石灰状硬块。

(4)染病的蜂群巢门前及蜂箱底部均可见工蜂脱出的石灰状幼虫尸体。

(5)挑取一点这种石灰状幼虫尸体的表层物涂于载玻片上，加一滴生理盐水，在400倍显微镜下可见大量白色菌丝及球形孢囊和散出的椭圆形孢囊孢子。

3.传播途径及发病规律

(1)白垩病主要的传染源有病虫尸体、带有病菌的成年蜜蜂、曾有患病且未经严格消毒的巢脾、混有病原未经消毒的花粉，除此蜂螨也可成为病原的传播者。

(2)该病的发生与流行主要和天气情况有关，多雨潮湿、温度波动频繁都会导致病害的发生，因此一般春末夏初白垩病较易发生。

(3)花粉缺乏、储蜜的含水量过高均可加重病情发生与流行。

(4)一般发病首先发生于子脾的边缘和雄蜂幼虫，然后逐渐向中心扩展。主要原因还是与子脾边缘温度变化较大、幼虫抗病性差有关。

4.防治

(1)加强饲养管理。

①蜂场应选择地势高燥、光照充足、干燥通风的地方。

②要保持蜂箱通风干燥，适时晒箱以降低蜂箱内的湿度。

③饲养强群，合并弱群，做到蜂多于脾，以维持蜂群内正常的巢温和清巢能力。

④定期更换蜂箱及巢脾并对其消毒以消除传染源，老脾应尽量淘汰化蜡。

⑤春繁期应选用优质的饲料，避免使用陈旧霉变的花粉或来路不明的饲料。

⑥选用抗病蜂种，提高蜂群抗病性。如今已有商品化的抗白垩病蜂王，可有针对性的购买。

⑦及时治螨，以减少病原的传播几率。

⑧要适时对蜂场、蜂具及饲料等进行全面彻底的消毒，尤其在越冬前和春繁期，以彻底消灭残存的病原。具体消毒方法参加本书附录。

适时预防，对于白垩病多发蜂场，每年春繁期及潮湿阴冷的季节都要及时进行药物预防。预防药物的剂量一般是治疗剂量的一半。

(2)药物防治。除《蜜蜂饲养兽药使用准则》中附录A所标明药物外也可参考以下方法：

①可采用中药：金银花、红花、黄连、大青叶、苦参各15 g，大黄、甘草各10 g，煎成药汁，加入0.5 kg糖水中饲喂，可用于10群蜂，每天一次，3～5天为一个疗程。

②应用蜂胶也有一定的疗效，将10 g蜂胶浸泡于40 mL 95%酒精中，6天后过滤去渣，再加入100 mL 50℃热水中过滤，将巢脾脱蜂后喷脾，每脾50 mL，每天一次，7次为一个疗程。

(二)蜜蜂黄曲霉病

蜜蜂黄曲霉病又称“结石病”或“石蜂子病，该病主要侵染蜜蜂幼虫及蛹，也可使成蜂染病。目前发现它仅侵害西方蜜蜂。世界各地均有此病的发生，温暖潮湿的地方发病相对较多。

1. 病原　引起蜜蜂黄曲霉病的主要病原菌为黄曲霉菌(*Aspergillus flanus*)，该菌在自然界中分布极广，在土壤、腐败的有机物中都能生存。黄曲霉菌在不良环境下可生成抗逆性很强的孢子，这种孢子在沸水中可存活5 min以上，在一般的消毒液中也可存活1～3 h。

2. 症状与诊断

(1)多数幼虫感染后会在封盖以后死亡，巢房内幼虫与蛹患病死亡后最初呈苍白色，后逐渐变硬，形成硬如石子状的物质，并在巢房中长满黄绿色的孢子，最多可充满整个巢房，轻轻振动，细小的孢子便会四处飞散。

(2)成年蜜蜂染病后，常会表现出虚弱、行动迟缓，失去飞翔能力，多爬出巢房后死亡。蜜蜂死亡后尸体逐渐变硬，在潮湿的条件下可见腹节处穿出菌丝。

(3)挑取死亡幼虫尸体上的黄绿色粉状物，涂片，在400～600倍显微镜下观察，可见呈球形的孢子头和圆形的孢子。

3.传播途径及发病规律　黄曲霉菌的孢子广泛存在于大自然中，它可以通过空气流动直接进入，也可借蜜蜂进食受污染的花粉或蜂蜜进入体内，黄曲霉菌一般不会引起健康蜂群发病，只有当因某种原因造成蜂群抵抗力下降时才会造成感染发病。

黄曲霉病多发生于高温多雨季节，高温、潮湿的环境有利于黄曲霉菌的繁殖。

4.防治

(1)加强饲养管理，提高蜂群抗病能力是关键。

①蜂场应选择地势高燥、通风向阳的地方。

②应时常注意蜂群通风干燥，尤其在阴雨天后要及时扩大巢门晒箱，以尽快使蜂箱内部干燥。

③饲喂时应注意饲料的卫生情况，尤其要杜绝使用发霉的花粉。

④饲养强群，加强蜂群营养物质的补充(在外界蜜蜂源不足时应适当添加一些蛋白质、维生素等营养物质)，以提高蜂群的抗病性和清理能力。

⑤由于病虫尸体与菌丝在巢房内于巢房壁紧连在一起，内勤蜂难以清理，因此病脾应予以烧毁以减少传染源。

(2)药物防治。

①用0.05%高锰酸钾溶液或0.1 g新洁尔灭喷雾消毒，每天一次，连续1周。

②防治药物可参见“蜜蜂白垩病”的防治方法。

五、原生动物及其他主要病原性疾病

(一)孢子虫病

蜜蜂孢子虫病(nosema disease)，又称“微粒子病”，是成年蜂一种常见的消化道传染病。

1.病原　蜜蜂孢子虫(*Nosema apis* Zander)不感染卵、幼虫和蛹，寄生在蜜蜂中肠上皮细胞内，蜜蜂正常消化机能遭到破坏，患病蜜蜂寿命很短，很快衰弱、死亡，采集力和腺体分泌能力明显降低，对养蜂生产影响较大。同时由于中肠受到破坏，其他病原物更容易侵染蜜蜂，进而造成并发症。孢子虫不但侵染西方蜜蜂也侵染东方蜜蜂，但东方蜜蜂尚未发现流行病。在我国，孢子虫的危害有扩大的趋势，尤其是在早春和晚秋时期，通过对全国各地的近千份样品进行的检测发现，3～5月份各地寄来的病蜂样品多数与孢子虫孢子有关。和其他原生动物一样，孢子虫孢子对外界不良环境的抵抗能力极强。在蜜蜂粪便中可以存活2年；在自来水中可存活113天；在60℃的蜂蜜中可存活15 min；在高温水蒸气下1 min就会死亡；在4%的甲醛溶液中（25℃）能存活1 h；在2%氢氧化钠溶液中（37℃）仅能存活15 min；用甲醛或冰醋酸处理1 min就可以将孢子虫孢子杀死；在直射的阳光下15～32 h才能杀死孢子；在10%的漂白粉溶液里，需10～12 h才能杀死；而在1%的石炭酸溶液中，只需10 min就可杀死。

2. 传播途径　当蜜蜂进行清理、取食或采集时，孢子虫经口器进入消化道，在中肠上皮细胞内开始发育、繁殖。患病蜜蜂是本病传播蔓延的根源，病蜂排泄含有大量孢子的粪便污染蜂箱、巢脾、蜂蜜、花粉、水源，蜜蜂采集花蜜和花粉时可能也会传播孢子虫。患病蜜蜂采集的花粉和花蜜有可能带有大量病原，是潜在的、危害极大的传染源。蜜蜂孢子虫病的远距离传播，主要是通过蜂产品（主要是花粉）的交易、蜂种的交换和转地放蜂等做法所造成。

3. 诊断方法　孢子虫病主要作用在蜜蜂的消化系统，中肠病理变化引起的症状比较明显，同健康蜜蜂相比有显著差别，如有可疑蜂群患孢子虫病时，可以取新鲜病蜂数只，剪去头部，用镊子或手夹住蜜蜂尾部末节托拽即可把蜜蜂中肠取出，仔细观察，如发现蜜蜂中肠膨大，呈乳白色，环纹不清，失去弹性和光泽，即可初步确定为孢子虫病。健康蜜蜂的中肠呈赤褐色，环纹明显，并且具有弹性和光泽。

镜检方法如下：随机取疑似患孢子虫病蜂群中的新鲜病蜂20只，放在研钵中研碎后加蒸馏水10 mL，混匀制成悬浊液，取一滴置于载玻片上，盖上盖玻片，在400倍显微镜观察，若发现有椭圆形、带有折光性的米粒状孢子，即可确诊为孢子虫病。

蜂王比工蜂对孢子虫的抵抗能力强，但是依然有可能患此病，蜂王患病不但可以传播给蜂群中其他蜜蜂，还会身体衰弱，产卵力下降，给蜂群发展带来极为不利的影响。由于蜂王在蜂群中的特殊性，对蜂王只能采用活体检验法，方法如下：抓取蜂王将其扣在纱笼或玻璃杯中，下垫一张白纸，待蜂王排便后取少许粪便，然后涂片、镜检。检查完成后将蜂王放回原群。

4.防治

(1)加强饲养管理。越冬饲料要求不能含有甘露蜜，北方越冬饲喂前最好做检查，如果在巢脾上的蜂蜜或花粉中发现有孢子虫则要尽快治疗。春繁饲喂蜂蜜花粉时，尽量不要使用来历不明的花粉饲喂蜜蜂，一定要进行消毒，可以采用煮沸、蒸(不少于10 min)的方法，虽然可能会对饲料的营养稍有破坏，但是相对来说预防病害更为重要。

(2)消毒。严格消毒已受污染的蜂具、蜂箱，用2%～3%氢氧化钠溶液清洗，再用火焰喷灯消毒。巢蜜用4%的冰醋酸消毒，收集并焚烧已死亡的病蜂。在春季是孢子虫的高发期，繁殖前应对所有养蜂器具进行彻底消毒，蜂箱、巢框可以用喷灯进行火焰消毒，或者用2%～3%的烧碱(氢氧化钠)溶液清洗也可。

通过选育对孢子虫抗性较高的蜂种也是一种好的途径。

(3)药物防治。

①药物预防：孢子虫在酸性环境中会受到抑制，根据这个特性，在早春繁殖时期可以结合蜂群的饲喂选择柠檬酸、米醋等配制成酸性糖水，1 kg糖水中加入柠檬酸1 g或米醋50 mL，这样就能在春季对孢子虫病的发生起到一定预防作用。

②药物治疗：目前在我国用来治疗孢子虫的药物不多，甲硝唑是其中的1种，用甲硝唑防治蜜蜂的孢子虫病已很长时间了，效果一直比较稳定，但是长期使用也无法避免会产生抗药性，而且使用甲硝唑还存在药物残留的问题。所以最好的方法就是早期预防，严格控制传染源，在

高发期前就开始做好消毒工作。

（二）螺原体病

蜜蜂螺原体病（honeybee spiroplasmosis disease）是蜜蜂的一种成蜂病害，目前发现该病仅发生于西方蜜蜂。这种病多来势凶猛，传播迅速，严重时可导致蜂场的成年蜂爬蜂遍地，是蜜蜂"爬蜂病"的主要病原之一，严重影响蜂场的生产能力。

1.病原　该病的病原为蜜蜂螺原体（*Spiuoplasma melliferum*）。该病原广泛存在于油菜、刺槐等蜜粉源植物的花中。因此有可能蜜蜂是在采集花蜜时将病原带回了蜂场并导致蜂群发病。

2.发病症状及诊断

（1）该病只发生于成年蜜蜂。

（2）病蜂腹部膨大，行动迟缓，翅下垂，失去飞翔能力，行动迟缓，只能在蜂箱周围爬行，有的成堆聚集在附近的草丛中。

（3）个别蜜蜂双翅展开，吻吐出，酷似中毒。

（4）拉出中肠可见中肠环纹消失，肿胀发白，后肠充满粪便。

诊断：由于蜜蜂螺原体病常和蜜蜂孢子虫、麻痹病混合感染，且在外部症状上均表现出成年蜜蜂爬蜂，所以单从症状上较难区分。需结合显微镜检测才能确诊。方法是取病蜂若干只，用无菌水研磨成匀浆，置于离心机中 1 000 r/min 离心 5 min，取上清液在 1 500 倍暗视野显微镜下观察，若见大量晃动的亮点在原地旋转或摇动，即可确诊为蜜蜂螺原体病。

3.传播途径及发病规律

（1）发病死亡的病蜂尸体、被污染的蜂具及饲料等是蜜蜂螺原体病的主要传染源，许多植物的花也有可能是引发螺原体病的原因。

（2）该病发病季节明显，主要发生于春繁季节。阴雨潮湿天气、寒流、使用劣质越冬饲料等都会使病情加重。除此之外，江浙一带每年4～5 月份会出现发病高峰期，油菜花结束后病情会出现好转；华北地区 6～7 月份的刺槐和荆条花期是发病高峰期。

（3）蜜蜂螺原体病多会与蜜蜂孢子虫病、麻痹病等复合感染发病。

4. 防治

(1)加强饲养管理。饲养强群,留足优质饲料,春季注意保温并确保通气良好,以防止蜂箱内过于潮湿,及时将陈旧的巢脾更换化蜡,秋季要定期对巢脾和蜂具进行消毒。具体消毒方法参见本书附录。

(2)选育抗病品种。从平常相对抗病性较强的蜂群选育抗病蜂王替换抗病性差的蜂王,及时淘汰老蜂王。

(3)药物防治。螺原体病防治药物可使用红霉素等药物进行防治。由于蜜蜂螺原体病多与其他一些病害同时发生,所以单用一种药物防治效果较差,必须几种药物同时使用。

Ⅱ. 非传染性疾病

一、中毒

(一)植物中毒

主要是由于植物的一些花粉或花蜜或分泌物中含有大量蜜蜂无法消化吸收的物质或有毒成分,一旦被蜜蜂采食会引起蜜蜂的消化不良或中毒。

1. 蜜蜂枣花中毒　蜜蜂枣花中毒又称为枣花病,发生于枣树开花流蜜期,由于大量采集蜂中毒死亡,严重影响枣花蜜的产量。在我国主要发生于华北地区。

(1)病因:发生枣花蜜中毒主要是由于枣花蜜中生物碱及钾离子含量过高引起蜜蜂体内钠钾离子代谢失衡。

(2)症状及诊断:中毒主要集中于采集蜂。患病蜜蜂腹部膨大,失去飞翔能力,在巢房外做跳跃式的爬行,随着病情的进一步加重,病蜂仰卧在地,腹部不停抽搐,最后死亡。死亡的蜜蜂尸体翅膀张开,身体蜷曲,吻伸出,多数死蜂腹部空虚。

(3)发病规律及特征:该病的发生与气候有一定的关系,一般如果枣花流蜜期气候高温干燥，花蜜浓稠则发病严重，而雨水充足，则发病较轻，甚至不发病。如果枣花流蜜期外界同时有其他的辅助蜜源则发病较轻，反之若蜜源单一则发病较重。一般来说，山地较平原地区、干旱地区较多水地区发病重。西方蜜蜂较东方蜜蜂发病重。

(4)解救方法：总的原则是以加强蜂群饲养管理为主，结合解毒的综合措施。

①尽量选择周围蜜粉源充足的场地放蜂，或在枣花流蜜期前补充一定的粉脾，使蜂群有足够的储备蜂粮，尤其要保持花粉的充足。

②蜂群喂水，防暑降温。由于一般枣花流蜜期气候都比较高温干燥，因此要给蜜蜂补充水分，同时为蜂群遮荫挡光，避免阳光直射蜂箱。同时注意蜂箱的通风。

③及时解毒。将甘草水、生姜水、柠檬酸或醋酸加入糖水中配成0.1%的糖浆喷喂；也可饲喂0.5%的稀盐水(5 g食盐溶于1 kg水中)，起到一定的解毒作用。

注意：所有用于解毒的药物每次饲喂的量都不应过大，以使蜜蜂既能充分消化吸收又可减少枣花蜜中的残留。

2. 蜜蜂茶花蜜中毒　茶树在我国南方种植面积大，每年9～11月份开花流蜜，由于其花期长，流蜜量大，所以是很好的晚秋蜜源。但蜜蜂采集茶花并饲喂给幼虫时经常引起幼虫的大量死亡，严重影响蜂群的越冬。

(1)病因：主要是由于蜜蜂幼虫不能消化利用茶花蜜中的低聚糖成分，尤其是这种低聚糖所结合的半乳糖，引起蜜蜂幼虫营养性生理障碍，造成幼虫的大量死亡。

(2)症状：主要造成幼虫发病。体色由白色转为黄色甚至黑色，虫体腐烂，无臭味。个别成蜂也有不良反应，主要表现为消化不良，腹胀，下痢。

(3)解救方法：采用分区饲养管理结合药物解毒的方法，可以达到使蜂群既可以充分利用茶花蜜源，又能尽可能避免或减少幼虫因取食茶花蜜而造成的中毒。分区管理可依据群势的大小分为两种方法。

①弱群(6 足框蜂以下):可采用单箱分区管理。将巢箱用立式隔板分成两个区,然后将蜜脾、粉脾和适量的空脾连同封盖子脾和蜂王及蜂一同放到其中一个小区中,作为繁殖区。另一个小区仅放有空脾及工蜂作为生产区。隔离板与纱盖之间留出 0.5~0.6 cm 的空隙使繁殖区与生产区工蜂可以自由穿越但蜂王不能通过。在繁殖区靠近生产区的一侧加至少一个蜜粉脾和一个框式饲喂器(以便用作人工补充饲喂和阻止采集蜂将茶花蜜搬入繁殖区)。巢门开在生产区一侧,将繁殖区一侧的巢门装上铁纱巢门控制器保证蜜蜂只能出不能进,使采集蜂只能由生产区一侧进入。这样只要通过饲喂保证了繁殖区一侧的蜜粉源充足,就可以基本控制采集蜂将采集来的茶花花蜜只储存于生产区,从而避免了繁殖区的幼虫中毒死亡。

②强群(6 足框蜂以上):由于强群蜂比较多,单箱分区空间过于狭小,所以可采用继箱分区管理。先用隔离板将巢箱分隔为两个小区,然后将蜜脾、粉脾和适量的空脾连同封盖子脾和蜂王及蜂一同放到其中一个小区中,作为繁殖区。将其他巢脾连同蜜蜂放到巢箱另外一个小区和继箱中作为生产区。继箱和巢箱之间用隔王板分隔开,保证蜂王不能进入生产区。在繁殖区靠近生产区的一侧加至少一个蜜粉脾和一个框式饲喂器(以便用作人工补充饲喂和阻止采集蜂将茶花蜜搬入繁殖区)。巢门开在生产区一侧,将繁殖区一侧的巢门装上铁纱巢门控制器保证蜜蜂只能出不能进,使采集蜂只能由生产区一侧进入。这样只要通过饲喂保证了繁殖区一侧的蜜粉源充足,就可以基本控制采集蜂将采集来的茶花花蜜只储存于生产区,从而避免繁殖区的幼虫中毒死亡。

③生产区要注意适时取蜜。尤其在茶花流蜜盛期,一般要 3~4 天取蜜一次;繁殖区隔天饲喂 1∶1 的糖浆或蜜水,并注意补充适量的花粉。适时将繁殖区的封盖子脾调出,调入空脾繁殖。

④解毒药与饲养管理相结合。繁殖区每天傍晚施用少量解毒药物:0.1%多酶片+0.1%大黄苏打片,喷洒或饲喂。

3.蜜蜂油茶花中毒　油茶是我国南方的主要油料作物之一,花期长，泌蜜量大。蜜蜂采集油茶花，不仅可以开发利用这一丰富的蜜粉源，而且通过蜜蜂授粉能有效提高油茶的结实率和油茶籽的产量。但若不注意管理，蜜蜂采食后很容易出现腹胀、爬蜂，幼虫中毒死亡，蜂群群势下降甚至无法越冬的严重中毒状况。

(1)病因：油茶中毒主要是由于油茶蜜和花粉中含有的生物碱K；与此同时，油茶蜜中含有较高的棉子糖和水苏糖所结合的半乳糖成分也会引起蜜蜂的中毒。

(2)症状：油茶花蜜主要引起成年蜜蜂中毒，中毒蜜蜂腹部膨胀，失去飞翔能力，死蜂身体蜷曲。严重时也可造成幼虫大面积死亡，出现插花子脾。

(3)解救方法：

①分区管理的方法参见"蜜蜂茶花蜜中毒"。

②油茶花期蜂群管理要注意加强箱内外的保温。

4. 蜜蜂甘露蜜中毒　甘露蜜包括甘露和蜜露两种。甘露是由蚜虫、介壳虫等昆虫所分泌的一种含糖汁液。这些昆虫常常寄生在松柏、柳树、杨树、高粱及其他禾本科作物等植物上，在干旱季节这类昆虫会大量发生，这类昆虫在吸食了树木或农作物的汁液后会排出一种胶状的甘露。蜜露则是由于植物受到外界气温剧烈变化的影响或受到创伤，植物本身从叶茎或创伤部位分泌的一种含糖汁液。当外界缺乏蜜源时，由于这些汁液有甜味，所以蜜蜂也会把它采集回巢，酿成所谓的甘露蜜。

(1)病因：由于这些甘露蜜中蔗糖含量较多而单糖含量较低，同时又多含有糊精、矿物质、松三糖等，不利于蜜蜂的消化；另外，昆虫分泌的甘露蜜常被细菌或真菌等微生物污染产生毒素，所以蜜蜂取食后易引起中毒。

(2)症状与诊断：甘露蜜主要是使采集蜂中毒死亡。中毒蜜蜂腹部膨大，因消化不良而产生下痢。在蜂箱壁、巢脾的框梁及巢门前会发现大量排泄的粪便。将病蜂解剖，会发现蜜囊膨大成球状，中肠内有大量无法消化的黑色物质，后肠充满暗褐色或黑色的粪便。中毒蜜蜂委靡不振，无力飞行，甚至因无力停留在巢脾上而坠落于箱底。在箱底和巢门附近缓慢爬行，并最终死亡。

蜂群中毒严重时幼虫和蜂王也会中毒死亡。

除对蜜蜂进行检测外，也可通过对蜂蜜的检测来判断，简单常用的方法主要有以下几种：

①酒精检测法：取待检蜂蜜 3 mL，用等量的蒸馏水稀释，加入 10 mL 95%的酒精，混匀后如果发现有白色混浊或沉淀，则可认定含有甘露蜜。

②石灰水检测法：同样按上述方法将待检蜂蜜稀释后，加入饱和并经过澄清的石灰水 6 mL，充分摇匀，加热煮沸后静止几分钟，如果出现棕色的沉淀，则可以认定含有甘露蜜。

(3)出现规律及危害：在我国养蜂生产中甘露蜜中毒发生较为普遍，尤其在早春及晚秋外界蜜源缺乏的季节发生更为严重。实践证明，干旱歉收年份、大蜜源结束早而又缺乏辅助蜜源时、蜂群缺乏饲料、长期处于饥饿状态时蜂群甘露蜜中毒发生的也严重。

(4)解救方法：对甘露蜜中毒要应以预防为主。

①在晚秋蜜源结束前，蜂群内除留足越冬饲料外，还应将蜂群搬到无松柏的地方。

②在大流蜜期后应保证蜂群内留有足够的蜜粉脾。

③若发现蜂群已采集了甘露蜜，在蜂群越冬之前应将含有甘露蜜的蜜脾全部撤走，换以优质的蜜脾或喂以优质蜂蜜或白糖作为越冬饲料。

④发现蜂群出现甘露蜜中毒时除要立即撤走所有含有甘露蜜的蜜脾外，还要及时采取药物治疗：红霉素 0.1 g+复方维生素 B 20 片+食母生 50 片，研碎混匀后溶入 1 kg 糖水中，饲喂，可用于 20 群蜂，每天一次，连喂 2～3 天。

5.其他植物花粉、花蜜中毒　除以上一些主要的植物蜜粉中毒外，还有许多种植物的花粉或花蜜会引起蜜蜂采食后中毒，例如博洛回、雷公藤、藜芦、喜树、羊踯躅、乌头、曼陀罗、苦皮藤、紫金藤、八角枫、狼毒等。现将几种主要的有毒蜜粉源植物中毒的解毒方法简介如下：

(1)博洛回中毒：目前尚没有特效解毒药剂，一旦发现中毒可饲喂甘草绿豆水 2∶1 的稀糖浆缓解，同时立即转场。

(2)雷公藤中毒：目前没有特效解毒药，如发现有蜜蜂中毒只能立即转场，并把所有毒蜜脾换走。

(3)藜芦中毒：目前尚无特效解毒药物，以预防为主，最好在藜芦开花之前转场离开。

(4)喜树中毒：目前尚无特效解毒药物，只有立即转场离开，同时给蜂群饲喂稀糖浆缓解。

(5)羊踯躅中毒：目前尚无特效解毒药物，可采用甘草、绿豆水加稀糖浆饲喂缓解，同时要立即转场。

(二)农药中毒

随着农业科学技术的不断发展，人类在生产中使用农药的品种和使用范围日益扩大。现如今不少农药，尤其是杀虫剂对蜜蜂有不同程度的毒性，它可以使大量为农作物、果树、林木等授粉和采蜜的蜜蜂死亡。农药可以通过四种方式使蜜蜂中毒，即接触、胃毒、熏蒸和内吸。一般一种农药可以有以上的一种或几种作用方式。特别注意：作为无公害蜂产品生产基地，应避免在蜂群采集范围内有大量的农药使用，如发现这种情况应及时转场以避免采集的蜂产品受到农药的污染。

1. 农药中毒常见症状

(1)全场蜂群突然出现大量死蜂。蜜蜂农药中毒不同于其他任何一种病虫害，它没有潜伏期，发病没有从少而多的过程。往往蜂群突然出现大量采集蜂死亡的现象，而且蜂群群势越强死蜂越多，常常一两天内蜂群就全部死亡。

(2)中毒蜜蜂性情暴躁，常追螫人、畜。大量蜜蜂死亡或行将死亡，有的蜜蜂肢体失灵，失去飞翔能力，后足麻痹，在地上乱爬、翻滚、打转。死亡后蜜蜂双翅展开，身体蜷曲，吻伸出；拉出中肠可见环纹消失，中肠缩到 3～4 mm，肠道空。

(3)中毒蜜蜂由于无力附在脾上而坠落箱底。所以蜂箱底部积有大量的死蜂，蜂体和巢脾由于黏着蜜蜂吐出的蜂蜜而显得潮湿。

(4)子脾上有时出现“跳子”的现象。蜜蜂幼虫从巢房脱出挂于巢房口，有的幼虫落在蜂箱底。

2. 预防与急救措施

(1)避免农药中毒的预防措施：为了保护蜜蜂为农作物授粉，我国已有相关的规定对蜜蜂加以保护。为了避免发生农药中毒，养蜂场和施用农药的单位应密切合作，共同制定施药时间、药剂种类和施用方法。

①在农作物开花期间，应禁止喷洒对蜜蜂有高毒性的农药。如果确需要用药，应选用高效低毒、残留期短的农药，尽可能选用对蜜蜂无毒的药物。

②如果农药施用单位必须在开花期大面积喷洒对蜜蜂有高毒性的杀虫剂时，应在施用药物前2～3天前通知5 km以内的养蜂场，蜂场需提前做好防护工作：在施药的前一天晚上关闭所有巢门。巢门关闭时间长短依据喷洒药物的种类而定：除虫菊、杀菌剂、除锈剂一般为4～6 h；喷洒1059为1昼夜；喷洒砷和氟制剂为4～5昼夜；喷洒对硫磷为3昼夜；喷洒其他农药可依据其残效期长短进行调整。蜂群的幽闭期间，在蜂群管理上应注意以下一些问题：盖上纱盖或加空的继箱以扩大蜂巢，使空气流通；做好遮荫工作，以保持蜂箱内不透光和蜂群的安静；幽闭期间要保持蜂群内有充足的蜂蜜和花粉，如果饲料不足应在傍晚前给蜂群补喂饲料；如果巢门关闭时间太长，天黑后可以适当开启巢门，但应在天亮蜜蜂出巢之前关闭；应经常给蜂群喂水，尤其在夏季气温较高时更应注意给蜂群喂水、降温和通风；如果施药时间长或农药的药效长，就应考虑及早转场。

③在不影响农药效果和不损害农作物的前提下，可在农药中加入适量的驱避剂，尤其是大面积飞机喷药或长时间施药的情况下更应添加驱避剂。常用对蜜蜂驱避效果较好的驱避剂有石炭酸、硫酸烟碱、煤焦油等。

(2)发生农药中毒蜜蜂的急救措施：

①对于发生严重中毒的蜂场应尽快包装蜂群，撤离施药区，同时清除蜂箱中有毒饲料，将被农药污染的巢脾放入2%苏打水中浸泡12 h以上，然后用清水冲洗晾干后备用。及时饲喂解毒药剂：对有机磷类农药中毒可用0.05%～0.1%的硫酸阿托品或0.1%～0.2%的解磷定溶液喷脾解毒。对有机氯类农药中毒每群蜂可用20%的碳胺噻唑注射液3 mL(或片剂一片)溶于0.25 kg糖水或蜜水中进行喷喂解毒。

②对发生轻微农药中毒的蜂群，立即饲喂稀薄的糖水(1：4)或蜜水，这样不仅可以对中毒起到缓解作用，而且可以收到奖励饲喂的效果，促进蜂群繁殖，恢复群势。

二、环境因素引起的疾病

1.下痢病　主要由于饲料原因引起。越冬蜜中如果有甘露蜜，或者越冬蜜的质量不高，再加上越冬环境不好，就有可能造成蜂群的下痢。下痢病多发为冬季和早春，患病蜜蜂腹部膨大，肠道内积存大量粪便，一部分患病较重的蜜蜂会在蜂巢内排泄，粪便带有恶臭。如果在越冬期间出现此病，蜜蜂会烦躁不安，急于出巢排泄，而飞出巢门后很可能被冻死，蜂群就会受到重大损失。

解决方法：用优质饲料饲喂蜂群；如果发现越冬饲料中有甘露蜜、发酵变质的蜜或者饲料结晶，最好尽快更换优质的蜜脾；要保持越冬环境的干燥，尽量做好保温工作；保持较大群势越冬。

2.卷翅病　卷翅病是我国长江以南地区的一种生理性的病害，浙江地区多发生于芝麻花期。该病影响新老蜂的交替，直接关系下个流蜜期的生产。该病主要由于高温干燥引起，当外界气温高达35℃以上，相对湿度低于70%的时候蜂群就容易发生卷翅病，如果缺水缺饲料，病情会加重。其症状是没有大、小蜂螨危害时蜂群中刚羽化出房的幼蜂翅膀不能伸展，形成卷翅，并且不能正常飞翔。

解决方法：主要以采取防暑降温的措施为主，尽量选择有天然遮荫的放蜂场地；天气热时要适当的给蜂群遮荫同时在蜂场周围洒水降温；保证蜂群饲料和水的供应。

三、蜜蜂主要敌害

由于我国幅员辽阔，所以全国范围内蜜蜂的主要敌害种类非常多，有蜡螟、胡蜂、蚂蚁、蟾蜍、熊、蜘蛛等。总的来说能够对蜂群乃至整个蜂场产生较大危害的有蜡螟、胡蜂和蚂蚁，下面就对这三种主要敌害加以说明。

(一)巢虫

巢虫学名蜡螟，西方蜜蜂的清巢、护卫能力较强，在蜂群中蜡螟很难造成危害，一般较弱的蜂群和巢脾储藏时会造成危害和损失，而中华蜜蜂清巢、护卫能力较差，受危害就比较严重。巢虫防治方法如下：

(1)加强饲养管理。要保证蜂群的群势足够强，只有强群才能更好抵御巢虫的侵害；经常清理箱底的蜡屑，铲除蜡螟的滋生地；中蜂还要经常造新脾，至少 1 年更换 1 次新脾；回收的废旧巢脾、蜂蜡要及时处理，不要让其成为蜡螟的滋生地；堵塞蜂箱中的缝隙使大蜡螟没有藏身和繁殖的场所。

(2)物理防治。对于保存巢脾，用冷冻的方法能有效杀灭各种龄期的蜡螟，−6.7℃时冷冻 4.5 h，−12.2℃下 3 h，−15℃下 2 h 处理，可以杀死各龄期的大蜡螟。

(3)化药防治。用甲酸对巢脾熏蒸 1.5 h 可以杀灭各龄期的蜡螟。将蜂箱叠起来，有缝隙处用报纸糊起来，形成一个密闭的环境可以达到良好的熏蒸效果。

(二)胡蜂

胡蜂主要分布在我国的南方，是夏秋季节山区蜂场的主要敌害。对于单个胡蜂，蜂群一般会群起而攻之，不会对蜂群造成太大影响；可一旦胡蜂成群攻入，往往会使蜂群被迫弃巢迁逃或被毁灭。胡蜂防治方法如下：

(1)扑杀。养蜂员在平时管理蜂群时应随时注意蜂群周围有无胡蜂出没，如果偶然发现有个别胡蜂侵扰可直接扑杀。如果发现胡蜂侵扰的数量和频率较高，可跟踪胡蜂至其蜂巢，然后彻底捣毁胡蜂蜂巢。

(2)诱捕。可以利用金环胡蜂喜欢咬同类尸体的习性，将胡蜂尸体集中在胡蜂最喜欢攻击的蜂群箱盖上加以引诱，再扑杀消灭。

(三)蚂蚁

蚂蚁在我国分布非常广泛，几乎全国各地的养蜂场都有可能受到蚂蚁的侵扰，尤其在高温潮湿或森林地区更加严重。危害蜂群的蚂蚁主要有大黑蚁和棕黄色家蚁等。蚂蚁常会在蜂箱周围活动，伺机从蜂箱缝隙或巢门进入箱内，窃取蜂蜜、花粉，扰乱蜂群的正常活动，严重时会导致全群蜜蜂飞逃。蚂蚁防治方法如下：

(1)垫高蜂箱。对于经常有蚂蚁出没的蜂群，可将蜂箱用 4 根柱子垫高，将 4 只柱脚放在盛有水的容器内，这样就可以彻底断绝蚂蚁进入蜂箱的路径。

(2)药物毒杀。从市面上购买灭蚁灵，将药物放于蚂蚁经常出没的地方，也可以收到较好的效果。但要注意有些药物对蜜蜂也会有毒性，所以使用时应注意蜂群的反映。

第三节　无公害蜂产品生产中蜂药残留的控制

目前在国际贸易中，环境管制措施越来越严，标准越来越高，以环境标志为代表的无公害贸易这一非关税壁垒正在构筑，并且已经给我国的农产品出口带来重大影响。尤其在加入世界贸易组织(WTO)后，我国的蜂产品对等地向世界各成员国开放，使得出口蜂产品中化学药物及抗生素残留问题更为敏感。世界贸易组织(WTO)于 1995 年通过一项《卫生与植物卫生检疫协议》。该《协议》规定："在农产品和食品的国际贸易中心，成员国应采取措施确保产品的安全性。"

为了防止食品污染，保障消费者的健康权益，许多国家都通过立法来加强对现代食品的监督管理，如美国、英国、法国、德国、荷兰、日本等国都颁布了食品法或食品卫生法。而且各国对进口的蜂产品中各种化学药物、抗生素残留也均有明确限制，其限量标准一再降低。蜂产品中常见的农药、兽药残留的最高残留限量一般为：杀虫脒 0.01 mg/kg，抗生素中氯霉素 0.1 ppb(1 ppb＝10^{-9})、氟胺氰菊酯 0.02 mg/kg、磺胺 0.1 mg/kg。一些生活水平较高的国家，例如日本，要求进口蜂王浆中抗生素残留不得检出，英国要求进口蜂蜜中的四环素类抗生素残留不得检出。而在蜂产品的这些污染中，因防治蜜蜂病虫害用药造成的残留污染占有非常大的比例。因此无公害蜂产品生产过程中蜂药的残留控制非常重要。

进行无公害蜂产品生产中，饲养者首先应提供良好的饲养环境，加强饲养管理，并通过各种管理措施提供蜜蜂群体自身的免疫力，以减少病敌害的发生。蜜蜂病虫害的防治应遵循预防为主，综合防治的原则，在饲养过程中尽量不使用或少使用药物。如果必须使用药物则应遵循以下原则：

(1)优先选用日光暴晒、烘烤、灼烧、洗涤和铲除等机械的或物理的消毒方法，必要时使用消毒药物对饲养环境、蜂箱、巢脾和器具等进行消毒，但应符合《蜜蜂饲养管理准则》(NY/T 5139)的规定。

(2)所使用的药物必须符合《中华人民共和国兽药典》、《中华人民共和国兽药规范》、《兽药质量标准》等的相关法律法规的规定。所用蜂药必须来源于具有《兽药生产许可证》及产品批准文号的正规蜂药厂家或具有《进口兽药许可证》的供应商。所用药物的标签必须符合《兽药管理条例》的规定。

(3)在无公害蜂产品生产中所使用的蜂药种类应在《蜜蜂饲养兽药使用准则》规定的范围之内，不得使用规定以外的高毒、高残留的蜂药。

(4)在使用药物时必须严格遵守规定的用法、用量、给药途径及疗程等，不得超量用药，以避免药物在蜂产品中的过量残留，同时也可有效减缓抗药性的产生。

(5)使用药物应严格遵守不同药物有关休药期的规定，最后一次用药时间距离生产季节应大于休药期，如果药物没有规定休药期，则休药期不应少于 30 天。如果病情所致必须在生产期用药，则所有用药蜂群的产品不得用于商品销售，只有在蜂群经隔离治疗结束，停止用药时间超过规定休药期后，经过蜂群用具等的清洁消毒后才可并入生产群开始商品蜜等的生产。

(6)应建立并长期保存蜂场全部用药记录，记录包括发病时间、症状、群数、治疗用药物的名称(商品名及主要有效成分)、给药途径、剂量、疗程等。

(7)禁止使用用基因工程方法生产的兽药，除非经国家畜牧兽医行政部门批准可以用于无公害蜂产品生产。

(8)禁止使用会对环境造成严重污染或有致癌、致畸、致突变的药物。

(9)禁止使用激素或具有激素功效的物质用于刺激蜂群繁殖等。

第四节　无公害蜂产品生产中的卫生防疫

蜜蜂病敌害种类繁多，引发疾病的原因也十分复杂，经研究发现蜜蜂许多疾病都与蜂场及蜂具的卫生条件有直接的关系，不良的蜂场卫生环境及受病原污染的蜂具都可引发蜂场大规模流行病的发生。因此，在无公害蜂产品生产过程中建立完整卫生防疫制度有利于防止病害的发生，降低药物的使用量，从而减少蜂产品中药物残留的几率。

1. 蜂场场址的选择

(1)蜂场要选择在地势高燥、背风向阳、温度适宜、远离噪声的地方。距离铁路、公路、大型公共场所 500 m 以上。

(2)蜂场附近有充足、良好的水源；供电和交通方便。

(3)定地蜂场周围3 000 m内要求有两种以上主要蜜源，并有充足的辅助蜜、粉源；同时要避开有毒蜜、粉源植物。

(4)蜂场应选在污染较重的化工厂、矿区、农药厂、农药仓库、垃圾处理场及经常喷施农药的果园和菜地的上风头，直线距离3 000 m以上处。

(5)蜂场应距离糖厂等生产含糖高的食品工厂3 000 m以上；蜂场要避开江河、水库，以免造成蜜蜂落水。

(6)蜂场正前方要避开路灯、诱虫灯等强光源照射，以免造成蜜蜂夜晚飞去。

2.蜂场的卫生制度

(1)要注意保持蜂场和蜂群内的清洁卫生，每周要清理一次蜂场死蜂和杂草，清理的死蜂应及时深埋。蜂场每季应用5%的漂白粉乳剂喷洒消毒一次。在传染病发病期间，更应勤清扫，并将清扫出来的杂物深埋或焚烧。

(2)养蜂员要注意个人卫生，衣服要勤洗勤换，打开蜂箱前后要用肥皂洗手，特别是接触过病蜂群之后，要用肥皂洗手，并替换消过毒的蜂具接触健康蜂群。

(3)蜂箱、蜂具要按规定进行消毒，木制蜂箱，竹制隔王板、隔王栅、饲喂器可用酒精喷灯火焰灼烧消毒，每年至少一次。塑料隔王板、塑料饲喂器、塑料脱粉器可用0.2%的过氧乙酸、0.1%新洁尔灭水溶液洗刷消毒。起刮刀、割蜜刀应经常消毒，可用火焰灼烧法或75%的酒精消毒。蜂帚、工作服应经常用4%的碳酸钠水溶液清洗和日光曝晒。

(4)巢脾的消毒与保管：巢脾的消毒可选用0.1%的次氯酸钠、0.2%的过氧乙酸或0.1%的新洁尔灭水溶液中的一种浸泡12 h以上，消毒后的巢脾要用清水漂洗晾干。巢脾保管储存前用96%～98%的冰乙酸，按每箱体20～30 mL，密闭熏蒸，以防止大、小蜡螟对巢脾的危害。保存巢脾的仓库应清洁卫生、阴凉、干燥、通风，以避免巢脾霉变。发霉变质的巢脾要淘汰化蜡。不用情况不明或带有病原体的饲料喂蜂，急需补饲的可用白糖代替。

(5)蜂场要有库房,库房内要保持清洁,蜂产品与蜂具在库房内要分类存放,注意消灭鼠类。

(6)发现病蜂群要及时隔离,与病蜂群有接触的健康蜂群可根据情况预防性给药。

(7)不到传染病发病区域购买蜂群、蜂王或放蜂。

3.蜂场及用具的消毒制度　蜂场为了防治传染病的发生,应该建立严格的消毒制度。不同的情况下,采用不同的消毒方式。一般蜂场的消毒包括以下几种:

(1)预防性消毒:一般每年在秋末和春季蜂箱陈列时对蜂场周围环境、蜂具、蜂箱、仓库等要定期消毒,结合饲养管理进行,以达到预防一般传染病的目的。

(2)随时消毒:在传染病发生时,为了防止疾病的传染而采取的消毒措施。消毒的对象主要是被病蜂群污染的蜂箱、蜂具,工作人员的衣物和蜂场的环境等。

(3)终末消毒:在病蜂群解除隔离之前要对隔离区的蜂箱、蜂具等各种用具及环境进行消毒。

具体消毒的方法主要有以下几种:

(1)机械性消毒:包括清扫、铲刮、洗涤和通风等,以除去物体表面大部分的病原体。清扫和铲刮的污物要深埋。机械性消毒不能达到彻底消毒的目的,必须配合其他消毒方法进行;通风也有消毒意义,在冬季要注意越冬室的通风,通风虽不能杀灭病原体,但可在短时间内使越冬室空气中的病原体数目明显减少。

(2)物理消毒法:包括日光烘烤、灼烧、煮沸等。阳光是天然的消毒剂,一般的病毒和细菌在直射的阳光下几分钟或几小时就可以被杀死;一些小型蜂具、覆布和工作服等可以采取煮沸消毒的方法,煮沸的时间一般为15～30 min;烘烤和灼烧的方法可用于蜂箱、蜂具的消毒。

(3)化学消毒法:在具体消毒方法中,消毒效果最好的是化学消毒方法。但是化学消毒方法也有一些弊病。首先为了搞好化学消毒,需要购买化学消毒剂,增加了养蜂的成本;此外化学消毒剂使用不当,还会造成蜂产品的化药污染。所以尽量多使用机械性消毒和物理消毒法,来减少化学消毒剂的使用量，同时在使用化学消毒剂时要使用低毒、低残留的药剂。

下面介绍几种在蜂场条件下便于使用的化学消毒剂：

①84 消毒液：主要成分为次氨酸钠，日用百货店有售。可用于蜂箱、蜂具的洗涤，巢脾的浸泡。金属物品洗涤时间不可太长，巢脾浸泡后须冲洗后摇出水分。用法可详见使用说明，对细菌、病毒有很好的杀灭作用。

②漂白粉：常用浓度 5%～10%，用法同 84 消毒液。

③食用碱：常用浓度为 3%～5%的水溶液，可用于洗涤蜂箱、蜂具，喷洒仓库地面、蜂场，浸泡衣物和巢脾。巢脾浸泡后要用清水洗净并摇净巢房内的水分。对病毒、细菌和真菌都有很好的杀灭作用。

④草木灰水：用新鲜干燥的草木灰 10 kg，加水 50 kg 煮沸 20～30 min，去渣使用。可用于消毒仓库地面、浸泡蜂具等。其作用基本同食用碱。

⑤石灰乳：用于消毒的生石灰 1 份加水 1 份，制成熟石灰（或称消石灰），然后用水配成浓度为 10%～20%的混悬液用于消毒，要现配现用。用于喷洒地面、粉刷墙壁。用生石灰洒在潮湿的地面上也有消毒作用，对病毒、细菌和真菌有杀灭作用。如果洒在干燥的地面则无作用。

⑥冰醋酸：冰醋酸蒸汽对孢子虫、阿米巴及蜡螟的幼虫和卵具有很强的杀灭力。一般用量为每个继箱用 98%冰醋酸 10～20 mL，洒在布片上，每个继箱挂 1 片，将箱体叠好，糊严缝，盖好盖密闭熏蒸 24 h。

⑦饱和食盐水：1 kg 水中加 360 g 食盐制成饱和食盐水，浸泡巢脾 24 h，再用清水洗净晒干，对孢子虫、阿米巴和巢虫都有杀伤作用。

影响消毒作用的因素有：

（1）药物的浓度：要按使用说明的剂量配制消毒液，药物浓度过高毒性增强，而浓度不够又达不到消毒作用。

（2）作用时间：药物与病原体接触时间要充分。

（3）环境中的有机物：大多数消毒药都可因环境中存在有机物而减弱效力。这是因为有机物能消耗掉部分药物，有些有机物本身对病原体有机械保护作用，使药物不易与细菌等接触。因此，在用化学药物消毒之前，要充分清洁被消毒的物品，才能更好地发挥药物的作用。

第五节　无公害蜂产品生产中疫病的监测(控)

为了防止蜜蜂传染性病害在蜂场的传播和发生，在无公害蜂产品生产过程中应建立完整的疫病监测(控)制度，通过对疫病的监测(控)从而避免传染性病害传入蜂场或在蜂场内的大范围传播。疫病的监测(控)主要包括场外检疫和场内监测(控)两部分。

一、场外检疫

为了防止蜜蜂传染性疾病进入本场，应对蜜蜂坚持做到产地检疫，即对于蜂场周边地区的蜂群随时做到疫病监测，了解周边地区正在发生或可能将要发生的疫病，好提前做到防患于未然。尤其在购入蜂群时必须进行严格的检疫，严禁从外进口患病蜂群，防止引入病蜂。目前重点检疫的疾病有美洲幼虫腐臭病、欧洲幼虫腐臭病、孢子虫病、囊状幼虫病、狄斯瓦螨、亮热厉螨等。

二、场内监测(控)

在生产过程中，应随时注意蜂场内的蜜蜂有无不正常的现象。一般首先是箱外观察，注意各蜂箱巢门口有无爬蜂、死蜂或发育不全的幼蜂；其次开箱检查群内蜜蜂有无异常；第三是随机抽取一张巢脾，观察幼虫房内的幼蜂有无异常，封盖是否平整，有无穿孔，是否有“插花子”的现象；最后再用镊子挑开一些封盖的巢房，拉出幼虫或蛹，通过体色、大小、形状等观察是否有异常。一旦发现场内有患病的蜂群，就应在第一时间立即采取场内监控措施，主要的手段是隔离、诊断与治疗。

(一)隔离

发现传染病，应立即将病群隔离。首先要对蜂群逐群进行检查，根据检查结果分成病群、疑似病群和假定健康群3类，分别处理。

1.病群　有典型症状的发病蜂群，选择距离蜂场3 000 m以外、不易散播病原体、消毒处理方便的地方隔离治疗。病蜂的蜂产品、蜂具等不得带回健康蜂场。如果属国内首次发现的传染性病害或烈性传染病，应予以焚烧处理。隔离的病群在没有病蜂出现，又过了该传染病潜伏期2倍的时间后，经过全面消毒，可以解除隔离。如果经过传染病后蜂群十分衰弱，失去经济价值，又有带菌(毒)危险的应该淘汰，焚烧蜂群。

2.疑似病群　没有症状但与病蜂群有密切接触的蜂群，其病害可能处于潜伏期，应另选地方与健康蜂群相隔3 000 m以上进行隔离观察，也可预防性给药。在没有病蜂出现，又过了传染病潜伏期2倍的时间后，经过全面消毒，可以解除隔离。

3.假定健康群　对与病群没有密切接触的邻近蜂场的蜂群可以进行观察，必要时转移到其他地方。

(二)诊断

蜜蜂病虫害的确诊是正确治疗的基础，但很多养蜂员对这方面的知识了解很少，完全凭自己的想像给蜂群用药，不但治不了病，白花了钱还造成蜂产品的化学药物污染。因此应该在养蜂过程中不断提高蜂病诊断的水平，做到对症下药。

1.自检　对于一些症状特征很明显的疾病可以通过自检来确定是哪一类病，然后用药。比如发现蜂箱外有很多残翅的幼蜂爬，打开蜂箱检查时在成蜂体上和幼虫房中又发现了大蜂螨，就可以诊断爬蜂是大蜂螨引起来的，蜂群应该安排治螨了。目前蜂场能够进行的自检只能是症状检查。因为蜜蜂患病后，在动作、形态、色泽和气味上都会有变化，根据这些有时可以得出正确的诊断。

(1)症状诊断：

①动作变化：蜜蜂患病后，动作上常表现异常，比如呆滞、迟缓、颤抖、爬行或烦躁凶悍等。

②形态变化：蜜蜂患某些病后，形态会发生变化，肢体翅膀残缺、体躯缩小或腹部膨大，严重时成蜂或幼虫死亡、腐烂等，都是诊断的依据，例如得败血症死亡的蜜蜂尸体会自行分裂成碎片。

③色泽变化：有些病能使成蜂、幼虫或蛹表现出反常的颜色，例如变棕、变黑、变黄或变白。常见的是患白垩病时病原性真菌附着在幼虫体躯上，幼虫死亡变硬、变黑或变白。

④气味变化：有些疾病特别是由细菌引起的病害，会使蜜蜂在发病期间或死亡之后产生臭味，但单纯病毒感染的情况下，往往没有臭味。这也是区分病毒性幼虫病（囊状幼虫病）和细菌性幼虫病（欧洲幼虫腐臭病和美洲幼虫腐臭病）的一个重要指标。

(2)鉴别诊断：当从症状上很难确定是哪一种疾病时，可以结合发病时间、季节和虫龄来综合判断。例如欧洲幼虫腐臭病发生在封盖前，美洲幼虫腐臭病发生在封盖后。

农药等引起的蜂群死亡，与传染病不同。一般发生的时间比较集中，有时可以在一夜之间多个蜂场同时全军覆没；有时发病的面积比较大，打药地区周边可以同时发生。

一些敌害由于个体较大，可以自行鉴定、诊断。

2. 送检　由于养蜂场和基层养蜂管理机构受技术和设备的限制，蜂病的诊断常遇到困难，这时就需要把病蜂样品送到国家的蜂病诊断部门去检测。送检的病蜂样品应该从蜂箱内或蜂箱外取具有典型症状的病蜂，或刚死的蜂 10～15 只，包裹在透气的纸中，不要用塑料布包裹；如果是幼虫患病可以切取 8 cm×8 cm 大小的有典型症状患病幼虫的巢脾，直接放入木盒或纸盒，也可以用纸包裹后放入盒中，不能用塑料盒或塑料布包裹。与样品同时寄的还应该有一份简要的病情说明。说明简述发病时间、地点、发病的范围和主要的症状等，便于诊断时作为参考。以上样品和说明准备好后，用挂号信或包裹寄往检验机构。此外，还要写明回信的地址、邮政编码和其他联系方式。

(三)治疗

详见前面各疾病的治疗方法。

（四）蜜蜂病虫害的周年防治模型示意图

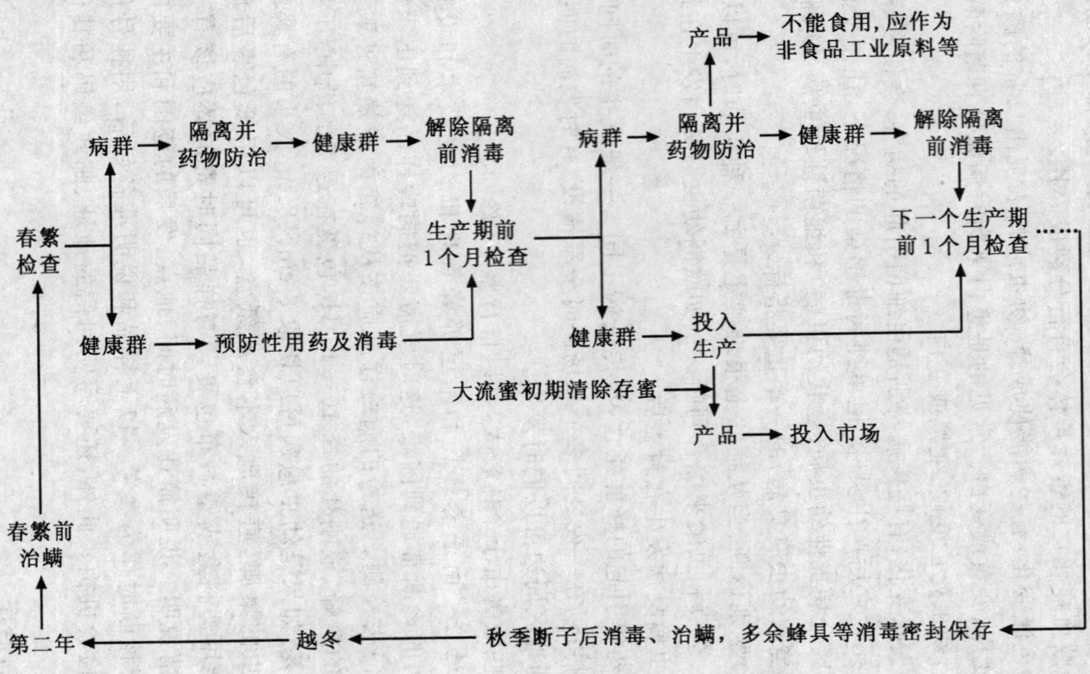

提示问答

1.蜜蜂病虫害主要对养蜂业造成哪几方面的影响?

2.无公害蜂产品生产中蜜蜂病虫害的防治原则是什么,其中的关键有哪些?

3.蜂场的消毒方法主要分为哪几种?

4.蜜蜂疫病的监测主要包括哪几部分,其中场内监控措施的主要手段包括哪些,分别予以详述。

附　　录

附录一　国际蜂蜜标准

食品法典委员会(CAC)蜂蜜标准

——联合国粮农组织/世界卫生组织(FAO/WHO)

(2001 年修订)

1　范围

1.1　本标准的第一部分适用于蜜蜂生产的所有蜂蜜，并涵盖加工且最终供直接食用的各种类型的蜂蜜产品。本标准的第二部分适用于工业用蜂蜜和作为其他食品成分的蜂蜜。

1.2　本标准的第二部分也适用于集装箱装运的散装蜂蜜，并可重新包装为零售包装的蜂蜜。

第一部分

2　描述

2.1　定义：蜂蜜是蜜蜂采集植物的花蜜或活体植物的分泌物或吸吮活体植物的昆虫的排泄物，带回巢房中储存，并加入自身分泌的特殊物质进行转化、沉积、脱水致成熟的天然甜物质。

2.1.1　花蜜(blossom honey 或 nectar honey)：指来源于植物花蜜的蜂蜜。

2.1.2　甘露蜜(honeydew honey)：指主要来源于吸吮活体植物的昆虫的排泄物或活体植物的分泌物的蜂蜜。

2.2　说明：蜂蜜的基本组成主要是以葡萄糖和果糖为主的各种糖类，以及其他物质如有机酸、酶类和蜜蜂采集蜂蜜时带回的一些固体颗粒物质。蜂蜜的颜色从近乎无色至深棕色，不尽相同；其性状可以是液体的、黏滞的、部分结晶或完全结晶的；形态可是液态、凝胶状或结晶化；气味则因不同蜜源植物而不同。

3　基本成分和质量指标

3.1　蜂蜜本身销售时不得添加任何食物成分，包括食品添加剂和蜂蜜以外的其他成分。蜂蜜不得含有异物以及不良的香气、口味或在加工、储藏时从其他外来物质中吸收的颜色。蜂蜜不得发酵或发泡。花粉或蜂蜜特有成分不得去除，除非在去除外来无机或有机物质时不可避免。

3.2　蜂蜜不得进行加热或加工，以使其基本成分发生改变或质量受到破坏。

3.3　不得用化学或生化方法处理蜂蜜的结晶。

3.4　水分含量

(a)普通蜂蜜	不超过20%
(b)石楠花蜜	不超过23%

3.5　糖含量

3.5.1　果糖和葡萄糖含量(总量)

(a)普通蜂蜜	不低于60 g/100 g
(b)甘露蜜或甘露蜜与花蜜的混合蜜	不低于45 g/100 g

3.5.2　蔗糖含量

(a)普通蜂蜜	不超过5 g/100 g
(b)紫荆花蜜、柑橘蜜、合欢树蜜、French Honeysuckle、红树胶蜜、沼泽革木蜜和Eucryphia milligani蜜	不超过10 g/100 g
(c)熏衣草蜜和琉璃苣蜜	不超过15 g/100 g

3.6　水不溶性固体物质含量

(a)除压榨蜂蜜外的蜂蜜	不超过0.1 g/100 g

(b)压榨蜂蜜　　　　　　　　　　　不超过 0.5 g/100 g

3.7　电导率

(a)下列蜂蜜以外的或混合蜂蜜　　　不超过 0.8 ms/cm

(b)甘露蜜和栗子蜜以及(c)以外的　不低于 0.8 ms/cm
混合蜜

(c)草莓、石楠、桉树、酸橙、麦卢卡(Manuka)、胶藤(jelly bush)以及茶树。

4　污染物

4.1　重金属

蜂蜜所含的重金属不得对人体健康造成危害。本标准所涉及的产品必须符合 CAC 有关重金属最大限量的要求。

4.2　农药和兽药的残留

本标准所涉及的产品必须符合 CAC 有关最大残留限量的要求。

5　卫生

5.1　本标准所涉及的产品应按照 CAC/RCPI—1969，Rev3—1997 有关国际操作规范——食品卫生一般原则以及其他相关的法典文件(如卫生操作规范)进行制备和处理。

5.2　产品应符合按照 CAC 制定和应用微生物指标原则(CAC/GL 21—1997)所制定的微生物指标要求。

6　标签

除预包装食品标签通用标准(Codex Stan 1—1985，Rev2—1999)的一些规定外，还应符合以下条款：

6.1　食品名称

6.1.1　符合本标准定义的产品均可称为“蜂蜜”；

6.1.2　符合 2.1.1 的产品可冠以“……花”蜜；

6.1.3　符合 2.1.2 的产品可在产品名称前加上“甘露”字眼；

6.1.4　属 2.1.1 和 2.1.2 混合产品，其名称上可加以说明；

6.1.5　如果蜂蜜来自唯一的地区，则可说明该地理或地表区域的名称；

6.1.6　如果蜂蜜来源于某一种花或植物，则可说明其来源以及相应的感官、理化和微观特性；

6.1.7　如果说明蜂蜜来源于某种花或植物，则可在产品名称前加上植物或花的名称；

6.1.8　如果说明了蜂蜜的产地，来源的植物或花的品种，则应同时声明该蜂蜜的生产国；

6.1.9　除非符合6.1.10说明的要求，否则可不按6.1.10作附加说明，但需按6.1.11(b)和(c)的形式进行说明；

6.1.10　蜂蜜可根据其从蜂巢中提取的方法选择名称：

(a)提取蜜(extracted honey)：采用离心分离的方法将蜂蜜从蜂巢中提取出来而形成的蜂蜜；

(b)压榨蜜(pressed honey)：采用压榨蜂巢的方法取得的蜂蜜；

(c)引流蜜(drained honey)：采用引流的方法将蜜从蜂房中全部流干而取得的蜂蜜。

6.1.11　蜂蜜可按照下列形式冠名：

(a)蜂蜜：呈液态或结晶状，或两种状态的混合。

(b)蜂巢蜜：由蜜蜂将蜜储藏在新鲜的无卵蜂巢的蜂房中，连同蜂巢(或部分)一起销售。

(c)大块蜜(chunk honey)：将蜂巢蜜切块销售，这类产品称为大块蜜。

6.1.12　蜂蜜经过滤后将大部分花粉去除，这类产品可统称为"滤过蜂蜜"。

6.2　非零售包装的标签

6.2.1　除产品的名称、批号、生产商(加工商或包装商)的名称地称地址应出现在包装上外，还应在产品包装或附加材料中提供有关预包装食品标签通用标准以及本标准6.1规定的信息。

7　采样和分析方法

确定产品成分和质量要素的采样和分析方法如下：

7.1 样品制备

依照 AOAC920.180 制备样品。

7.2 水分的确定

AOAC969.38B/J. Assoc. Public Analysts (1992)28 (4)183－187。

MAFF 有关蜂蜜水分的验证方法 V210。

7.3 糖含量的测定

7.3.1 果糖和葡萄糖(总量)

采用 HPLC 的方法测定糖——欧洲蜂蜜委员会的统一方法:Apidologie Special lssue 28,1997,1.7.2。

7.3.2 蔗糖含量

采用 HPLC 的方法测定糖——欧洲蜂蜜委员会的统一方法:Apidologie Special lssue 28,1997,1.7.2。

7.4 水不溶固体含量的测定

J. Assoc. Public Analysts (1992)28 (4)189－193。

MAFF 有关蜂蜜中水不溶固体含量测定的验证方法 V22。

7.5 电导率的测定

电导率的测定——欧洲蜂蜜委员会的统一方法:Apidologie Special lssue 28,1997,1.2。

7.6 蜂蜜中外来糖的测定(真实性验证)

AOAC977.20 有关糖特性的测定。

AOAC991.41SClRA 内部标准(稳定的碳同位素比率分析)。

第二部分(略)

译者按:

在 CAC 第 24 次大会上,将原标准的蜂蜜范围由“西方蜜蜂(Apis mellifera)产生的……”改变为由“各种产蜜蜜蜂所生成的……”,并建议根据不同蜂蜜品种、花型、地区特点等确定其特性指标,包括水分含量。因此,会议通过的此稿还需进一步修订。

此外，该标准还定出了一些自愿执行的质量指标（适用于贸易双方而非各国政府），供参考：

游离酸度：蜂蜜的游离酸度不能超过50 mmol/1 000 g；

淀粉酶活性：蜂蜜的淀粉酶活性取决于其加工和/或混合过程，总的不应少于8个Schade单位，如果是含天然酶低的蜂蜜，则不应低于3个Schade单位。

羟甲基糠醛（HMF）：一般加工和混合后的蜂蜜中HMF不应超过40 mg/kg，但对于那些声明来自热带地区的蜂蜜或混合了这些蜂蜜，其产品中的HMF就不应超过80 mg/kg。

附录二　日本蜂产品标准

日本蜂蜜标准

——2002年10月9日日本全国蜂蜜公正协会告示第35号

1　性状

蜂蜜颜色是淡黄色至暗褐色的，有特殊的香味，或早或晚会出现结晶的糖浆状液体。

2　蜂蜜组成成分的标准

水分：	20％以下（温度20℃） （国产蜂蜜23％以下）
果糖及葡萄糖含量：	60 g/100 g以上
蔗糖含量：	5 g/100 g以下
灰分：	电传导度0.8 ms/cm以下
羟甲基糠醛（HMF）：	5.9 mg/100 g以下
游离酸：	5 mL(1 mol/L碱)/100 mg以下
淀粉糊精反应：	阴性

日本蜂王浆标准

——平成12年12月1日日本第4次修订

1　理化指标

1.1　鲜王浆

水分：	62.5％～68.5％
粗蛋白：	11.0％～14.5％
酸度：	32.0～53.0
10-HAD：	≥1.40％
细菌数：	≤500个/g

1.2　王浆干粉

水分：	≤5.0％
粗蛋白：	30.0％～41.0％
10-HAD：	≥3.50％
细菌数：	≤500个/g

1.3　王浆制品

10-HAD：	≥0.18％
细菌数：	≤1 000个/g

2　检测方法

水分：	减压加热干燥法
粗蛋白：	凯氏定氮法
酸度：	NaOH滴定法
10-HAD：	高压液相色谱法
细菌数：	标准平皿培养法

附录三　中华人民共和国蜂产品国家标准

GB/T 18796—2005　蜂蜜

1　范围

本标准规定了蜂蜜的定义及其被从巢脾中分离出来后的品质、包装、标志、运输、储存要求。

本标准适用于所有的蜂蜜,包括各种直接食用的蜂蜜。

除了巢脾蜂蜜(巢蜜)以外,其他以蜂蜜作为产品名称或产品名称主词的产品均应符合本标准。

2　规范性引用文件

下列文件中的条款通过本标准的引用而成为本标准的条款。凡是注日期的引用文件,其随后所有的修改单(不包括勘误的内容)或修订版均不适用于本标准,然而,鼓励根据本标准达成协议的各方研究是否可使用这些文件的最新版本。凡是不注日期的引用文件,其最新版本适用于本标准。

GB/T 5009.4　食品中灰分的测定

GB 7718　预包装食品标签通则

GB 14881　食品企业通用卫生规范

GB 14963　蜂蜜卫生标准

GB/T 18932.1　蜂蜜中碳-4 植物糖含量测定方法 稳定碳同位素比率法

GB/T 18932.16　蜂蜜中淀粉酶值的测定方法 分光光度计法

GB/T 18932.18　蜂蜜中羟甲基糠醛含量的测定方法 液相色谱-紫外检测法

GB/T 18932.22　蜂蜜中果糖、葡萄糖、蔗糖、麦芽糖含量的测定方法 液相色谱示差折光检测法

GH/T 1015—1999　蜂蜜包装钢桶

SN/T 0852—2000　进出口蜂蜜检验方法

3　术语和定义

GB 7718 确立的以及下列术语和定义适用于本标准。

3.1

蜂蜜 honey，bee honey

蜜 honey，bee honey

蜜蜂采集植物的花蜜、分泌物或蜜露，与自身分泌物结合后，经充分酿造而成的天然甜物质。

注：蜂蜜含有多种糖，主要是果糖和葡萄糖。此外还含有有机酸、酶和来源于蜜蜂采集的固体颗粒物如植物花粉等。蜂蜜的气味和色泽随蜜源的不同而不同。色泽是水白色、琥珀色或深色。蜂蜜在通常情况下呈黏稠流体状，储存时间较长或温度较低时可形成部分或全部结晶。

3.2

＜蜂蜜＞酿造 make

（与蜜蜂分泌物结合后的）花蜜、植物分泌物或蜜露在巢脾内转化、脱水、储存至成熟的过程。

3.3

单一花种蜂蜜 unifloral honey，monoflofloral honey

单一植物蜂蜜 unifloral honey，monofloral honey

单花种蜂蜜 unifloal honey，monoflord honey

蜜蜂主要采集一种蜜源植物的花蜜或分泌物酿造的蜂蜜。

3.4

多花种（混合）蜂蜜 multifloral honey

多种植物（混合）蜂蜜 multifloral honey

杂花蜂蜜 multifloral honey

杂花蜜 multifloral honey

蜜蜂采集两种或两种以上蜜源植物的花蜜或分泌物酿造的蜂蜜，以及两种或两种以上单一植物蜂蜜的混合物。

3.5

蜜露 honeydew

甘露 honeydew

吮吸植物汁液的昆虫排出的甜物质。

3.6

蜜露蜂蜜 honeydew honey

甘露蜂蜜 honeydew honey

蜜露蜜 honeydew honey

甘露蜜 honeydew honey

蜜蜂采集蜜露，与自身分泌物结合后，经充分酿造而成的天然甜物质。

注：蜂蜜的一个品种。

4 要求

4.1 感官要求

4.1.1 色泽

依蜜源品种不同，有水白色（几乎无色）、白色、特浅琥珀色、浅琥珀色、琥珀色至深色（暗褐色）。常见单一花种蜂蜜的色泽见附录 A 。

4.1.2 气味

有蜜源植物的花的气味。单一花种蜂蜜有这种蜜源植物的花的气味。没有酸或酒的挥发性气味和其他异味。

4.1.3 滋味

依蜜源品种不同，甜、甜润或甜腻。某些品种有微苦、涩等刺激味道。常见单一花种蜂蜜的滋味见附录 A 。

注：甜润指感觉舒适的甜味感，甜腻指感觉过于甜的甜味感。

4.1.4 状态

a)常温下呈黏稠流体状,或部分及全部结晶;

b)不含蜜蜂肢体、幼虫、蜡屑及其他肉眼可见杂物;

c)没有发酵征兆。

4.2 等级

依理化品质不同,分为一级品和二级品两个等级。

在合同条件下,可以对不符合一级品要求、但符合二级品要求的蜂蜜依据理化品质、感官特征差别细分出若干级差。但本条款仅限于在合同双方之间采用。

4.3 理化要求

4.3.1 强制性理化要求

强制性理化要求见表1。

表1 强制性理化要求

项 目	一级品	二级品
水分/%	≤20	≤24
除下款以外的品种	≤23	≤26
荔枝蜂蜜、龙眼蜂蜜、柑橘蜂蜜、鹅掌柴蜂蜜、乌桕蜂蜜		
果糖和葡萄糖含量/%	≥60	
蔗糖含量/%	≤5	
除下款以外的品种	≤10	
桉树蜂蜜、柑橘蜂蜜、紫苜蓿蜂蜜		

4.3.2 推荐性理化要求

推荐性理化要求见表2。这些要求是生产方(加工方)自愿采用或合同双方协商规定的要求,不作为政府官方机构强制性要求。但鼓励生产方(加工方)采用这些要求。

表 2 推荐性理化要求

项 目	一级品	二级品
酸度/[(1 mol/L 氢氧化钠)mL/kg]	≤40	
羟甲基糠醛/(mg/kg)	≤40	
淀粉酶活性(1%淀粉溶液)/[mL/(g·h)]	≥4	
除下款以外的品种	≥2	
荔枝蜂蜜、龙眼蜂蜜、柑橘蜂蜜、鹅掌柴蜂蜜		
灰分/%	≤0.4	

4.4 安全卫生要求

应符合 GB 14963 标准和法律、法规、规章及有关标准要求。

4.5 真实性要求

4.5.1 不得添加或混入任何淀粉类、糖类、代糖类物质。

采用 GB/T 18932.1 标准方法试验时，试验结果×(蜂蜜中碳－4 植物糖的百分含量)不得大于 7。

4.5.2 不得添加或混入任何防腐剂、澄清剂、增稠剂等异物。

4.5.3 如果在蜂蜜中添加其他矿物、生物或其提取物、分泌物、工业生产物质，不应以“蜂蜜”或“蜜”作为产品名称或名称主词。

4.6 产品名称要求

应选用下列名称：

a)符合本标准定义的产品方可称为“蜂蜜”或简称为“蜜”；

b)采用过滤工艺除去了花粉的蜂蜜应称为“过滤蜂蜜”；

c)可以在“蜂蜜”前加上表示色泽的形容词，示例：白色蜂蜜；

d)如果蜂蜜主要产自一种植物或花，并具有此种蜂蜜的物理、化学和微观特性，可以在“蜂蜜”前加上这种植物或花的名称；

注：常见单一花种蜂蜜的产品名称见附录 A，示例：刺槐蜂蜜。

e)所采用“液态蜂蜜”、“结晶蜂蜜”名称，表明物理状态；

f)按前款 b)、c)、d)、e)组合方式命名；

g)如果蜂蜜是一种蜜蜂酿造,可以在产品名称前加上这种蜜蜂的名称,写在括号内,示例:(东北黑蜂)蜂蜜;

h)本标准第 3.1 、3.3 、3.4 和 3.6 条术语可以作为产品名称。

4.7 特殊限制要求

不应使用化学或生化处理方法改变蜂蜜的结晶变化。

加热处理时温度不能过高,防止蜂蜜基本成分发生变化,造成质量损害。

5 试验方法

5.1 总则

本章规定的试验方法是仲裁采用的方法。第 5.9 条规定了 2 个等效的方法。

5.2 试样制备

试验方法标准有规定的,按标准规定制备。没有规定的,按 SN/T 0852—2000 中 3.1 制备。

5.3 水分

采用 SN/T 0852—2000 中 3.4 规定的方法。

5.4 果糖和葡萄糖、蔗糖

采用 GB/T 18932.22 规定的方法。

5.5 灰分

采用 GB/T 5009.4 规定的方法。

5.6 真实性要求

采用 GB/T 18932.1 规定的方法。

5.7 酸度

采用 SN/T 0852—2000 中 3.5 规定的方法。试验结果换算成以(1 mol/L 氢氧化钠)mL/kg 为单位。

5.8 羟甲基糠醛

采用 GB/T 18932.18 规定的方法。

5.9 淀粉酶活性

采用 GB/T 18932.16 规定的方法。

也可采用 SN/T 0852—2000 中 3.6 规定的方法。该方法中 3.6.2.1.5“准确称取适量淀粉(相当于干态 1 g)于 250 mL”高型烧杯中,改为“准确称取适量淀粉(相当于干态 2 g)于 250 mL 高型烧杯中”。其他规定不变。

5.10 色泽

采用 SN/T 0852—2000 中 3.2 规定的方法。

6 包装

6.1 非零售包装

6.1.1 非零售包装的包装钢捅应符合 GH/T 1015 要求。投入使用的这种包装钢桶其桶龄自出厂日期起,不得超过 5 年。

临时周转可使用其他带盖的食品包装容器。

不应使用镀锌桶或盛装过药品、燃料油、食用油或其他化工产品的包装容器。

6.1.2 包装容器在使用前应清洗干净,并吹干或晾干。

6.1.3 包装场地应清洁卫生,并远离污染源。

6.1.4 灌装人员在操作前应洗手消毒,并穿戴洁净的工作衣帽。

6.1.5 容器内应保留适当空隙,防止蜂蜜受热溢出。灌装后应立即盖好桶盖。

6.2 预包装

6.2.1 接触蜂蜜的包装容器和材料应符合国家食品安全卫生要求。

6.2.2 包装应严密。应采取可靠的方式,使其他人员能够识别该容器在包装后是否曾被开启。

7 标志

7.1 非零售包装的标志

在包装上应标明产品名称、生产日期或批号、生产者(加工者或包装者)的名称和地址。

7.2　预包装的标签

7.2.1　应符合 GB 7718 要求。

7.2.2　产品名称应符合本标准 4.6 条要求。

7.2.3　产品标准号：符合本标准强制性要求和推荐性要求的，应标示为："符合 GB 18796 要求"。仅符合本标准强制性要求的，应标示为："符合 GB 18796 的强制性要求"。

标示企业标准号的，应按前款要求一并标示"符合 GB 18796 要求"或"符合 GB 18796 的强制性要求"。

7.2.4　非零售包装上应标示产品名称、规格、数量、生产日期或批号、生产者（加工者或经销者）的名称和地址。

图示标志应符合 GB 191 标准规定。

8　储存

8.1　储存场所应清洁卫生，防高温、防风雨，远离污染源。

8.2　不得与有毒、有害、有腐蚀性、有异味、易挥发的物品同场所储存。

9　运输

9.1　运输工具应清洁卫生。

9.2　不得与有毒、有害、有腐蚀性、有异味、易挥发的货物混装运输。

9.3　防暴晒、防风雨。

附录 A

（规范性附录）

常见单一花种蜂蜜的感官特性

产品名称	蜜源植物	色泽	气味/滋味	结晶状态
桉树蜂蜜	桃金娘科　桉属　大叶桉 *Eucalyptus robusta* Smith	琥珀色、深色	有桉醇味。甜，微涩	易结晶。结晶暗黄色，粒粗
	桃金娘科　桉属　隆缘桉 *Eucalyptus exserta* F. Muell	琥珀色、深色	有桉醇味。甜，微酸	易结晶。结晶暗黄色，粒粗
	桃金娘科　桉属　柠檬桉 *Eucalyptus citriodora* Hook. f.	琥珀色、深色	有柠檬香味。甜，微涩	易结晶。结晶暗黄色，粒粗
白刺花蜂蜜	豆科　白刺花 *Sophora viciifolia* Hance	浅琥珀色	清香。甜润	结晶乳白，细腻
草木樨蜂蜜	豆科　黄香草木樨 *Melilotus officinalis*(L.)Desr.	浅琥珀色	清香。甜润	结晶乳白，细腻
	豆科　白香草木樨 *Melilotus albus* Desr.	水白色、白色	清香。甜润	结晶乳白，细腻
刺槐蜂蜜（洋槐蜂蜜）	豆科　刺槐 *Robinia pseudoacacia* L.	水白色、白色	清香。甜润	不易结晶。偶有结晶，乳白，细腻
椴树蜂蜜	椴树科　紫椴 *Tilia amurensis* Rupr.	特浅琥珀色	香味浓。甜润	易结晶。结晶乳白，细腻
	椴树科　糠椴 *Tilia mandschurica* Rupr et Maxin.	特浅琥珀色	甜润	易结晶。结晶乳白，细腻
鹅掌柴蜂蜜（鸭脚木蜂蜜）	五加科　鹅掌柴 *Scheffiera octophylla* Harms.	浅琥珀色、琥珀色	甜，微苦	易结晶。结晶乳白，细腻

续表

产品名称	蜜源植物	色泽	气味/滋味	结晶状态
柑橘蜂蜜(柑橘蜂蜜)	芸香科　柑橘 *Citrus reticulata* Blanco.	浅琥珀色	香味浓。甜润	易结晶。结晶乳白,细腻
胡枝子蜂蜜	豆科　胡枝子 *Lespedeza bicolor* Turcz.	浅琥珀色	略香。甜润	易结晶。结晶乳白,细腻
荆条蜂蜜(荆花蜂蜜)	马鞭草科　荆条 *Vitex negundo* yar. *heterophylla* Rehd.	浅琥珀色	略香。甜润	易结晶。结晶乳白,细腻
老瓜头蜂蜜	萝摩科　老瓜头 *Cynanchum romarovii* Al. Iljinski	浅琥珀色	有香味。甜腻	结晶乳白色
荔枝蜂蜜	无患子科　荔枝 *Litchi chinensis* Sonn.	浅琥珀色	有香味。甜润	易结晶。结晶乳白,粒细
柃属蜂蜜(野桂花蜂蜜)	山茶科　柃属 *Eurya*	水白色、白色	清香。甜润	不易结晶。偶有结晶,乳白,细腻
龙眼蜂蜜	无患子科　龙眼 *Dimocarpus longan* Lour.	琥珀色	有香味。甜润	不易结晶。偶有结晶,琥珀色,颗粒略粗
密花香薷蜂蜜(野藿香蜂蜜)	唇形科　密花香薷 *Elsholtzia densa* Benth.	浅琥珀色	有香味。甜	结晶粒细
棉花蜂蜜	锦葵科　陆地棉 *Gossypium hirsutum* L.	浅琥珀色、琥珀色	无香味。甜	易结晶。结晶乳白,粒细、硬
	锦葵科　海岛棉 *Gossypium barbadense* L.	浅琥珀色、琥珀色	无香味。甜	易结晶。结晶乳白,粒细、硬

续表

产品名称	蜜源植物	色泽	气味/滋味	结晶状态
枇杷蜂蜜	蔷薇科 枇杷 *Friobotrya japonica* (Thunb.) Lindl.	浅琥珀色、琥珀色	无香味。甜润	结晶乳白，颗粒略粗
荞麦蜂蜜	蓼科 荞麦 *Fagopyrum esculentum* Moench.	深琥珀色	有刺激味。甜腻	易结晶。结晶琥珀色，粒粗
乌桕蜂蜜	大戟科 乌桕 *Sapium sebiferum* (L.)Roxb.	琥珀色	甜味略淡，微酸	易结晶。结晶暗黄，粒粗
	大戟科 山乌桕 *Sapium discolor* (Champ.) Muell. -Arg	琥珀色	甜味略淡	易结晶。结晶微黄，粒粗
向日葵蜂蜜（葵花蜂蜜）	菊科 向日葵 *Helianthus annuus* L.	浅琥珀色、琥珀色	有香味。甜润	易结晶。结晶微黄
野坝子蜂蜜	唇形科 野坝子 *Elsholtzia rugulosa* Hemsl.	浅琥珀色，略带绿色	有香味。甜	极易结晶。结晶分粗细两种，细腻的质硬
野豌豆蜂蜜（苕子蜂蜜）	豆科 广布野豌豆 *Vicia sativa* L.	浅琥珀色	清香。甜润	结晶细腻
	豆科 长柔毛野豌豆 *Vicia villosa* Roth.	特浅琥珀色	清香。甜润	结晶细腻
油菜蜂蜜	十字花科 油菜 *Brassica campestris* L.	琥珀色	甜，略有辛辣或草青味	极易结晶。结晶乳白，细腻
枣树蜂蜜（枣花蜂蜜）	鼠李科 枣 *Ziziphus jujuba* Mill. var. *inermis*(Bunge)Rehd.	浅琥珀色、琥珀色、深色	甜腻	不易结晶

续表

产品名称	蜜源植物	色泽	气味/滋味	结晶状态
芝麻蜂蜜	胡麻科　芝麻 *Sesamum orientale* L.	浅琥珀色、琥珀色	有香味。甜，略酸	结晶乳白色
紫花木樨蜂蜜	豆科　紫花木樨 *Medicago sativa* L.	浅琥珀色	有香味。甜	易结晶。结晶乳白，粒粗
紫云英蜂蜜	豆科　紫云英 *Astragalus sinius* L.	白色、特浅琥珀色	清香。甜腻	不易结晶。偶有结晶，乳白，细腻

注：色泽的描述采用 SN/T 0852—2000 标准中第 3.2 条用词。依水分含量不同，色泽、气味和滋味略有差异。

蜂王浆

（2007 年送审稿）

1　范围

本标准规定了蜂王浆的定义、等级、品质、试验方法、包装、标志、储存、运输要求。

本标准适用于蜂王浆的生产和贸易。

2　规范性引用文件

下列文件中的条款通过本标准的引用而成为本标准的条款。凡是注日期的引用文件，其随后所有的修改单（不包括勘误的内容）或修订版均不适用于本标准，然而，鼓励根据本标准达成协议的各方研究是否可使用这些文件的最新版本。凡是不注日期的引用文件，其最新版本适用于本标准。

GB/T 601　化学试剂 滴定分析（容量分析）用标准溶液的制备

GB/T 5009.4—2003　食品中灰分的测定

GB 7718　预包装食品标签通则

3 术语和定义

下列术语和定义适用于本标准。

3.1

蜂王浆 Royal jelly

蜂皇浆 Royal jelly

工蜂咽下腺和上颚腺分泌的，主要用于饲喂蜂王和蜂幼虫的乳白色、淡黄色或浅橙色浆状物质。

4 要求

4.1 感官要求

4.1.1 色泽

无论是黏浆状态还是冰冻状态，都应是乳白色、淡黄色或浅橙色，有光泽。冰冻状态时还有冰晶的光泽。

4.1.2 气味

黏浆状态时，应有类似花蜜或花粉的香味和辛香味。气味纯正，不得有发酵、酸败气味。

4.1.3 滋味和口感

黏浆状态时，有明显的酸、涩、辛辣和甜味感，上腭和咽喉有刺激感。咽下或吐出后，咽喉刺激感仍会存留一些时间。冰冻状态时，初品尝有颗粒感，然后逐渐消失，并出现与黏浆状态同样的口感。

4.1.4 状态

常温下或解冻后呈黏浆状，具有流动性。不应有气泡和杂质如蜡屑等。

4.2 等级

根据理化品质，蜂王浆分为一级品和二级品两个等级。

4.3 理化要求

产品等级和理化要求见表1。

表 1　产品等级和理化要求

指　标	优等品	合格品
水分/%	≤67.5	≤69.0
10-羟基-2-癸烯酸/%	≥1.8	≥1.4
蛋白质/%	11～16	
总糖(以葡萄糖计)/%	≤15	
灰分/%	≤1.5	
酸度/[(1 mol/L NaOH)mL/100 g]	30～53	
淀粉	不得检出	

4.4　安全卫生要求

应符合国家法律、法规和政府规章要求，符合国家有关标准规定的安全卫生要求。

4.5　真实性要求

不得添加或取出任何成分。

5　试验方法

5.1　理化指标的试验方法

如无特别说明，各方法所用试剂均为分析纯试剂，水为蒸馏水。

5.1.1　样品制备

采用不锈钢棒、管或勺作为取样器。将样品装入样品瓶内，充分搅拌使混合均匀，作为待测样品。每件样品应不少于 20 g。

取样后应立即试验。如不能及时试验，应在 −18℃ 冰箱中冰冻保存。

5.1.2　水分

5.1.2.1　仪器

a)减压干燥箱；

b)称量瓶：高 25 mm，直径 35 mm；

c)分析天平：感量 0.000 1 g。

5.1.2.2　试验步骤

取蜂王浆试样约0.5 g,置于已干燥至恒量的称量瓶中,精密称定,摊平,放入减压干燥箱,在温度75℃,压力-0.10～-0.095 MPa(-760～-730 mmHg)下干燥4 h后取出称量瓶,置干燥器中,冷却30 min后称量,反复干燥直至前后两次质量差不超过2 mg,为恒量。

5.1.2.3　计算

按公式(1)计算。

$$X_1=\frac{m_1-m_2}{m_1-m_3}\times 100 \tag{1}$$

式中:

X_1——蜂王浆中水分含量,%;

m_1——称量瓶和试样的质量,单位为克(g);

m_2——称量瓶和试样干燥至恒重后的质量,单位为克(g);

m_3——称量瓶的质量,单位为克(g)。

5.1.2.4　平行试验相对偏差

平行试验相对偏差不得超过0.8%。

5.1.3　10-羟基-2-癸烯酸

5.1.3.1　试剂

本试验所用水为重蒸馏水。

a)甲醇:紫外光谱纯或在检测波长处透光率大于30%的分析纯;

b)无水乙醇:优级纯;

c)内标物:对羟基苯甲酸甲酯,含量99.0%;

d)10-HDA标准品:99.0%以上。使用前应在放有浓硫酸的减压干燥器内减压干燥24 h;

e)10-HDA标准溶液:取干燥后的10-HDA标准品约25 mg,精密称定,加无水乙醇溶解并移入25 mL容量瓶中,用无水乙醇稀释至刻度,摇匀。此溶液每毫升含10-HDA约1 mg;

f)内标溶液:取已干燥过的对羟基苯甲酸甲酯约650 mg,精密称定，加无水乙醇溶解并移入 1 000 mL 容量瓶中，用无水乙醇稀释至刻度，摇匀。此溶液每毫升含内标物约 0.65 mg；

g)盐酸（c＝0.03 mol/L）：量取 0.1 mol/L 盐酸 100 mL，加入 200 mL 重蒸馏水中；

h)流动相 $\phi(CH_3OH+0.03\ mol/L\ HCl+H_2O)=55+10+35$。

5.1.3.2 仪器

a)高效液相色谱仪：配置紫外检测器、记录仪或微处理机；

b)色谱柱：4.6 mm×250 mm 不锈钢柱，填充无定形硅胶 C_{18} 键合相，5 μm 或 10 μm；

c)超声波清洗仪；

d)漩涡混匀器；

e)分析天平：感量 0.000 1 g。

5.1.3.3 试验步骤

5.1.3.3.1 试样处理

样品解冻至室温后用玻璃棒搅匀，取约 0.5 g，置于已称定的 50 mL容量瓶中，精密称定，加 0.03 mol/L 盐酸 1 mL 和水 2 mL，置漩涡混合器上混合使试样溶解，加无水乙醇 30 mL，边加入边轻轻摇动，再精密加入内标溶液 10 mL，并用无水乙醇稀释至刻度，摇匀，立即置超声波浴中超声 15 min，或置漩涡混合器上振荡 15 min，取出，在 3 000 r/min 下离心 10 min 后测定。如不能及时测定，应放置在冰箱中冷藏待测。

5.1.3.3.2 色谱条件

测定波长：210 nm；柱温度：35℃；流动相流速：1 mL/min。

5.1.3.3.3 校正因子测定

精密吸取 10-HDA 标准溶液 0.5 mL，1 mL，2 mL，3 mL，4 mL 和 5 mL 置于 10 mL 容量瓶中。精密加入内标溶液 2 mL，用无水乙醇稀释至刻度，摇匀。分别吸取此溶液 2 μL，注入色谱仪，用峰面积比值计算，应呈线性，求出校正因子 F。

5.1.3.3.4　试样测定

吸取试样溶液 4 μL,注入色谱仪,按"内标法"定量。

5.1.3.3.5　计算

按公式(2)计算。

$$X_2 = F \times \frac{A_i}{A_s} \times \frac{m_s}{m_i} \times 100 \quad (2)$$

式中:

X_2——蜂王浆中 10-羟基-2-癸烯酸含量,%;

F——校正因子;

A_s——试样中内标物峰面积;

A_i——试样中被测组分峰面积;

m_s——内标物质量,单位为克(g);

m_i——试样质量,单位为克(g)。

5.1.3.3.6　平行试验相对偏差

平行试验相对偏差不得超过 2.0%。

5.1.4　蛋白质

5.1.4.1　试剂

a)浓硫酸(ω=95%~98%);

b)硫酸铜与硫酸钾混合试剂:称取硫酸铜 1 g、硫酸钾 10 g,置研钵中混合均匀,研细备用;

c)混合指示剂:量取甲基红乙醇溶液(ρ=1 g/L)2 份,溴甲酚绿乙醇溶液(ρ=2 g/L)3 份,混匀;

d)硼酸吸收液(ρ=20 g/L):称取硼酸 2.0 g,置于 100 mL 具塞量筒中,加乙醇 20 mL,并加蒸馏水稀释至刻度,振摇使硼酸溶解,备用;

e)氢氧化钠溶液(ρ=400 g/L):称取氢氧化钠 40 g,加蒸馏水稀释至 100 mL;

f)稀硫酸:量取浓硫酸 5.7 mL,加蒸馏水稀释至 100 mL;

g)盐酸标准溶液(0.1 mol/L):按 GB/T 601—1988 配制和标定。

使用前准确稀释 10 倍。

5.1.4.2 仪器

a)凯氏定氮法消化装置、50 mL 凯氏烧瓶(如使用远红外消解电炉则配用 50 mL 消解管加曲颈漏斗);

b)10 mL 酸式滴定管;

c)分析天平:感量 0.000 1 g;

d)半微量法蒸馏装置(见附录 A)。

5.1.4.3 试验步骤

5.1.4.3.1 蒸馏装置的清洗

连接蒸馏装置,A 瓶中加适量蒸馏水与甲基红指示液数滴,加稀硫酸使成酸性,加玻璃珠或沸石数粒,从 D 漏斗加蒸馏水约 50 mL,关闭 G 夹,开放冷凝水,煮沸 A 瓶中蒸馏水。当蒸汽从冷凝管尖端冷凝而出时,移去火源,关 H 夹,使 C 瓶中的蒸馏水反冲到 B 瓶中。开 G 夹,放出 B 瓶中的蒸馏水,关 B 瓶及 G 夹。将冷凝管尖端浸入约 50 mL 蒸馏水中,使蒸馏水自冷凝管尖端反冲至 C 瓶,再冲至 B 瓶,如上法放去蒸馏水。如此将仪器洗涤 2～3 次。

5.1.4.3.2 消化

取蜂王浆试样约 1 g 置已称定的滤纸上,精密称定后包好,放入凯氏烧瓶或消解管中。加入硫酸铜与硫酸钾混合试剂 2 g,再沿瓶壁缓缓加入浓硫酸 10 mL,充分混合,在瓶口放一小漏斗,使烧瓶成 45°斜置,开始用较低温度缓缓加热,使溶液温度保持在沸点以下,等泡沸停止后,逐步加大电力,待消化溶液沸腾,保持此状态但不使溶液溢出,待溶液成澄明的绿色后,继续加热 30 min,冷却后转移至 100 mL 容量瓶中,用蒸馏水稀释至刻度,摇匀备用。

5.1.4.3.3 蒸馏

量取 20 g/L 硼酸溶液 10 mL,置 100 mL 锥形瓶中,加混合指示剂 5 滴,将冷凝管尖端浸入液面下以后,精密吸取上述消化溶液 5 mL,经由 D 漏斗移入反应管中,再加入 400 g/L 氢氧化钠溶液 10 mL,用少量蒸馏水洗 D 漏斗数次,关 G 夹,加数毫升蒸馏水于 D 漏斗中以封闭管路。加热A瓶(瓶中的蒸馏水应滴加稀硫酸保持酸性),进行水蒸气蒸馏,从硼酸溶液开始由酒红色变为蓝绿色时起,继续蒸馏10 min后,将冷凝管尖端提出液面,使蒸汽继续冲洗1 min,用少量蒸馏水淋洗尖端后,停止蒸馏。

5.1.4.3.4　滴定

将吸收液用0.01 mol/L盐酸标准溶液滴定至由蓝绿色变为灰紫色为终点。

5.1.4.3.5　计算

按公式(3)计算。

$$X_3=\frac{(V_1-V_0)\times c_1\times 0.014}{m_4\times\frac{5}{100}}\times 6.25\times 100 \qquad (3)$$

式中:

X_3——蜂王浆中蛋白质含量(质量百分率),以质量分数表示,%;

V_1——滴定试样时0.01 mol/L盐酸标准溶液消耗的体积,单位为毫升(mL);

V_0——滴定空白时0.01 mol/L盐酸标准溶液消耗的体积,单位为毫升(mL);

c_1——盐酸标准溶液的浓度,单位为摩尔每升(mol/L);

0.014——氮的毫摩尔质量,单位为克(g);

m_4——样品的质量,单位为克(g);

6.25——氮换算为蛋白质的系数。

5.1.4.3.6　平行试验的相对偏差

平行试验相对偏差不得超过3.0%。

5.1.5　总糖

5.1.5.1　试剂

a)葡萄糖标准溶液:精密称取经98～100℃干燥至恒重的纯葡萄糖(比旋光度+52.5°～+53°)1.000 g,加蒸馏水溶解后加入盐酸5 mL,并以蒸馏水稀释至1 000 mL,此溶液每毫升相当于1 mg葡萄糖;

b)碱性酒石酸铜甲液：称取硫酸铜($CuSO_4 \cdot 5H_2O$)15 g 及次甲基蓝 0.05 g，加蒸馏水溶解并稀释至 1 000 mL，储存于密塞瓶内；

c)碱性酒石酸铜乙液：称取酒石酸钾钠 50 g 及氢氧化钠 75 g，加蒸馏水溶解，加入亚铁氰化钾 4 g，待其完全溶解后，用蒸馏水稀释至 1 000 mL，储存于密塞聚乙烯塑料瓶内；

碱性酒石酸铜溶液的标定：精密吸取碱性酒石酸铜甲液和乙液各 5 mL，置于 150 mL 锥形瓶中，加蒸馏水 10 mL，自滴定管加葡萄糖标准溶液约 9 mL，控制在 2 min 内加热至沸，趁沸以每 2 s 一滴的速度继续滴加葡萄糖标准溶液，直到溶液蓝色刚好褪去为终点，记录消耗葡萄糖标准溶液的总体积，同时平行操作 3 份，取其平均值，计算每10 mL（甲、乙液各 5 mL）碱性酒石酸铜溶液相当于葡萄糖的质量(mg)；

d)乙酸锌溶液(ρ=219 g/L)：称取乙酸锌 21.9 g，加冰乙酸 3 mL，加蒸馏水溶解并稀释至 100 mL；

e)亚铁氰化钾溶液(ρ=106 g/L)；

f)浓盐酸 ω=36%～38%；

g)盐酸(c=6 mol/L)：量取盐酸 50 mL，加蒸馏水稀释至100 mL；

h)氢氧化钠溶液(ρ=200 g/L)；

i)甲基红指示液(ρ=1 g/L，乙醇溶液)。

5.1.5.2　仪器

a)电热恒温水浴锅：温度波动±1℃；

b)分析天平：感量 0.000 1 g 或电子天平，感量 0.001 g。

5.1.5.3　试验步骤

5.1.5.3.1　试样处理

精密称取蜂王浆试样约 4 g，置于 100 mL 容量瓶中，加蒸馏水 50 mL，振摇使试样溶解后缓缓加入乙酸锌溶液及亚铁氰化钾溶液各 5 mL，加蒸馏水稀释至刻度，摇匀。静置 30 min 后用干燥滤纸过滤，弃去初滤液数毫升，滤液备用。

精密吸取上述滤液 50 mL，置于 100 mL 容量瓶中，加入盐酸(c=6 mol/L)10 mL，摇匀，置于电热恒温水浴锅中，在 68～70℃下水解

10 min，流水冷却至室温，加甲基红指示液 2 滴，摇匀，用氢氧化钠溶液（ρ=200 g/L）中和至溶液呈黄色，加蒸馏水稀释至刻度，摇匀，作为试样溶液备用。

5.1.5.3.2　试样溶液滴定

精密吸取碱性酒石酸铜甲液和乙液各 5 mL，置于 150 mL 锥形瓶中，加蒸馏水 10 mL，控制在 2 min 加热至沸，以先快后慢的速度，从滴定管中滴加试样溶液，并保持溶液沸腾状态，待溶液颜色变浅时，以每 2 s 一滴的速度滴定，直至蓝色刚好褪去为终点，记录试样溶液消耗体积。

5.1.5.3.3　计算

按公式(4)计算。

$$X_4=\frac{T}{m_5\times\frac{V_2}{100}\times\frac{1}{2}\times 1\,000}\times 1\,000 \tag{4}$$

式中：

X_4——蜂王浆中总糖（以葡萄糖为计）含量，以质量分数表示，%；

T——碱性酒石酸铜溶液滴定度，10 mL 碱性酒石酸铜溶液（甲、乙液各 5 mL）相当于葡萄糖的质量，单位为毫克(mg)；

m_5——试样质量，单位为克(g)；

V_2——滴定时试样溶液所消耗的体积，单位为毫升(mL)。

5.1.5.3.4　平行试验相对偏差

平行试验相对偏差不得超过 3.0%。

5.1.6　灰分

5.1.6.1　试剂

浓硫酸（ω=95%～98%）。

5.1.6.2　仪器

a)分析天平：感量±0.000 1 g；

b)石英或瓷坩埚：30 mL；

c)干燥器:内置硅胶干燥剂;

d)高温炉

5.1.6.3 试验步骤

5.1.6.3.1 按 GB/T 5009.4—2003 中 4.1 执行。

5.1.6.3.2 精密称量蜂王浆试样约 1.5 g,置于已灼烧至恒量的坩埚中,先用小火加热使样品充分炭化至无烟。冷却至室温,加入浓硫酸 0.5～1 mL,使样品湿润。低温加热除尽硫酸蒸汽。置高温炉中,在 700～800℃下灼烧至无炭粒,即灰化完全。温度降至 200℃以下后取出,放入干燥器中冷却至室温,称量。重复灼烧至前后两次称量相差不超过 0.3 g 为恒量。

5.1.6.4 计算

按公式(5)计算。

$$X_5=\frac{m_6\times m_7}{m_8\times m_7}\times 100 \tag{5}$$

式中:

X_5——蜂王浆中灰分含量,以质量分数表示,%;

m_6——坩埚和灰分的质量,单位为克(g);

m_7——坩埚的质量,单位为克(g);

m_8——坩埚和试样的质量,单位为克(g)。

5.1.6.5 平行试验相对偏差

平行试验相对偏差不得超过 2.0%。

5.1.7 酸度

5.1.7.1 试剂

氢氧化钠溶液(c=0.1 mol/L):按 GB/T 601 标准配制并标定。

5.1.7.2 仪器

a)酸度计:pH 值精度为 0.1;

b)滴定管:10 mL;

c)分析天平:感量±0.000 1 g、±0.001 g。

5.1.7.3　试验步骤

称取蜂王浆试样 1.00 g，置于 100 mL 烧杯中，加入新煮沸并已冷却的蒸馏水 75 mL，用氢氧化钠标准溶液（c=0.1 mol/L）滴定，至酸度计指示 pH 值 8.3 为终点。

5.1.7.4　计算

滴定消耗的氢氧化钠标准溶液的毫升数与浓度（mol/L）值相乘，再乘以 100，即为试样的酸度。

5.1.7.5　平行试验相对偏差

平行试验相对偏差不得超过 5%。

5.1.8　淀粉

5.1.8.1　试剂

碘溶液（ρ=13 g/L）：称取碘 1.3 g、碘化钾 3.6 g，置于 200 mL 烧杯中，加蒸馏水 30 mL，再加浓盐酸 1 滴，溶解后加蒸馏水至 100 mL，搅匀，置于棕色瓶中，密塞备用。

5.1.8.2　试验步骤

称取蜂王浆试样约 0.2 g，置于 50 mL 烧杯中，加入蒸馏水10 mL，搅匀，加热至沸，冷却至室温后加入碘液（ρ=13 g/L）数滴，不得呈蓝色。

6　包装、标志、储存、运输

6.1　包装

包装容器应符合安全卫生要求，包装严密、牢固。

6.2　标志

产品包装上应标明产品名称、产地、收购单位、检验员姓名、收购日期、净含量/毛重及皮重。

用作预包装食品时，其标签应符合 GB 7718 要求。

运输包装应标明产品名称、数量和运输图示标志。

6.3　储存

储存温度应在－18℃以下。

不同产地、不同时间生产的蜂王浆要分别（装瓶，装箱）存放。

不得与有异味、有毒、有腐蚀性和可能产生污染的物品同库存放。

6.4　运输

应低温运输，不得与有异味、有毒、有腐蚀性和可能产生污染的物品同装混运。

附录 A

（规范性附录）

蛋白质含量试验的半微量法蒸馏装置

蜂王浆中蛋白质试验的半微量法蒸馏装置见图 A.1。

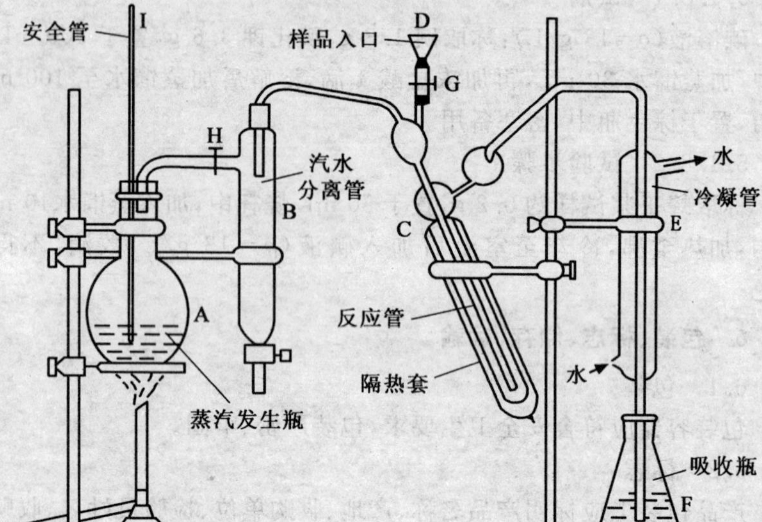

A——1 000 mL 圆底烧瓶　　E——直形冷凝管

B——安全瓶　　F——100 mL 锥形瓶

C——连有氮气球的蒸馏器　　G,H——橡皮管夹

D——漏斗　　I——安全管

图 A.1　半微量法蒸馏装置

附录四　无公害蜂产品生产标准

NY 5134—2002　无公害食品 蜂蜜

1　范围

本标准规定了无公害蜂蜜的技术要求、试验方法、检验规则和标志、标签、包装、运输、储存。

本标准适用于天然蜂蜜。

2　规范性引用文件

下列文件中的条款通过本标准的引用而成为本标准的条款。凡是注日期的引用文件，其随后所有的修改单（不包括勘误的内容）或修订版均不适用于本标准，然而，鼓励根据本标准达成协议的各方研究是否可使用这些文件的最新版本。凡是不注日期的引用文件，其最新版本适用于本标准。

GB 191　包装储运图示标志

GB 4789.2　食品卫生微生物学检验 菌落总数测定

GB 4789.3　食品卫生微生物学检验 大肠菌群测定

GB 4789.4　食品卫生微生物学检验 沙门氏菌检验

GB 4789.5　食品卫生微生物学检验 志贺氏菌检验

GB 4789.10 食品卫生微生物学检验 金黄色葡萄球菌检验

GB 4789.11　食品卫生微生物学检验 溶血性链球菌检验

GB 4789.12　食品卫生微生物学检验 肉毒梭菌及肉毒毒素检验

GB 4789.15　食品卫生微生物学检验 霉菌和酵母计数

GB/T 5009.4　食品中灰分的测定

GB/T 5009.12　食品中铅的测定

GB/T 5009.14　食品中锌的测定

GB 7718　食品标签通用标准

GB/T 12396　食品中铁、镁、锰的测定

GB/T 14931.1　畜禽肉中土霉素、四环素、金霉素残留测定方法

GB 14963　蜂蜜卫生标准

GB 16740　保健(功能)通用标准

GB 17405　保健食品良好生产规范

GH/T 1001　预包装食用蜂蜜

SN 0130　出口蜂产品中六六六、滴滴涕残留量的测定方法

SN 0691　出口蜂产品中氟胺氰菊酯残留量的测定方法

SN/T 0852　进出口蜂蜜检验方法

3　定义

下列定义适用于本标准。

3.1

天然蜂蜜 natural honey

蜜蜂采集植物的花蜜、蜜露，经过自身充分酿造而成的含糖甜物质。

4　技术要求

4.1　感官要求

感官要求应符合表1规定。

表1　感官要求

项目	指　标
色泽	具有该品种所具有的色泽。依品种不同从水白色至深褐色
气味与味道	有蜜源植物或花的香气。单花种蜂蜜有该种蜜源植物或花的香气。口感甜润或甜腻。某些品种略有刺激味。无其他异味
状态	常温下呈透明、半透明黏稠流体或结晶状。无发酵征兆
杂质	不含肉眼可见杂质

4.2 理化要求

理化要求应符合表2规定。

表2 理化要求

项 目	指标
水分/(g/100 g)	≤23
还原糖(以转化糖计)/(g/100 g)	≥65
蔗糖/(g/100 g)	≤8
灰分/(g/100 g)	≤0.6
酸度(1 mol/L 氢氧化钠)/(mL/100 g)	≤4
淀粉酶活性(1%淀粉溶液)/[mL/(g·h)]	≥4

注:荔枝蜂蜜、龙眼蜂蜜、柑橘蜂蜜、鹅掌柴蜂蜜等蜜种不要求淀粉酶活性指标。

4.3 微生物要求

微生物要求应符合表3规定。

表3 微生物要求

项 目	指标
菌落总数/(cfu/g)	≤1 000
大肠菌群/(MPN/100 g)	≤30
霉菌总数/(cfu/g)	≤200
致病菌	不得检出

4.4 有毒有害物质限量

有毒有害物质限量应符合表4规定。

表4 有毒有害物质限量

项 目	指标
铁(以 Fe 计)/(mg/kg)	≤20
锌(以 Zn 计)/(mg/kg)	≤25

续表 4

项　目	指标
铅(以 Pb 计)/(mg/kg)	≤1
羟甲基糠醛(HMF)/(mg/kg)	≤40
六六六/(mg/kg)	≤0.05
滴滴涕/(mg/kg)	≤0.05
四环素族抗生素/(mg/kg)	≤0.05
氟胺氰菊酯/(mg/kg)	≤0.05

4.5　其他要求

应符合 GH/T 1001 标准规定。

5　试验方法

5.1　试样制备

按 SN/T 0852—2000 中 2.1 规定检验。

5.2　感官检验

5.2.1　色泽、气味、味道

按 SN/T 0852—2000 中 2.2 和 2.3 规定检验。

5.2.2　状态

试样放在透明容器中，目测观察透明度、结晶和杂质。轻微倾斜容器，然后用洁净的玻璃棒搅动试样，观察其流动性和黏稠度。用玻璃棒挑起试样，鼻嗅和口尝试样，鉴别发酵征兆。

5.3　理化检验

5.3.1　水分

按 SN/T 0852—2000 中 3.4 规定检验。

5.3.2　还原糖

按 SN/T 0852—2000 中 3.8 规定检验。

5.3.3　蔗糖

按 SN/T 0852—2000 中 3.9 规定检验。

5.3.4　灰分

按 GB/T 5009.4 规定检验。

5.3.5　酸度

按 SN/T 0852—2000 中 3.5 规定检验。去除原规定中的%。

5.3.6　淀粉酶活性

按 SN/T 0852—2000 中 3.6 规定检验。

5.4　微生物检验

5.4.1　菌落总数

按 GB 4789.2 规定检验。

5.4.2　大肠菌群

按 GB 4789.3 规定检验。

5.4.3　霉菌总数

按 GB 4789.15 规定检验。

5.4.4　致病菌

按 GB 4789.4、GB 4789.5、GB 4789.10、GB 4789.11 规定检验。

5.5　有毒有害物质检验

5.5.1　羟甲基糠醛

按 SN/T 0852—2000 中 3.7 规定检验。

5.5.2　六六六、滴滴涕

按 SN 0130 规定检验。

5.5.3　氟胺氰菊酯

按 SN 0691 规定检验。

5.5.4　四环素

按 GB/T 14931.1 规定检验。

5.5.5　铅、锌

分别按 GB/T 5009.12 规定检验。

5.5.6　铁

按 GB/T 12396 规定检验。

6 检验规则

6.1 组批规则

6.1.1 原料品质、工艺条件、生产班次、品种、规格、包装相同的产品为一批。

6.1.2 原料品质、工艺条件、生产班次、品种、规格相同，班产量小于 2 t 时，可把生产时间接续的 2 个班次产品合为一批。

6.2 抽样方法

按照 GH/T 1001 标准有关规定执行。

6.3 出厂检验

产品出厂前，应由生产方最终检验部门按本标准 4.1、4.2、4.3 进行检验。检验合格后并附合格证方可出厂。

出厂检验项目也可根据产品接受方要求进行。进入流通领域应按有关规定和标准检验。

6.4 型式检验

对产品全部技术要求的检验。有下列情况之一者，应进行型式检验：

a)变更原料供应方时；

b)长期停产后，恢复生产时；

c)人员、设备、原料、工艺条件、环境等条件变化，可能影响产品质量时；

d)出厂检验结果与上次型式检验有较大差异时；

e)质量监督部门其他或主管部门提出型式检验要求时。

6.5 判定规则

按 GH/T 1001—1998 中 6.4 规定执行。

7 包装、标志、标签、运输、储存

7.1 包装

包装材料应符合国家食品包装卫生安全标准要求。

7.2 标志

图示标志应符合 GB 191 的要求。

7.3 标签

食品标签应符合 GB 7718 的要求，运输包装上的标志应与食品标签一致。

7.4 运输、储存

7.4.1 产品储存、运输工具应符合 GB 17405 要求。

7.4.2 产品不得与有毒有害物品混装运输、混存混放。

7.4.3 产品运输、储存应符合蜂蜜储存条件。防止污染和温度急剧变化。

NY 5135—2002 无公害食品 蜂王浆与蜂王浆冻干粉

1 范围

本标准规定了无公害食品蜂王浆与蜂王浆冻干粉的定义、技术要求、试验方法、检验规则、包装、标志、标签、运输、储存要求等内容。

本标准适用于蜂王浆、蜂王浆冻干粉的生产、加工、检验、储存、运输和销售。

2 规范性引用文件

下列文件中的条款通过本标准的引用而成为本标准的条款。凡是注日期的引用文件，其随后所有的修改单（不包括勘误的内容）或修改版均不适用于本标准，然而，鼓励根据本标准达成协议的各方研究是否可使用这些文件的最新版本。凡是不注日期的引用文件，其最新版本适用于本标准。

GB 191 包装储运图示标志

GB 4789 食品卫生微生物学检验

GB/T 5009.11 食品中总砷的测定方法

GB/T 5009.12 食品中铅的测定方法

GB 7718　食品标签通用标准

GB 9697　蜂王浆(已调整为行业标准)

GB 16740　保健(功能)食品通用标准

GB 17405　保健食品良好生产规范

3　术语和定义

GB 9697 和 GB 7718 确立的以及下列术语和定义适用于本标准。

3.1

蜂王浆 royal jelly

哺育蜂舌腺和上颚腺的混合分泌物,是蜂王生命活动中的主要食物。又称蜂皇浆、王浆、蜂乳、王乳等。

3.2

蜂王浆冻干粉 lyophilized royal jelly powder

以蜂王浆为原料,经过真空冷冻干燥而成的固态产品。又称为蜂王浆粉、蜂皇浆冻干粉、蜂皇浆粉。

4　技术要求

4.1　感官指标

应符合表1要求。

表1　感官指标

项目	蜂王浆	蜂王浆冻干粉
颜色	乳白、淡黄、黄红色,以及少量蜜源植物花粉颜色	乳白、淡黄、黄红色
状态	乳浆状、微黏,有光泽感,不得有胶状物呈现	粉末状,颗粒均匀一致,不得有黏着状
气味	有本品特有香气,气味纯正;不得有发酵、发臭等异味	有本品特有香气,气味纯正;不得有焦煳和发臭等异味
滋味	有酸、涩带辛辣味,回味略甜;不得有异味	
杂物	无幼虫、蜡屑等杂物,不得有外来异物	

4.2 理化指标

应符合表 2 规定。

表 2 理化指标

项 目	蜂王浆	蜂王浆冻干粉
水分/(g/100 g)	≤70	≤7
蛋白质/(g/100 g)	≥11	≥33
酸度(1 mol/mL×mL NaOH/100 g)	30～53	—
灰分/(g/100 g)	≤1.5	≤5
总糖(以葡萄糖计)/(g/100 g)	≤15	≤50
淀粉	不得检出	
10-羟基-Q-癸烯酸/(g/100 g)	≥1.4	≥4.2

4.3 卫生安全指标

应符合表 3 规定。

表 3 卫生安全指标

项 目	蜂王浆	蜂王浆冻干粉
菌落总数/(cfu/g)	≤1 000	≤10 000
大肠菌群/(MPN/100 g)	≤90	
霉菌/(cfu/g)	≤50	
酵母/(cfu/g)	≤50	
致病菌(系指肠道致病菌或致病性球菌)	不得检出	
砷[以 As 计]/(mg/kg)	≤0.3	
铅[以 Pb 计]/(mg/kg)	≤0.5	

5 试验方法

5.1 取样条件

在相对湿度≤35%、温度0～25℃的洁净干燥间里，迅速抽取样品。

5.2 感观及理化指标

按GB 9697及本标准规定检验。

5.3 菌落总数

按GB 4789.2规定检验。

5.4 大肠菌群

按GB 4789.3规定检验。

5.5 霉菌

按GB 4789.15规定检验。

5.6 酵母

按GB 4789.15规定检验。

5.7 致病菌

按GB 4789.4、GB 4789.5、GB 4789.10、GB 4789.11规定检验。

5.8 砷

按GB/T 5009.11规定检验。

5.9 铅

按GB/T 5009.12规定检验。

6 检验规则

6.1 组批与抽样

6.1.1 检验批

原料品质、工艺条件、生产班次、品种、规格相同的产品为一批。

6.1.2 抽样

10件以下，逐件抽取；

10～100件，随机选取10件；

100件以上，按照式(1)随机抽样a件。

$$a \approx \sqrt{n} \tag{1}$$

式中：

a——应抽取的件数（当 a 值有小数时，无论小数值的大小，均向前修约进 1）；

n——受检产品总件数。

每件（或其中的一小件）抽取 5～50 g，全部混合均匀后，再根据检测的需要抽取 10～100 g 作为试样进行检测。

6.2 检验

分出厂检验和型式检验两类。

6.2.1 出厂检验

产品出厂前，应由生产方最终检验部门按本标准 4.1 进行检验，检验合格后并附合格证方可出厂。

出厂检验项目也可根据产品接收方要求进行。进入流通领域应按有关规定和标准检验。

6.2.2 型式检验

对产品全部技术要求的检验。有下列情况之一时，应进行型式检验：

a)变更原料供应方时；

b)长期停产后，恢复生产时；

c)人员、设备、原料、工艺条件、环境等条件变化，可能影响产品质量时；

d)出厂检验与上次型式检验有较大差异时；

e)产品质量审核、产品质量监督部门或主管部门、其他需要型式检验时。

6.3 判定原则

任何一项指标不合格，即判受检样本及其对应批次不合格。

7 包装、标志、标签、储存、运输

7.1 包装

包装材料应符合食品卫生安全标准要求；内包装材料应具有气密

性和防潮性。

7.2　标志、标签

7.2.1　图示标志应符合 GB 191 要求。

7.2.2　食品标签应符合 GB 7718 的规定；运输包装上的标志应与食品标签一致。

7.3　包装、运输、储存

7.3.1　产品储存、运输及工具应符合 GB 17405 要求。

7.3.2　密封包装的蜂王浆可在常温下 24 h 内销售、运输，应防止温度急剧变化；宜在－5℃以下低温储存、运输。

7.3.3　产品不应与有毒、有害物品混存混放。

7.4　保质期

7.4.1　蜂王浆应在－18℃以下低温保存，保质期可以为 24 个月。

7.4.2　蜂王浆冻干粉常温下密封保存，保质期为 3 个月；在－5℃以下低温保存，保质期可以为 24 个月。

NY 5136—2002　无公害食品 蜂胶

1　范围

本标准规定了无公害蜂胶的定义、质量要求、检验方法、检验规则、标志、包装、运输、储存要求。

本标准适用于蜂胶的生产、加工和销售。

2　规范性引用文件

下列文件中的条款通过本标准的引用而成为本标准的条款。凡是注日期的引用文件，其随后所有的修改单（不包括勘误的内容）或修订版不适用于本标准，然而，鼓励根据本标准达成协议的各方研究是否可使用这些文件的最新版本。凡是不注日期的引用文件，其最新版本适用于本标准。

GB 4789.2　食品卫生微生物学检验 菌落总数测定

GB 4789.3 食品卫生微生物学检验 大肠菌群测定

GB 4789.4 食品卫生微生物学检验 沙门氏菌检验

GB 4789.5 食品卫生微生物学检验 志贺氏菌检验

GB 4789.10 食品卫生微生物学检验 金黄色葡萄球菌检验

GB 4789.11 食品卫生微生物学检验 溶血性链球菌检验

GB 4789.15 食品卫生微生物学检验 霉菌和酵母计数

GB/T 5009.11 食品中总砷的测定方法

GB/T 5009.12 食品中铅的测定方法

GB/T 5009.17 食品中总汞的测定方法

GB/T 5009.19 食品中六六六、滴滴涕残留量的测定方法

GB 15204 食品容器、包装材料用偏氯乙烯-氯乙烯共聚树脂卫生标准

GB 16331 食品包装材料用尼龙 6 树脂卫生标准

GB 16332 食品包装材料用尼龙成型品卫生标准

GB/T 17332 食品中有机氯和拟除虫菊酯类农药多种残留的测定

3 术语和定义

下列术语和定义适用于本标准。

3.1 蜂胶 propolis

蜜蜂将采自植物的枝条、叶芽及愈伤组织等的分泌物与上腭腺、蜡腺等的分泌物同少量花粉混合后所形成的黏性物质。

3.2 总黄酮 total flavonoids

蜂胶中黄酮及类黄酮类物质的含量总和。本标准是以蜂胶中常见的高良姜素(galangin)、槲皮素(quercetin)、芦丁(rutin)、杨梅酮(myricetin)、莰菲醇(kaempferol、芹菜素(apigenin)、松属素(pinocembrin)、柯因(chrysine)等 8 种黄酮含量之和表示。

3.3 氧化时间 oxidation time

蜂胶的综合抗氧化能力(即综合还原能力),通常指一定量的蜂胶使一定体积的浓度为 0.01 moL 的高锰酸钾液的紫红色完全消退所需时间,用秒来计量。

4 质量要求

4.1 感官指标

无公害蜂胶的感官指标应符合表1的规定。

表1 感官指标

状态	不透明的团块或碎片,在35℃以上逐渐变软,有黏性和可塑性
气味	有明显的芳香味
色泽	褐色、灰褐、暗绿、灰黑色等,有光泽
滋味	有明显的辛辣感

4.2 理化指标

无公害蜂胶的理化指标应符合表2的规定。

表2 理化指标

项 目	指标
总黄酮含量/%	≥8
氧化时间/s	≤22
75%乙醇提取物含量/%	≥55
蜂蜡和75%乙醇不溶物含量/%	≤45

4.3 微生物指标

无公害蜂胶原料的微生物指标应符合表3的规定。

表3 蜂胶的微生物指标

项 目	指标
菌落总数/(cfu/s)	≤1 000
大肠菌群/(MPN/100 g)	≤30
霉菌及酵母菌数/(cfu/g)	≤200
致病菌	不得检出

4.4　有毒有害物质限量

无公害蜂胶原料的有毒有害物质限量应符合表4规定。

表4　有毒有害物质限量

项　目	指标
铅(以Pb计)/(mg/kg)	≤1
砷(以As计)/(mg/kg)	≤0.3
汞/(mg/kg)	≤0.3
六六六/(mg/kg)	≤0.05
滴滴涕/(mg/kg)	≤0.05
氟胺氰菊酯/(mg/kg)	≤0.05

5　检验方法

5.1　抽样与取样

5.1.1　抽样方法

每批20件以下者，抽样件数不少于50%；20件以上者，每增加10件，增抽样品一件。

5.1.2　取样方法

随机从包装中取出蜂胶若干，对于块状蜂胶，用工具从不同的胶块的不同部位上采取5～10 g样品，每一批的取样总量不超过300 g。将块状的样品放入3～10℃的冰箱中1 h后，取出样品，用电动粉碎机将其粉碎成粉状。

5.2　感官检验

5.2.1　色泽

将蜂胶块冷冻后，用锤砸开，在自然光的环境中观察外表及断面的光泽度。

5.2.2　黏性

将蜂胶块加热至35～60℃或以上，用手揉搓成条，再慢慢向两端拉伸。含胶量越大，黏性越大，拉伸长度亦越大。

5.2.3 气味、滋味

取 2 g 试样置于一特定的玻璃板上，先口尝蜂胶的滋味，再点燃，嗅其气味是否异常。

5.3 理化检验

5.3.1 蜂胶总黄酮含量的测定(见附录 A)

5.3.2 蜂胶抗氧化时间的测定(见附录 A)

5.3.3 蜂胶中乙醇可溶物的含量测定(见附录 A)

5.3.4 蜂蜡和不溶物的含量测定(见附录 A)

5.4 微生物检验

5.4.1 菌落总数

按 GB 4789.2 规定的方法测定。

5.4.2 大肠菌群

按 GB 4789.3 规定的方法测定。

5.4.3 霉菌及酵母计数

按 GB 4789.15 规定的方法测定。

5.4.4 致病菌

按 GB 4789.4、GB 4789.5、GB 4789.10、GB 4789.11 规定的方法测定。

5.5 有毒有害物质检验

5.5.1 六六六、滴滴涕

按 GB/T 5009.19 规定的方法测定。

5.5.2 氟胺氰菊酯

按 GB/T 17331 规定的方法测定。

5.6 铅、砷、汞

分别按 GB/T 5009.12、GB/T 5009.11、GB/T 5009.17 规定的方法测定。

6 检验规则

6.1 组批规则

6.1.1 产品均应以批为单位，同批产品的品质、规格、包装应整齐一致。

6.1.2　同一班次，用同一原料、按同一过程所生产的同规格产品为一个货批。

6.2　检验类型

6.2.1　型式检验

型式检验是对产品质量进行全面考核，即对本标准规定的全部要求（指标）进行检验。有下列情形之一者应对产品质量进行型式检验：

a）产品出口、评优或国家质量监督机构、行业主管部门提出型式检验要求；

b）前后两次抽样检验结果差异较大；

c）因人为或自然因素使生产环境发生较大变化。

6.2.2　交收检验

每批产品交收（出厂）前，生产单位都要进行感官、标志和包装等的检验，检验合格后并附合格证的产品方可交收（出厂）。

6.2.3　包装检验

应按本标准8的规定进行。

6.3　抽样方法

抽样应按本标准5.1.1的规定，从每一批货中随机抽取样品。

6.4　判定规则

6.4.1　检验结果全部符合本标准规定的产品为合格。

6.4.2　产品中某一项指标不符合要求的，允许对不合格项目进行加密取样复测，复测仍不合格的，则判定该批产品为不合格。

6.4.3　该批次样本标志、包装、净含量不合格者，允许生产单位进行整改后申请复检一次。若检验结果中出现不符合本标准卫生安全、有毒有害规定的指标，允许复检一次，复检应取同一批产品中副样进行，以复检结果为准。感官和卫生指标检测不合格不得复检。

7　标志

7.1　食品标签

应符合GB 7718的要求，且标明产品的食用量。运输包装上的标志应与食品标签一致。

7.2 图示标志

应符合 GB 191 的要求。

8 包装、运输、储存

8.1 包装

8.1.1 包装材料应符合食品卫生安全标准要求。

8.1.2 包装应牢固、防潮、整洁，便于装卸、仓储和运输。

8.1.3 产品应按产地、规格分别包装。

8.2 运输

8.2.1 运输时应做到运输工具清洁卫生、干燥、无异味、无污染，严禁与有毒、有害、有异味、易污染的物品混装混运。

8.2.2 运输途中严防日晒、雨淋，装卸时应轻放轻卸。

8.3 储存

8.3.1 临时或短期储存，应以阴凉干燥、清洁卫生的场所为宜，严禁日晒、雨淋及有毒有害物质的污染。

8.3.2 长时间存放，应按产品等级、规格分别堆放，保持储存场所阴凉干燥。

8.3.3 产品不得与有毒、有害、有异味的物品同处储存。

附 录 A

(规范性附录)

蜂胶的理化指标检测方法

A.1 蜂胶总黄酮含量的测定

A.1.1 原理

母核上羟基、甲氧基、糖甙元的个数不同，而形成一系列黄酮和黄酮甙。蜂胶中常见的黄酮是以下 8 种：高良姜素、槲皮素、芦丁、杨梅酮、莰菲醇、芹菜素、松属素、柯因。在紫外波长 270 nm 处均有吸收。

这8种黄酮的分子中因含有羟基的数量不同因而极性不同，在反向 C_{18} 柱上的保留时间不同，随着羟基个数的减少其保留时间增加。因此8种黄酮出峰的顺序应是芦丁→杨梅酮→槲皮素→莰菲醇→芹菜素→松属素→柯因→高良姜素。用反向高效液相色谱法测定蜂胶中的黄酮含量，快速、准确、精密度高。

A.1.2　试剂

a)高良姜素、槲皮素、芦丁、杨梅酮、莰菲醇、芹菜素、松属素、柯因(色谱纯，Sigma 公司)。

b)甲醇(优级纯，并经0.5 μm 滤膜过滤)、乙醇、磷酸(优析纯)、蒸馏水(重蒸，并经0.45 μm 滤膜过滤)。

A.1.3　设备和仪器

a)超声波水浴；

b)振荡器；

c)高压液相色谱仪(紫外检测器)；

d)天平。

A.1.4　色谱条件

色谱柱：Kromasil-C_{18}(0.4 cm×25 cm)；

流动相：65%甲醇-35%水(用磷酸调 pH 值至3)；

流速：0.7 mL/min；

检测器 UV 270 nm ×0.1AUFS；

定量方法：外标法(峰面积)。

A.1.5　步骤

A.1.5.1　配制标准溶液

精密称取高良姜素、槲皮素、芦丁、杨梅酮、莰菲醇、芹菜素、松属素、柯因标样各2.0 mg 于50 mL 的容量瓶中，用甲醇溶解并定容，摇匀备用。

A.1.5.2　样品溶液的制备

称取蜂胶样品0.1 g(精确到0.001 g)，放入50 mL 的容量瓶中，加入40 mL 甲醇，在超声波水浴中加热至60℃，振荡30 min，待样品溶解后，用甲醇定容，用0.5 μm的滤膜过滤，滤液用做上机分析。

A.1.5.3　测定

在上述色谱条件下，取10 μL标准溶液进行分析，得到色谱图，重复进样6次，计算峰面积的平均值；在同一色谱条件下，取10 μL样品溶液进行分析，外标法计算样品中各种黄酮的含量。

A.1.5.4　计算

$$C=\frac{M\times A_2\times V_2\times 100}{W\times A_1\times V_1} \quad (A.1)$$

式中：

C——每100 g样品中各种黄酮的含量，单位为毫克(mg)；

M——10 μL标准样品中各种黄酮的含量，单位为微克(μg)；

A_2——10 μL样品溶液中各种相应黄酮的峰面积平均值；

V_2——样品定容的体积，单位为微升(μL)；

W——样品的称取量，单位为克(g)；

A_1——10 μL标准溶液中各种黄酮的峰面积平均值；

V_1——样品的进样体积，单位为微升(μL)。

A.2　蜂胶氧化时间的测定

A.2.1　测定原理

高锰酸钾是一种强氧化剂，在强酸性条件下其氧化性能最强，MnO_4^- 在溶液中呈紫红色，被还原后因获得5个电子生成 Mn^{2+}，溶液的色泽消失，其反应式如下：

$$\underset{\text{(紫红色)}}{MnO_4^-} + 8H^+ + 5e \rightleftharpoons \underset{\text{(无色)}}{Mn^{2+}} + 4H_2O$$

蜂胶的化学组成极为复杂，现已从中成功地分离并鉴定出300多种物质，其中具有还原性能的不饱和醇、醛、酮、酸、黄酮、萜烯类等化合物就有100多种，这些化合物与高锰酸钾发生氧化-还原反应后，高锰酸钾被还原，从而使溶液的颜色由紫红色变成无色。利用这一特性，每次测定同等质量的蜂胶使浓度和体积都固定的紫红色高锰酸钾液的颜色完全消退所需时间(用秒计),我们将其称为该样品的氧化时间。氧化时间短的蜂胶具有较强的抗氧化能力,比较所测定的蜂胶的抗氧化时即可对它们的质量品质做出相应的判断。

A.2.2 试剂

a)乙醇(95%):分析纯。

b)高锰酸钾:分析纯。配制成 0.01 mol/L 的高锰酸钾液,即精确称取 3.160 g 的高锰酸钾,用水稀释至 1 L。

c)硫酸(95%~98%):分析纯。配制成 20%的硫酸液。

d)蒸馏水。

A.2.3 设备和仪器

a)天平(感量 0.001 g);

b)电动粉碎机;

c)振荡器;

d)秒表;

e)250 mL 具塞磨口锥形瓶若干;

f)50 mL、100 mL、1 000 mL 容量瓶若干;

g)50 mL 锥形瓶若干;

h)0.2 mL、1.0 mL、2.0 mL、5.0 mL、10.0 mL 移液管若干;

i)漏斗、定量滤纸若干。

A.2.4 步骤

a)在室温下,称取 1 g(精确到 0.001 g)新鲜样品,放入 250 mL 的具塞锥形瓶中,加入 25 mL 乙醇,盖好瓶塞,置于振荡器上低速振荡 1 h,然后加入 100 mL 蒸馏水,充分摇匀后,过滤,收集滤液。

b)移液管吸取 0.5 mL 上述滤液,放入 50 mL 的容量瓶中,用蒸馏水稀释至刻度。

c)用移液管吸取 10 mL 稀释液,放入 50 mL 的锥形瓶中,加入 2.0 mL 20%的硫酸液,振荡 1 min,然后用 0.2 mL 的吸量管加入 0.05 mL 0.01 mol/L 的高锰酸钾液,在加入高锰酸钾液的同时,开动秒表,当溶液的紫红色完全消退时,停止秒表,记录溶液的紫红色完全消退所耗用的时间(以秒计),即是该样品的抗氧化时间。每一个样品同时平行测定两次,取算术平均值作为该样品的测定值。

A.3 蜂胶中乙醇可溶物的含量测定

A.3.1 测定原理

蜂胶原料中含有的主要生物活性和药理作用成分能溶于75%的乙醇液,以此作为评定蜂胶原料质量的一个指标。测定时称量试样中不溶于75%乙醇部分的质量,用减量法可得到溶于75%乙醇液的质量,即是75%的乙醇提取物的质量,计算其在试样中的百分含量。

A.3.2 试剂

a)乙醇(95%):分析纯;

b)蒸馏水;

c)定量滤纸。

A.3.3 仪器与设备

a)天平(感量0.001 g);

b)电动粉碎机;

c)鼓风干燥箱;

d)自动振荡器;

e)具塞磨口锥形瓶(250 mL);

f)容量瓶(100 mL、500 mL);

g)烧杯(100 mL、500 mL);

h)瓷研钵;

i)波纹漏斗(Φ12 cm)。

A.3.4 方法和步骤

a)配制75%乙醇;

b)称取10 g(精确到0.001 g)蜂胶试样放入研钵内,加入50 mL 75%的乙醇液,研磨成糊状,将糊状物移入锥形瓶内,用少量乙醇液分三次冲洗研钵,冲洗液合并于锥形瓶内,使乙醇液的体积达到150 mL,盖好瓶塞,将此瓶置于振荡器上,室温条件下每隔1 h振荡30 min,浸提时间不得少于24 h。

c)取一张预先称重的滤纸置于漏斗内,将上述提取液过滤于另一个锥形瓶中,再用少量乙醇分三次冲洗原锥形瓶及滤纸,不溶物及滤纸室温晾干后,放入鼓风干燥箱内50℃干燥至恒重,称重,计算乙醇提取物的质量。在相同条件下做三次平行试验。

A.3.5　计算公式

$$X_1=\frac{(W-W_1)\times 100}{W} \quad (A.2)$$

式中:

X_1——样品中乙醇提取物的含量,%;

W——样品质量,g;

W_1——不溶物质量,g。

平行试验允许的误差不超过1.5%,取三次测定的平均值。

A.4　蜂蜡和不溶物的含量测定

从本标准A.3中测得蜂胶的乙醇提取物含量,再运用减量法,求得蜂蜡和不溶物的含量,具体计算公式如下:

$$X_1=100\%-X_2 \quad (A.3)$$

式中:

X_1——蜂蜡和不溶物含量,%;

X_2——乙醇提取物含量,%。

NY 5137—2002　无公害食品 蜂花粉

1　范围

本标准规定了无公害食品蜂花粉的定义、要求、试验方法、检验规则、标志、标签、包装、运输、储存.

本标准适用于食用蜂花粉的生产、销售。

2 规范性引用文件

下列文件中的条款通过本标准的引用而成为本标准的条款。凡是注日期的引用文件,其随后所有的修改单(不包括勘误的内容)或修订版均不适用于本标准,然而,鼓励根据本标准达成协议的各方研究是否可使用这些文件的最新版本。凡是不注日期的引用文件,其最新版本适用于本标准。

GB 191 包装储运图示标志

GB 4789.2 食品中菌落总数的测定方法

GB 4789.3 食品中大肠菌群的测定方法

GB 4789.4 食品卫生微生物学检验 沙门氏菌检验

GB 4789.5 食品卫生微生物学检验 志贺氏苗检验

GB 4789.10 食品卫生微生物学检验 金黄色葡萄球菌检验

GB 4789.11 食品卫生微生物学检验 溶血性链球菌检验

GB 4789.15 食品卫生微生物学检验 霉菌和酵母计数

GB/T 5009.3 食品中水分的测定方法

GB/T 5009.4 食品中灰分的测定方法

GB/T 5009.5 食品中蛋白质的测定方法

GB/T 5009.12 食品中铅的测定方法

GB/T 5009.19 食品中六六六、滴滴涕残留量的测定方法

GB 7718 食品标签通用标准

GH/T 1014 蜂花粉

3 术语和定义

3.1

蜂花粉 beepollen

蜜蜂采集被子植物雄蕊花药或裸子植物小孢子囊内的花粉细胞,形成的团粒状物。

3.2

杂质 impurity

蜂花粉中除蜂花粉以外的泥沙、昆虫残体等。

4 技术指标

4.1 感官指标

具有蜂花粉的自然品质特征，无虫蛀，无霉变，无异味，不添加任何其他物质。杂质含量在1%以内。

4.2 理化指标

通用理化指标应符合表1规定。

表1 理化要求

项目	指标
水分/%	≤8
蛋白质/%	≥15
灰分/%	≤4

4.2.1 单一品种蜂花粉的特殊指标应符合表2规定。

表2 特殊要求

项 目	指标
单一品种蜂花粉率/%	≥85

4.3 卫生安全指标

卫生安全指标应符合表3规定。

表3 卫生安全指标

项 目	指标
铅(以 Pb 计)/(mg/kg)	≤1
六六六/(mg/kg)	≤0.05
滴滴涕/(mg/kg)	≤0.05

续表 3

项　目	指标
菌落总数/(cfu/g)	≤1 000
大肠杆菌/(MPN/100 g)	≤30
致病苗(指肠道致病菌、致病性球菌)	不得检出
霉菌总数/(cfu/g)	≤200

5　试验方法

5.1　取样

按 GH/T 1014 规定执行。

5.2 感官指标检验

按 GH/T 1014 规定执行。

5.3　理化指标检验

5.3.1　杂质测定

按 GH/T 1014 规定执行。

5.3.2　水分测定

按 GB/T 5009.3 规定执行。

5.3.3　蛋白质测定

按 GB/T 5009.5 规定执行。

5.3.4　灰分测定

按 GB/T 5009.4 规定执行。

5.4　卫生安全指标的检验

5.4.1　铅的测定

按 GB/T 5009.12 规定执行。

5.4.2　六六六、滴滴涕的测定

按照 GB/T 5009.19 规定执行。

5.4.3　菌落总数的测定

按照 GB　4789.2 执行。

5.4.4　大肠菌群的测定

按照 GB　4789.3 执行。

5.4.5　霉菌总数的测定

按照 GB　4789.15 执行。

5.4.6　致瘤菌的测定

按照 GB 4789.4、GB 4789.5、GB 4789.10、GB 4789.11 执行。

6　检验规则

6.1　货批与抽样

6.1.1　货批检验

以同一产区、同一品种、同一销售单位为一个货批。产品均应以货批为单位,同批产品的品质规格和包装应一致。

6.1.2　抽样方法

从每一货批中随机抽取 2 kg 样品。取 1 kg 样品作为制备实验室样品,1 kg 样品作为备样。备样应低温冷冻保存。

6.2　检验

分出厂检验和型式检验。

6.2.1　出厂检验

产品出厂前,生产单位应进行感官品质、水分、灰分检验,检验合格并附有合格证的产品方可出厂。出厂检验项目也可根据产品接收方要求进行。通用流通领域应按有关规定和标准检验。

6.2.2　型式检验

对产品全部技术要求的检验。有下列情形之一者进行型式检验:

a)变更原料供应方时;

b)长期停产后,恢复生产时;

c)人员、设备、原料、工艺条件、环境等条件变化,可能影响产品质量时;

d)出厂检验与上次型式检验有较大差异时;

e)产品质量审核,产品质量监督部门或主管部门需要型式检验时。

6.3 判定规则

6.3.1 按本标准进行测定,检验结果全部符合本标准要求的产品,则判定该批产品为合格。

6.3.2 凡霉变、有虫蛀、有污染、有异味或卫生指标中有一项不符合技术要求的产品,允许对不合格项目进行加密取样复测,复测仍不合格的,则判定该批产品为不合格。

6.3.3 农药残留量出现阳性结果允许进行复测。若复测仍呈阳性,则判定该批产品为不合格。

7 标志、标签

7.1 标志

图示标志应符合 GB 191 的要求。

7.2 标签

食品标签应符合 GB 7718 的要求。运输包装上的标志应与食品标签一致。

8 包装、运输、储存

8.1 包装

8.1.1 包装材料应干燥、清洁、无异味,不影响蜂花粉品质,符合食品卫生标准。

8.1.2 包装要牢固、防潮、整洁,便于装卸、仓储和运输。

8.1.3 包装储运图示标志应符合 GB 191 规定。

8.2 运输

所使用的运输工具应保持清洁、干燥、无异味,运输时应防潮、防雨、防曝晒、防风沙,装卸时轻放轻卸,严禁与有毒、有害、有异味、易污染的物品混装混运。

8.3 储存

8.3.1 产品应储于清洁、干燥、阴凉、无异味的专用仓库(温度在-5℃以下)中,冷库周围应无异味。或者用真空充氮储存。

8.3.2 短期临时存放,应经过干燥和密封处理后存于阴凉干燥处。

8.3.3　不同产地、花种、等级或不同季节采集的产品应分别储存。

8.3.4　储存场所应清洁卫生，不得与有毒、有害、有异味的物品同处储存。

NY 5138—2002　无公害食品 蜜蜂饲养兽药使用准则①

1　范围

本标准规定了在生产无公害食品的蜜蜂饲养过程中允许使用的兽药种类及其使用准则。

本标准适用于无公害食品的蜜蜂饲养过程的生产、管理和认证。

2　规范性引用文件

下列文件中的条款通过本标准的引用而成为本标准的条款。凡是注日期的引用文件，其随后所有的修改单（不包括勘误的内容）或修订版均不适用于本标准，然而，鼓励根据本标准达成协议的各方研究是否可使用这些文件的最新版本。凡是不注日期的引用文件，其最新版本适用于本标准。

NY/T 5139　无公害食品 蜜蜂饲养管理准则

中华人民共和国兽药典（2000 年版）

中华人民共和国兽药规范（1992）

兽药管理条例

进口兽药质量标准（1999）

食品动物禁用的兽药及其他化合物清单（中华人民共和国农业部公告第 193 号）

①随着新版中华人民共和国兽药典（2005 年版）的出版，针对蜜蜂的用药种类已发生了较大的变化，其中在农业行业标准《蜜蜂饲养兽药使用准则》（NY 5138—2002）中允许使用的甲硝唑、盐酸金刚烷胺粉盐酸土霉素可溶性粉、制霉菌素均未列入新版中华人民共和国兽药典（2005 年版），因此这些药已不得用于蜂群。

3 术语和定义

下列术语和定义适用于本标准。

3.1

蜜蜂 honeybee

能泌蜡筑巢,供人类饲养,生产蜂蜜等蜜蜂产品的经济昆虫。

3.2

兽药 veterinarydrug

用于预防、治疗和诊断畜禽等动物的疾病,有目的地调节其生理机能并规定作用、用途、用法、用量的物质(含饲料药物添加剂)。包括兽用生物制品、兽用药品(化学药品、中药、抗生素、生化药品、放射性药品)。

3.2.1

抗菌药 antibacterialdrug

能够抑制或杀灭病原菌的药物,其中包括中药材、中成药、化学药品、抗生素及其制剂。

3.2.2

抗寄生虫药 antiparasiticdrug

能够杀灭或驱除体内、体外寄生虫的药物,其中包括中药材、中成药、化学药品、抗生素及其制剂。

3.2.3

消毒药 disinfectant

用于杀灭环境中的病原微生物、防止疾病发生和传染的药物。

3.3

休药期 withdrawal period

蜜蜂从停止给药到其产品收获的间隔时间。

4 使用准则

蜜蜂饲养者对蜜蜂的饲养应从加强管理入手,保证蜜蜂群有充足、富含营养物质的饲料,选择抗病的品种,采取各种措施以减少疾病,增强自身的抗病能力。养蜂场地应符合 NY/T 5139 的规定。蜜蜂疾病以综合防治为主，必要时用药物进行治疗和消毒，所用的药物必须符合《中华人民共和国兽药典》、《中华人民共和国兽药规范》、《进口兽药质量标准》等的相关规定，并必须来自具有《兽药生产许可证》和产品批准文号的生产企业，或者具有《进口兽药许可证》的供应商。所用药物的标签必须符合《兽药管理条例》的规定。

4.1 优先选用借日光、烘烤、灼烧、洗涤和铲除等机械的或物理的消毒方法，必要时使用消毒药物对饲养环境、蜂箱、巢脾和器具等进行消毒，但应符合 NY/T 5139 的规定。

4.2 允许使用《中华人民共和国兽药典》二部及《中华人民共和国兽药规范》二部收载的中药材、中药成方制剂，以防治蜜蜂的各种疾病。

4.3 允许使用附录 A 中的药物，应注意以下几点：

4.3.1 对蜜蜂疾病经诊断后，选择合适的一种药物，避免重复用药；同时考虑交替用药，尽可能降低耐药性的产生；使用时要严格遵守规定的用法与用量。

4.3.2 休药期应遵守附录 A 中的规定。

4.4 建立并保存全部用药记录，治疗用药记录包括蜂群的编号、发病时间及症状（商品名及有效成分）、用药方式、用药量、疗程、治疗时间等。

4.5 禁止使用未经国家畜牧兽医行政管理部门批准的兽药或已经淘汰的兽药。

4.6 严禁使用《食品动物禁用的兽药及其他化合物清单》中的药物及化合物。

附录A

（规范性附录）

无公害食品蜜蜂饲养允许使用的药物及使用规定

表A.1 无公害食品 蜜蜂饲养允许使用的药物及使用规定

名称	作用与用途	用法与用量	休药期
双甲脒条(500 mg)(amitraz strip)	用于防治蜂螨	悬挂于蜂群空隙处，每群1条，点燃密闭熏烟15 min，每周1次，3周为1个疗程	7天
氟氧苯氰菊酯条(flumethrin strip)	用于防治蜂螨	悬挂于蜂群内，每群2条，6周为1个疗程	采蜜期禁用
氟胺氰菊酯条(fluvalinate strip)	用于防治蜂螨	悬挂于蜂群内，每群2条，3周为1个疗程	采蜜期禁用
甲酸溶液（甲酸7 mL与乙醇3 mL）(formic acid solution)	用于治疗蜂螨，无蜂使用	熏蒸：临用前将二者混合，在22℃以上气温下，密闭熏蒸5～6 h，每10 mL在标准箱内熏蒸7～8张无蜂封盖子脾	
甲硝唑片(metronidazole tablets)	用于防治蜂孢子虫病	饲喂：每升50%糖水加本品500 mg，隔3天1次，连用7次	采蜜期禁用
盐酸金刚烷胺粉(13%)(amantadine hydrochloride powder)	用于防治蜂囊状幼虫病	饲喂：每升50%糖水加本品2 g，每群250 mL，3天1次，连用6次	采蜜期停止使用
酞丁胺粉(4%)(etibamzone powder)	用于蜂麻痹病	饲喂：每升50%糖水加本品12 g，每群250 mL，隔日1次，连用5次	采蜜期停止使用
盐酸土霉素可溶性粉(oxytetracycline hydrochloride soluble powder)	用于防治细菌性疾病	饲喂：每群200 mg（按有效成分计），与1∶1糖浆适量混匀，隔4～5天1次，连用3次	采蜜前6周停止给药

续表 A.1

名 称	作用与用途	用法与用量	休药期
制霉菌素 (nystatin)	用于防治真菌性疾病	饲喂：每升 50% 糖水加本品 200 mg，隔 3 天 1 次，连用 5 次	采蜜期停止使用

注：中国养蜂学会要求会员和生产基地禁用甲硝唑；慎用少用最好不用双甲脒。

NY5139—2002　无公害食品 蜜蜂饲养管理准则

1　范围

本准则规定了无公害蜂产品生产过程中蜂场环境、蜜源、蜂机具、引种、蜂群管理、蜂场与蜂机具消毒、蜜蜂病敌害防治、蜂产品生产、储存各环节的控制。

本准则适用于活框饲养的东方蜜蜂和西方蜜蜂蜂场。

2　规范性引用文件

下列文件中的条款通过本准则的引用而成为本准则的条款。凡是注日期的引用文件，其随后所有的修改单（不包括勘误的内容）或修订版均不适用于本准则，然而，鼓励根据本准则达成协议的各方研究是否可使用这些文件的最新版本。凡是不注日期的引用文件，其最新版本适用于本准则。

GB 3095　环境空气质量标准

NY 5027　无公害食品 畜禽饮用水水质

NY 5134　无公害食品 蜂蜜

NY 5135　无公害食品 蜂王浆与蜂王浆冻干粉

NY 5136　无公害食品 蜂胶

NY 5137　无公害食品 蜂花粉

NY 5138　无公害食品 蜜蜂饲养兽药使用准则

3 术语和定义

下列术语和定义适用于本准则。

3.1

主要蜜粉源植物 main nectar and pollen plant

数量多、面积大、花期长、蜜粉丰富,能生产商品蜜或花粉的植物。

3.2

辅助蜜粉源植物 subordinate nectar and pollen plant

能分泌花蜜、产生花粉,对维持蜜蜂生活和繁殖起作用的植物。

3.3

有毒蜜粉植物 poison nectar and pollen plant

产生的花蜜和花粉会造成蜜蜂或人畜中毒的蜜粉源植物。

3.4

全面检查 general inspection

对蜂巢内巢脾逐一检查,全面了解蜂群内的蜂王、幼虫发育,蜜粉储存和病虫害等情况。

3.5

补饲 feeding

为补充蜂巢内饲料不足对蜂群进行的一种饲喂方式。

3.6

奖饲 stimulative feeding

为刺激蜂群繁殖和采集所采取的一种饲喂方式。

4 蜂场环境

4.1 蜂场周围空气质量符合 GB 3095 中空气质量功能区二类区要求。

4.2 蜂场场址应选择地势高燥、向阳背风、排水良好、小气候适宜的场所。

4.3 蜂场附近应有便于蜜蜂采集的良好水源,水质符合 NY 5027 中幼畜禽的饮用水标准。

4.4　蜂场周围 3 km 内无大型蜂场，以蜜、糖为生产原料的食品厂，化工厂，农药厂及经常喷洒农药的果园。

5　蜜粉源

5.1　距蜂场 3 km 范围内应具备丰富的蜜粉源植物。定地蜂场附近至少要有两种以上主要蜜粉源植物和种类较多、花期不一的辅助蜜粉源植物。

5.2　半径 5 km 范围内存在有毒蜜粉植物的地区，有毒植物开花期，不应放蜂。主要有毒植物为雷公藤、博落回、藜芦、紫金藤、苦皮藤、钩吻、乌头等。

6　养蜂机具

6.1　蜂箱、隔王板、饲喂器、脱粉器、集胶器、王台条应选用无毒、无味材料制成。

6.2　分蜜机应选用不锈钢或全塑无污染分蜜机。

6.3　割蜜刀应选用不锈钢割蜜刀。

7　引种

不应从疫区引进生产用种王、种群或输送卵虫养王。

8　蜂群管理

8.1　人员

蜂场工作人员至少每年进行一次健康检查。传染病患者不应从事蜜蜂饲养和蜂产品生产工作。

8.2　饲料

8.2.1　饲喂蜂群的蜂蜜、糖浆、花粉或花粉代用品应经灭菌处理。

8.2.2　重金属污染、发酵的蜂蜜，生虫、霉变的花粉或花粉代用品不应用做蜂群饲料。

8.2.3　花粉代用品不应添加未经国家有关部门批准使用的抗氧化剂、防霉剂、激素等。

8.3　春季管理

8.3.1　蜂场设置喂水器并定期清洗消毒。

8.3.2　对蜂群做全面检查，清除箱底死蜂、蜡渣、霉变物，保持箱体清洁。

8.3.3　密集群势，保持强群繁殖。

8.3.4　蜂群治螨，用药应符合 NY 5138 的规定。

8.3.5　根据蜂场所在地气候特点进行箱内或箱外保温。

8.3.6　适时补饲或奖饲，低温阴雨天气要给蜂群巢门喂水。

8.3.7　适时扩大蜂巢，加速蜂群群势增长。

8.4　夏季管理

8.4.1　定期全面检查，毁净自然王台，加强通风，防止自然分蜂。

8.4.2　采用遮荫、洒水等措施为蜂群生产和繁殖创造适宜温、湿度条件。

8.4.3　采取转场等措施防止蜜蜂农药中毒和农药污染蜂产品。

8.5　秋季管理

8.5.1　适时停止蜂王浆生产，采取适当措施促进蜂群繁殖。

8.5.2　适时断子，防治蜂螨，治螨用药应符合 NY 5138 规定。

8.5.3　留足越冬饲料，越冬饲料中不应含有甘露蜜。

8.6　越冬管理

8.6.1　室外越冬场所应清洁卫生、干燥、安静。越冬保温材料应无毒、无污染。

8.6.2　越冬室应清洁卫生，保持温度 4℃左右。越冬后期注意补充饲料和预防蜂群下痢。

8.7　转地饲养

执行农业部有关养蜂管理暂行规定中的相关条款。

9　蜂场、蜂机具的卫生消毒

9.1　消毒剂

应对人和蜂安全、无残留毒性，对设备无破坏性，不会在蜂产品中产生有害积累。

9.2　蜂场环境的卫生消毒

9.2.1　每周要清理一次蜂场死蜂和杂草，清理的死蜂应及时深埋。

9.2.2 蜂场每季应用5%的漂白粉乳剂喷洒消毒一次。

9.3 养蜂用具的卫生消毒

9.3.1 木制蜂箱,竹制隔王板、隔王栅、饲喂器

可用酒精喷灯火焰灼烧消毒,每年至少一次。塑料隔王板、塑料饲喂器、塑料脱粉器可用0.2%的过氧乙酸、0.1%新洁尔灭水溶液洗刷消毒。

9.3.2 起刮刀、割蜜刀

经常消毒,可用火焰灼烧法或75%的酒精消毒。

9.3.3 蜂帚、工作服

经常用4%的碳酸钠水溶液清洗和日光曝晒。

9.3.4 巢脾的消毒与保管

9.3.4.1 巢脾的消毒

选用0.1%的次氯酸钠、0.2%的过氧乙酸或0.1%的新洁尔灭水溶液中的一种浸泡12 h以上对巢脾进行消毒,消毒后的巢脾要用清水漂洗晾干。

9.3.4.2 巢脾保管

储存前用96%～98%的冰乙酸,按每箱体20～30 mL密闭熏蒸,以防止大、小蜡螟对巢脾的危害。保存巢脾的仓库应清洁卫生、阴凉、干燥、通风,以避免巢脾霉变。

10 蜜蜂病敌害的防治

10.1 坚持常年饲养强群和保持蜂机具清洁卫生,减少蜜蜂疾病的发生。

10.2 及时治疗患病蜂群。

10.3 蜜蜂病敌害防治药物使用应符合NY 5138的规定。

11 生产管理

11.1 总则

11.1.1 患病蜂群不应用于蜂产品生产。

11.1.2　所有用于蜂产品生产的设备及用具应对人、蜂无毒、无害。

11.1.3　蜂产品生产前后,应对所有与蜂产品直接接触的用具进行清洗消毒。

11.1.4　蜂产品生产期,生产群不应使用任何蜂药。

11.1.5　农作物及其他栽培作物蜜源施药期间,不应进行蜂产品生产。

11.2　蜂王浆生产

11.2.1　移虫、采浆操作间应保持洁净卫生。

11.2.2　蜂王浆生产群应有充足的优质饲料。

11.3　蜂蜜生产

11.3.1　取蜜场所应清洁卫生。

11.3.2　商品蜜生产前,应取出生产群中的饲料蜜。

11.4　蜂胶生产

蜂群治螨用药前应取出蜂胶集胶器,刮集蜂箱内的存胶。

11.5　蜂花粉生产

11.5.1　安装脱粉器前,应洗净生产群蜂箱前壁和巢门板上的尘土,防止污染花粉。

11.5.2　刚采收的鲜花粉质地松软,容易散团,不应过多翻动。

11.5.3　脱出的花粉应采用适宜方法及时干燥处理,密封保存。

12　蜂产品储藏

蜂产品储藏应符合 NY 5134、NY 5135、NY 5136、NY 5137 的规定。

NY/T 639—2002　蜂蜜生产技术规范

1　范围

本标准规定了蜜蜂采蜜群的组织管理、蜂蜜生产技术要求以及蜂蜜标志、储存等。

本标准适用于蜜蜂所采集酿造的天然蜂蜜。

2　规范性引用文件

下列文件中的条款通过本标准的引用而成为本标准的条款。凡是注日期的引用文件，其随后所有的修改单(不包括勘误的内容)或修订版均不适用于本标准，然而，鼓励根据本标准达成协议的各方研究是否可使用这些文件的最新版本。凡是不注日期的引用文件，其最新版本适用于本标准。

GB/T 191 包装储运图示标志

3　术语和定义

下列术语和定义适用于本标准。

3.1

蜂蜜 honey

蜜蜂采集植物的花蜜或分泌物，经自身充分酿造而储存在巢脾中带有芳香味的甜物质。

3.2

主副群饲养 management of principal and subordinate bee colonies

群势强弱不同的蜂群并列放置，主群即生产群，副群即辅助繁殖群。

3.3

双王群 two-queen colony

将两只蜂王分隔在同一蜂巢两个产卵区内的蜂群。

3.4

采蜜群 colonies for honey-getting

生产商品蜜的蜂群，又叫生产群。

3.5

适龄采集蜂 forager of poper age

器官及功能适合出巢采集的工蜂。

3.6

流蜜期 Period of secreting-honey

外界有一种或多种主要蜜源植物开花，蜂群能生产大量蜂蜜的时期。

3.7

群势 power of colony，population of acolony

蜂群中工蜂及子脾的数量状况。

4 蜂蜜生产技术要求

4.1 生产蜂蜜的工具和设备

4.1.1 割蜜刀：采用不锈钢制品。

4.1.2 分蜜机：采用不锈钢或无毒塑料制造。

4.1.3 巢础：使用纯净蜂蜡巢础或塑料巢础。

4.2 蜂蜜生产蜂群的组织与管理

4.2.1 培育适龄采集蜂

在当地主要蜜源流蜜期前 40 天开始培育，蜜源不充足时奖励饲喂，培育适龄采集蜂。

4.2.2 准备巢脾

在主要流蜜期前准备大量的储蜜用的巢脾。

4.2.3 组织采蜜群

在流蜜期 15 天前，从辅助群提出封盖子脾，调入生产群。

4.2.4 调整蜂群

在流蜜期开始前调整蜂群，将未封盖子脾放入巢箱，适当加入空巢脾、卵虫脾、粉脾和巢础框。其余封盖子脾放入继箱，补加空脾。

4.3 采蜜群的管理

4.3.1 流蜜初期，在每天拂晓前用该蜜源的蜜水饲喂，每群 100～200 g，以引导蜜蜂提前上花采蜜。

4.3.2 当主要蜜源流蜜期在 12 天左右，且以后没有主要蜜源时，要在流蜜期前 10 天开始限制蜂王产卵，直至蜜源结束为止，以便工蜂集中力量采蜜和酿蜜，夺取蜂蜜高产；当主要流蜜期在 30 天以上仍有主要蜜源流蜜时，适当限制蜂王产卵，采取采蜜繁殖并举的饲养方式。

4.4 蜂蜜采收要求

采收的蜜脾应有 1/3 以上的蜜房封盖。

4.5 保证蜂蜜优质高产的主要技术措施

4.5.1 选用符合生产需要的优良高产蜂种和健康蜂群。

4.5.2 饲养强群，生产成熟蜂蜜。

4.5.3 选择无污染的蜜源地区放蜂。

4.5.4 使用国家允许的无污染的高效低毒蜂药防治蜜蜂病虫害，严格遵循休药期的管理。

4.5.5 使用符合食品卫生要求的装蜜容器。

4.5.6 采收蜂蜜时要保持环境卫生。

5 储存、标志

5.1 储存

储存场地应清洁卫生，远离污染源，不得与有毒、有害、有异味物质同库、同处储存。防潮湿，防曝晒，防风沙，防止温度急剧升降。

5.2 标志

5.2.1 产品标志

产品标志应采用铭牌、标签、涂刷等不易损坏的方式固定在包装容器上。产品标志的内容应包括产品名称、蜜源种类、等级、生产日期或批号、编号、生产者或经销者的名称。

5.2.2 包装储运标志

包装储运标志应符合 GB/T 191 的规定。

NY/T 638—2002 蜂王浆生产技术规范

1 范围

本标准规定了蜂王浆生产的技术要求、操作方法、标志、包装、储存、运输等。

本标准适用于蜂王浆的生产。

2 术语和定义

蜂王浆 royaljelly

是哺育蜂舌腺和上颚腺的混合分泌物，是蜂王生命活动中的主要食物。又称蜂皇浆、王浆、蜂乳、王乳等。

3 蜂王浆生产的技术要求

3.1 生产蜂群

无传染性疾病的健康蜂群，群势达6框蜂以上，蜜粉饲料充足。

3.2 工具和设备

3.2.1 采浆框

外围尺寸与巢框一致，为长448 mm，高232 mm。上梁长480 mm，宽13 mm，厚20 mm；边条宽13 mm，厚10 mm；台基板条宽13 mm，厚81 mm。每框安装3～5条台基板条。台基板条可自由拆装。

3.2.2 台基条

用无毒塑料制造，每条可放25～33个杯形台基。

3.2.3 台基

用无毒塑料制造，台基高12 mm，台口内径为9～12 mm。

3.2.4 移虫针

采用牛角或无毒塑料舌片制成。

3.2.5 取浆器具

用无毒、不污染蜂产品的材料制作，也可采用小型真空吸浆器。

3.2.6 其他用具及设备

镊子、刀片、盛浆瓶、冰箱或冰柜、纱布、毛巾、消毒酒精、浆框盛放箱、巢脾承托盘等。

3.3 生产蜂群的组织

3.3.1 原群组织法

用隔王板将蜂群隔成繁殖区和生产区，生产区内放1～2张蜜粉脾，1～2 张幼虫脾，其余为封盖子脾，采浆框插在幼虫脾与蜜粉脾或封盖子脾之间，繁殖区放卵虫脾、空脾、即将或开始出房的蛹脾、蜜粉脾，使生产群蜂脾相称或蜂略多于脾。

3.3.2　多群拼组法

如外界气候、蜜源条件良好，而蜂群群势尚不足，可采用多群拼组法，提前生产蜂王浆。即于生产蜂王浆前一周，将数群非生产群中的正在出房的老熟子脾及刚出房的幼蜂提入预定的生产群。一周后，生产蜂群群势达 8 框以上。在巢、继箱之间加隔王板，使继箱为无王生产区，巢脾摆放同原群组织法。

3.4　蜂王浆生产蜂群的管理

3.4.1　刚开始生产蜂王浆，蜂群群势较弱，王台基数量要适当，做到量群定台，群势密集，蜂略多于脾。

炎热季节，注意给蜂群遮荫或将蜂群放在树阴下，扩大巢门，打开箱底纱窗。高温干旱时，要在每天上午 11 时和下午 2 时，用打湿的覆布或毛巾盖在铁纱副盖上，或在巢内加饲喂器喂水，便于蜜蜂吸水降温和保持巢内湿度。

3.4.2　检查调整群势

每隔 5～7 天检查调整一次蜂群。检查调整时，将繁殖区的新封盖子脾和 1～2 张幼虫脾调到生产区，将生产区内的正在出房子脾调到繁殖区。检查时，注意清除自然王台，以免影响王台接受率和蜂群发生自然分蜂。

3.5　生产蜂王浆的工序

3.5.1　安装台基

将台基条固定在采浆框上。

3.5.2　清扫台基

生产蜂王浆前，将新组装好的采浆框插入生产群内，让工蜂清理 12 h 左右。

3.5.3　点浆

新台基经过工蜂清扫后，临移虫时往其底部点少许新鲜蜂王浆，以提高蜂群对移入幼虫的接受率。

3.5.4 移虫

用移虫针把1日龄左右的幼虫从巢脾的蜂房中移出，放在台基底部的中央，每个台基一只。

3.5.5 补虫

将采浆框插入蜂群后，过3～5 h提出，对未接受的台基补移一次幼虫。

3.5.6 提框

移虫后48～72 h，将采浆框从蜂群中提出，轻轻抖落框上蜜蜂，然后用蜂刷把框上的余下蜜蜂扫落到原巢箱门口。把采浆框放于浆框盛放箱，及时运回取浆室。

3.5.7 割台

用锋利削刀将台基加高的部分割去。割台时，要使台口平整，不要将幼虫割破。

3.5.8 捡虫

用镊子将幼虫捡出，不慎割破或夹破的幼虫，要把台内的王浆取出另装。

3.5.9 取浆

用取浆器具取浆。尽可能取净王浆，取出的王浆暂存于盛浆容器中。

3.5.10 清台

未被接受的台基内往往有赘蜡，及时清理台基。

3.5.11 王浆采收完成后立即密封，标明重量、日期、产地，并尽快将其放到冰箱或冰柜中冷冻保存。

3.6 技术措施

3.6.1 蜂种

从育种单位引进蜂王浆优质高产种蜂王，培育生产王浆用王，杂交王只使用一代。

3.6.2 保持巢内有充足的饲料，并适当奖励饲喂。

3.6.3　根据群势和蜜源条件决定用台数量。

3.6.4　掌握移虫和取浆时间，72 h 取浆。

3.6.5　取浆人员及用具卫生

蜂王浆采收人员要健康，穿工作服，戴工作帽、口罩，保持手和工作服清洁，一切接触蜂王浆的用具，取浆前要用 75%的酒精消毒。取浆房间要保持清洁，定期消毒。

4　标志

产品包装上应注明下述内容：产品名称、花种、蜂种、产地、净含量、毛重、皮重、生产日期、收购日期、送货单位、检验人等。

5　包装

包装应采用符合食品卫生要求的带盖塑料瓶或桶。用前要清洗干净，并用 75%的食用酒精消毒，晾干再用。

6　储存、运输

6.1　储存

6.1.1　蜂王浆采收后，应及时储存在－18℃的条件下。产品应按生产日期、花种、产地分别码放。

6.1.2　产品不得与有异味、有毒、有腐蚀性和可能产生污染的物品同库存放。

6.2　运输

6.2.1　运输工具应清洁干净，产品应低温运输，不得与有异味、有毒、有腐蚀性、放射性和可能发生污染的物品同装混运。

6.2.2　发运前对包装箱进行检查，转运过程中要避免高温、日晒、雨淋。

NY/T 637—2002　蜂花粉生产技术规范

1　范围

本标准规定了蜂花粉采收蜂群、采收器具、采收技术、干燥方法、储存和运输要求。

本标准适用于活框蜂箱饲养的蜂群生产蜂花粉。

2 规范性引用文件

下列文件中的条款通过本标准的引用而成为本标准的条款。凡是注日期的引用文件，其随后所有的修改单(不包括勘误的内容)或修订版均不适用于本标准，然而，鼓励根据本标准达成协议的各方研究是否可使用这些文件的最新版本。凡是不注日期的引用文件，其最新版本适用于本标准。

GB/T 191 包装储运图示标志

3 术语和定义

3.1

蜂花粉 bee poilen

蜜蜂采集被子植物雄蕊花药或裸子植物小孢子囊内的花粉细胞，形成的团粒状物。

3.2

碎蜂花粉 bee toollen debris

团粒状蜂花粉的破碎物。

3.3

蜂花粉采收蜂群 colonies for poilen-getting

用于采收蜂花粉的蜂群称为蜂花粉采收蜂群，简称“采粉群”。

3.4

脱粉器具 poilen trap

截留归巢蜜蜂后足携带蜂花粉的器具。

3.5

蜜粉脾 honey and pollen comb

大多数巢房内是蜂蜜、蜂花粉或蜂粮的巢脾。

3.6

主要粉源植物

数量多、分布广、花粉丰富，可供蜂群生产蜂花粉的植物。

4 蜂花粉采收蜂群管理

4.1 蜂花粉采收前的准备

采取蜂花粉前约45天，开始培育适龄采集蜂并淘汰老劣蜂王，适当调整群势，使其成为具有较强群势的采粉群。

4.2 采粉群的管理

抽出部分蜜粉脾，以刺激蜜蜂采集花粉的积极性。

外界缺乏蜜源时，要酌情进行奖励饲喂。蜂群失王时，应及时诱入产卵蜂王；要适时调整蜂巢，为蜂王产卵创造条件。

4.3 采粉群的陈列

采粉蜂场位置需阳光充足，干燥避风，箱门背朝常年主导风向，远离污染源(农药、粉尘、传染病疫区、废渣、废气等)。采收蜂花粉前，应将蜂箱前壁和巢门板清理干净，并保持蜂箱及周围环境的清洁。

摆放成排的蜂群，应当全部同时脱粉，如不同时脱粉，应用隔离物将脱粉群与不脱粉群隔开，以避免脱粉群的采集蜂偏集到未安装脱粉器的蜂群。

5 脱粉器具的安装

5.1 应选择结构简单，脱粉孔径合适，不伤蜂体，能很好保持蜂花粉团粒完整、清洁、不易混入杂质的脱粉器具。

5.2 安放脱粉器具时，要保持脱粉器具与蜂箱箱体间的紧密结合，保证工蜂只能通过脱粉器具出入蜂箱。

5.3 使用无集粉装置的巢门脱粉器具时，应事先将蜂箱后部垫高10 cm，清扫干净巢门板及箱前地面，并铺设2张重叠的干净白纸或牛皮纸，下面一张比上面一张大一些，收集蜂花粉时，只拿起上面的一张，以免带入纸底所沾尘土。严禁使用油毛毡或有毒塑料等制作脱粉器具或其衬垫。

6 蜂花粉的采收细则

6.1 主要粉源植物开花吐粉，蜜蜂能采到大量花粉时，可按本规范要求组织蜂群采收蜂花粉。

6.2 脱粉应在每天蜂群采粉高峰期进行，脱粉时间长短应以不影响蜂群的正常需要为原则。

6.3 每天脱粉结束时，要及时收取脱下的蜂花粉，在脱粉器内置放的时间不得超过 8 h。闷热天气，用带集粉盒的巢门脱粉器采收蜂花粉时，应每 2 h 收取一次盒内的蜂花粉。

6.4 收取蜂花粉时，动作要轻，以免蜂花粉团破碎。每天脱下的蜂花粉收取完后，要将脱粉器具清洗干净，以便下次使用。

7 蜂花粉的干燥

用脱粉器具采收的新鲜蜂花粉除立即置－5℃以下冻存外，均需用适当方法干燥至含水量 8%以下，以防发酵和霉变。

7.1 阳光晒干

将采收到的新鲜蜂花粉均匀地摊在干净的纸或布上，厚度 1～2 cm，罩上防蝇防尘纱网，置阳光下照晒，日晒过程中应勤翻动，翻动时动作轻缓，避免团粒破碎。

蜂花粉晾晒地点应远离公路、铁路和有扬尘的地方。

7.2 自然风干

将采收到的新鲜蜂花粉摊在干净的细纱网上，厚度不超过 2 cm，放在丁燥通风处自然风干。该法系阴雨天的应急措施，难以使蜂花粉含水量降至 8%以下，还需采用其他方法继续干燥。

7.3 日晒通风干燥

将采收的新鲜蜂花粉摊放在用架撑起（离地面 80～100 cm）的细纱网上，在阳光充足的地方晾晒通风干燥。

7.4 热风干燥

将新鲜蜂花粉均匀地摊在干净细纱网上，厚度约 2 cm，在特制的干燥箱中或干燥室内用热风机吹干，干燥温度保持不超过 48℃。

7.5 变色硅胶干燥

将蜂花粉和变色硅胶按 15∶1（重量比）的比例交替堆叠在密封干燥箱中干燥，使蜂花粉的含水量降至 8%以下。变色硅胶需用 4～5 层纱布包好。吸水后变为红色的变色硅胶于 150℃烘烤，恢复蓝色后可再次使用。

7.6　远红外线干燥

将采收到的新鲜蜂花粉放入远红外花粉干燥箱中加热干燥，箱内温度不超过 48℃。

7.7　冷冻干燥

将采收的新鲜蜂花粉放在冻干机中冷冻干燥。

8　包装、运输、储存

8.1　包装

8.1.1　包装材料应干燥、清洁、无异味，不影响蜂花粉品质，符合食品卫生标准。

8.1.2　包装要牢固，防潮，整洁，便于装卸、仓储和运输。

8.1.3　包装储运图示标志应符合 GB 191 规定。

8.2　运输

所使用的运输工具应保持清洁、干燥、无异味；运输时应防潮、防雨、防曝晒、防风沙；装卸时轻放轻卸，严禁与有毒、有害、有异味、易污染的物品混装混运。

8.3　储存

8.3.1　产品应储于清洁、干燥、阴凉、无异味的专用仓库（温度在5℃以下）中，冷库周围应无异味。或者用真空充氮储存。

8.3.2　短期临时存放，应经过干燥和密封处理后存于阴凉干燥处。

8.3.3　不同产地、花种、等级或不同季节采集的产品应分别储存。

8.3.4　储存场所应清洁卫生，不得与有毒、有害、有异味的物品同处储存。

蜜蜂病虫害综合防治规范（国家标准）

1　范围

本标准规定了蜜蜂病虫害防治工作的基本原则和技术方法。

本标准适用于我国各种规模的定地和转地蜂场使用。

2　规范性引用文件

下列文件中的条款通过本标准的引用而成为本标准的条款。凡是注日期的引用文件，其随后所有的修改(不包括勘误的内容)或修订版不适用于本标准，然而，鼓励根据本标准达成协议的各方研究是否可使用这些文件的最新版本。凡是不注日期的引用文件，其最新版本适用于本标准。

GB 9828　蜂蜜包装

GB 191　包装储运图示标志

GB/T 4789.2　食品卫生微生物学检验 菌落总数测定

GB/T 4789.3　食品卫生微生物学检验 大肠菌群测定

GB/T 4789.4　食品卫生微生物学检验 沙门氏菌检验

GB/T 4789.5　食品卫生微生物学检验 志贺氏菌检验

GB/T 4789.10　食品卫生微生物学检验 金黄色葡萄球菌检验

GB/T 4789.15　食品卫生微生物学检验 霉菌和酵母菌计数

3　蜜蜂病虫害预防要求

3.1　蜂场场址的选择

3.1.1　蜂场要选择在地势高燥、背风向阳、温度适宜、远离噪声的地方。距离铁路、公路、大型公共场所 500 m 以上。

3.1.2　附近有充足、良好的水源；供电和交通方便。

3.1.3　定地蜂场周围 3 000 m 内要求有两种以上主要蜜源，并有充足的辅助蜜、粉源；同时要避开有毒蜜、粉源植物。

3.1.4　蜂场应选在污染较重的化工厂、矿区、农药厂、农药仓库、垃圾处理场及经常喷施农药的果园和菜地的上风头，直线距离3 000 m 以上处。

3.1.5　蜂场应距离糖厂等生产含糖高食品的工厂 3 000 m 以上；蜂场要避开江河、水库，以免造成蜜蜂落水。

3.1.6　蜂场正前方要避开路灯、诱虫灯等强光源照射，以免造成蜜蜂夜晚飞去。

3.2　蜂场管理要求和卫生制度

3.2.1　要注意保持蜂场清洁卫生，蜂尸、杂物至少每星期清扫一次。在传染病发病期间，每天一次，并将清扫物深埋或焚烧，并在蜂场地面撒生石灰，然后洒少量水，以起到消毒作用。

3.2.2　蜂箱、蜂具按规定进行消毒，发霉变质、被巢虫蛀咬或传染病发生后的巢脾要淘汰化蜡。不用来路不明或有蜜蜂病原体污染的饲料喂蜂，急需补饲的可用白糖或花粉代用品替代。

3.2.3　蜂场要有库房，库房墙壁、地面应易于消毒处理，库房内要保持清洁，蜂产品与蜂具在库房内要分类摆放，灭鼠。

3.2.4　不到传染病发病区域购蜂或放蜂。

3.2.5　隔离

发现传染病，应立即将病群隔离。首先要对蜂群逐群进行检查，根据检查结果分成病群、疑似病群和假定健康群 3 类，分别处理。

3.2.5.1　病群

有典型症状的发病蜂群，选择距离蜂场 3 000 m 以外、不易散播病原体、消毒处理方便的地方隔离治疗。病蜂的蜂产品、蜂具等不得带回健康蜂场。如果属国内首次发现的传染性病害或烈性传染病，应予以焚烧处理。

3.2.5.2　疑似病群

没有症状但与病蜂群有密切接触的蜂群，其病害可能处于潜伏期，应另选地方与健康蜂群相隔 3 000 m 以上进行隔离观察，也可预防性给药。在没有病蜂出现，又过了传染病潜伏期 2 倍的时间后，经过全面消毒，可以解除隔离。

3.2.5.3　假定健康群

与病群没有密切接触的邻近蜂场的蜂群可以进行观察，必要时转移到其他地方。隔离的病群在没有病蜂出现，又过了该传染病潜伏期 2 倍的时间后，经过全面消毒，可以解除隔离。如果经过传染病后蜂群十分衰弱，失去经济价值，又有带菌（毒）危险的应该淘汰，焚烧蜂群。

3.3 消毒

3.3.1 消毒方式

3.3.1.1 预防性消毒

蜂场周围环境、蜂具、蜂箱、仓库等，一般每年在春季蜂箱陈列时和秋末各进行一次消毒。

3.3.1.2 随时消毒

在传染病发生时对被病蜂群污染的蜂箱、蜂具、工作人员的衣物和蜂场的环境等进行一次彻底消毒。

3.3.1.3 终末消毒

在病蜂群解除隔离之前对隔离区的蜂箱、蜂具等各种用具及环境进行消毒。

3.3.2 消毒方法

3.3.2.1 机械性消毒

包括清扫铲刮、洗涤和通风等，清扫和铲刮的污物要深埋、焚烧或经其他药物处理。机械性消毒必须配合其他消毒方法进行，例如化学方法。

3.3.2.2 物理消毒法

包括日晒、烘烤、灼烧、煮沸等。直射的阳光下病毒、细菌几分钟或几小时全部被杀死；一些小型蜂具、覆布和工作服采取煮沸消毒的方法，煮沸的时间一般为 15～30 min，煮沸 1～2 h 可以消灭所有的病原体；烘烤和灼烧的方法用于蜂箱、金属蜂具消毒；蒸汽消毒与煮沸消毒效果相似，但消毒时间要延长到煮沸时间的一倍以上，用于不能直接与水接触的物品消毒。

3.3.2.3 化学消毒法

按本标准附录 A 的规定执行。

3.3.2.4 外来饲料的消毒

蜂蜜加少量水，加热煮沸 30 min，饲料蜂花粉经蒸汽消毒 1 h 以上，消灭引起蜜蜂各种传染性病虫害的病原体。

4　蜜蜂的传染性病虫害

4.1　蜜蜂传染性病虫害的治疗原则

蜜蜂传染性病虫害的治疗原则为对症下药，禁止滥用药物，按剂量给药。大流蜜前一个月停止蜂群用药。无论哪个时期使用化学药物、抗生素，到大流蜜初期要彻底清除巢内存蜜；如在大流蜜过后用药，含药物的存蜜可暂存巢内，但对此蜜脾要有记号区分。大流蜜前，使用药物治疗的蜂群，其生产的蜂产品不能食用，应作为非食品、制药及工业原料。提倡使用植物药物防治蜜蜂病虫害。

4.2　蜜蜂主要传染病、原虫病的常用药物

蜜蜂主要传染性、原虫病的防治见表1至表3。

表1　蜜蜂细菌性传染病及其防治

类别	病名	病原	危害	常用剂量（10框蜂每次用量）
幼虫病	美洲幼虫腐臭病	幼虫芽孢杆菌 G^+	封盖后幼虫死亡	红霉素0.05 g喷雾或饲喂，隔日一次，连用5～7次为一疗程
	欧洲幼虫腐臭病	蜂房蜜蜂球菌 G^+	2～3日龄幼虫死亡	
成蜂病	蜜蜂败血病	蜜蜂败血杆菌 G^-	成蜂死亡解体	氟哌酸0.025 g喷雾或饲喂，隔日一次，连用5～7次为一疗程
	蜜蜂副伤寒	副伤寒杆菌 G^-	成蜂腹泻、死亡	

表2　蜜蜂螺原体病和病毒病及其防治

类别	病名	病原	危害	常用剂量（10框蜂每次用量）
成蜂螺原体病	蜜蜂螺原体病	蜜蜂螺原体	成蜂死亡	红霉素0.05 g喷雾或饲喂，隔日一次，连用5～7次为一疗程
幼虫病毒病	囊状幼虫病	囊状幼虫病毒	封盖后幼虫死亡	盐酸金刚烷胺片0.05 g喷雾或饲喂，隔日一次，连用5～7次为一疗程，对病毒有一定抑制作用
蛹病毒病	蜜蜂蛹病	蛹病毒	蛹死亡	

续表 2

类别	病名	病原	危害	常用剂量（10 框蜂每次用量）
成蜂病	慢性麻痹病 急性麻痹病 云翅病毒病 克什米尔病毒病等	慢性麻痹病病毒 急性麻痹病病毒 云翅病毒病病毒 克什米尔病毒病病毒	成蜂死亡	盐酸金刚烷胺片 0.05 g 喷雾或饲喂，隔日一次，连用 5～7 次为一疗程，对病毒有一定抑制作用

表 3　蜜蜂真菌病和原虫病及其防治

类别	病名	病原	危害	常用剂量（10 框蜂每次用量）
幼虫真菌病	白垩病	蜂球囊菌	幼虫呈石灰质状	①制霉菌素 10 万 IU ②大黄苏打片 1 片 其中一种喷雾或饲喂，隔日一次，连用 5～7 次为一疗程
	黄曲霉病	黄曲霉菌	幼虫呈石子状，成蜂死亡	
蜂王真菌病	蜂王卵巢黑变病	黑色素沉积真菌	蜂王生殖系统变黑	
成蜂原虫病	孢子虫病	蜜蜂微孢子虫	成蜂下痢死亡	1 000 mL 糖浆中加入 4 mL 食醋，250 mL/次，2～3 天一次，连用 4～5 次为一疗程
	阿米巴原虫病	马氏管变形虫	成蜂下痢死亡	

4.3　适用于蜜蜂传染病的中草药见表 4。

表 4　适用于蜜蜂传染病的中草药

名称	剂量（10 框蜂一次用量 干品）/g	作用范围
金银花	20	细菌、病毒、真菌
大青叶	10～15	细菌、病毒
板蓝根	30	细菌、病毒
金沙藤（海金沙）	15～30	细菌、病毒
穿心莲	15	细菌

续表 4

名 称	剂量(10 框蜂一次用量 干品)/g	作用范围
马齿苋	30	细菌
菊花	20	细菌、病毒

注意事项:①以上植物药物按所给剂量,水煎后浓缩成 250～500 mL,并按 1∶1 比例加入砂糖,可一次喂蜂 10 框,一般隔日喂一次。

②以上药物均为单方使用,重量是指干品重。也可根据经验配伍使用,但应注意配伍禁忌。

4.4 大、小蜂螨综合防治技术规范

4.4.1 大、小蜂螨寄生率和寄生密度测定

$$\text{寄生率}=\frac{\text{有螨蜂数(或有螨蜂房数)}}{\text{检查蜂数(或检查蜂房数)}}\times 100\%$$

$$\text{寄生密度}=\frac{\text{大蜂螨总数}}{\text{检查蜂数(或检查蜂房数)}}$$

4.4.2 蜂螨防治原则

4.4.2.1 几种杀螨剂交替使用,杀螨剂应使用高效低毒的除虫菊酯类药物,或其他高效低毒的替代产品。

4.4.2.2 根据蜂螨生物学特性,结合化学防治采用扣王断子和割除雄蜂脾等生物学防治措施综合治螨。

4.4.2.3 根据各地区蜂螨周年数量变化规律,为保证螨寄生率常年控制在为害水平以下,即花期前螨寄生率为 3%(不超过 5%)。每年用药次数 1～3 次为宜。用药时间一般在春繁和秋季断子时。生产期用药,应在两个主要花期之间,距离流蜜期 1 个月。

4.4.3 杀螨剂

杀螨剂使用马扑立克(氟胺氰菊酯),用法为将马扑立克乳油吸附于木质或塑料载体上,悬挂于蜂箱中。用量为 1～2 片/箱/次,最后一次施药距取蜜时间应不少于 1 个月。

5 蜜蜂的非传染性疾病

蜜蜂的非传染性疾病包括遗传疾病、因不良饲养条件而引起的疾

病和中毒性疾病等。遗传疾病和因不良饲养条件而引起的疾病应去除相关病因、根据情况对症治疗，重视改善饲养条件和抗病育种，引进优良蜂王，及时换种。中毒性疾病分花粉、花蜜等中毒和化学中毒两类。

5.1 花粉、花蜜等中毒

能引起蜜蜂中毒的植物及其有毒成分见表5。

表5 引起蜜蜂花粉、花蜜中毒的植物及其有毒成分表

植物名称	有毒成分
藜芦、毛茛、乌头、杜鹃、苦皮藤、博落回、羊踯躅、曼陀罗、喜树	生物碱、糖苷、毒蛋白、多肽、胺类、草酸盐、多糖等
甘露蜜	糊精、无机盐
茶花	花蜜中的半乳糖
枣花	生物碱、钾含量过高
油茶	花蜜中的半乳糖

5.1.1 花粉、花蜜等中毒防治及其原则

5.1.1.1 正确选择蜜源场地，避开有毒蜜源植物。

5.1.1.2 发现中毒，及时从蜂箱中取出有毒的蜜脾、粉脾，予以销毁。

5.1.1.3 饲喂糖水比为1∶2的淡糖浆。

5.1.1.4 甘露蜜中毒时可用复合维生素B 5片、酵母片15片，加入1 kg糖水，喂蜂10框，每日1次，连用2～3次。

5.1.1.5 茶花、油茶中毒时，摇出巢内储蜜，并饲喂糖浆，以避免茶花、油茶花蜜使幼虫中毒。

5.1.1.6 枣花中毒时，可在1 kg糖浆中加4%～5%食醋，喂蜂10框，每日1次，连用2～3次。

5.2 化学中毒

常见的化学中毒包括化学农药中毒和工业烟雾、粉尘、废水中毒。

5.2.1　化学农药中毒

能使蜜蜂中毒的化学农药包括有机氯类农药、拟除虫菊酯类农药、有机磷类农药和氨基甲酸酯类农药等。

5.2.1.1　化学农药中毒防治原则

5.2.1.1.1　事先向有关部门了解所施农药种类和施药时间，对蜂群毒性大时，应尽早撤离；毒性较小，暂闭巢门 1～2 天，同时打开蜂箱通气窗。

5.2.1.1.2　蜂场要设在喷药危险区的上风头，并距施药区 1 500 m 以上。

5.2.1.1.3　发现中毒，及时从蜂箱中取出污染的蜜脾、粉脾，予以销毁。

5.2.1.1.4　蜂群饲喂糖水比为 1∶4 的淡糖浆，农药中毒时，可在糖浆中加 0.1%食用碱，或 10 框蜂所用糖水中加入 1 片大黄苏打片。

5.2.1.1.5　有机磷农药中毒时，每 10 框蜂用 0.1～0.2 g 解磷定，或 0.05～0.1 mg 硫酸阿托品，加入 500 mL 淡糖浆喷脾或饲喂。第一天 2 次，以后每日 1 次，连用 3～4 次。

5.2.2　工业烟雾、粉尘、废水中毒

蜂场要设在工业区的上风头，并距离工业区 3 000 m 以上，避开污染源。

附 录 A

（规范性附录）

化学消毒药物及使用方法

表 6　化学消毒药物及使用方法

名称	常用浓度（%）和作用时间	配制	作用范围	使用方法	备注
84 消毒液	0.4%作用 10 min 用于细菌污染物，5%作用 90 min 用于病毒污染物	水溶液	细菌 芽孢 病毒 真菌	蜂箱、蜂具洗涤，巢脾浸泡，金属物品洗涤时间不宜过长	日用百货店有售，避光储存
漂白粉	5%～10%作用 0.5～2 h	水溶液	细菌 芽孢 病毒 真菌	蜂箱洗涤，巢脾、蜂具浸泡 1～2 h，金属物品洗涤时间不宜过长；水源消毒：1 m^3 河水、井水加漂白粉6～10 g，30 min 后可以饮用	
食用碱（Na_2CO_3）	3%～5%水溶液作用 0.5～2 h	水溶液	细菌 病毒 真菌	蜂箱洗涤，巢脾（2 h）、蜂具、衣物浸泡 0.5～1 h，越冬室、仓库墙壁、地面喷洒	
石灰乳	10%～20%水溶液	1 份生石灰加水 1 份制成消石灰，再加水配成 10%～20%悬液	细菌 芽孢 病毒 真菌	10%～20%水溶液粉刷越冬室、工作室、仓库墙壁、地面；现配消石灰粉，撒布蜂场地面	现配现用

续表 6

名称	常用浓度(%)和作用时间	配制	作用范围	使用方法	备注
饱和食盐水	36%水溶液作用4 h以上	水溶液	细菌 真菌 孢子虫 阿米巴 巢虫	蜂箱、巢脾、蜂具、浸泡4 h以上	
冰醋酸	98%～80%熏蒸1～5天	10～20 mL/箱	蜂螨 孢子虫 阿米巴 蜡螟的幼虫和卵	每只蜂箱用80%～98%冰醋酸10～20 mL,洒在布条上,每个装好欲消毒巢脾的继箱挂一片。将箱体摞好,糊好缝,盖好箱盖熏蒸24 h。气温低于18℃,要熏蒸3～5天	
福尔马林	2%～4%福尔马林水溶液	1份福尔马林加水9～18份	细菌 芽孢 病毒 孢子虫 阿米巴	2%～4%福尔马林水溶液喷洒越冬室、工作室、仓库墙壁、地面,也可1～3 g/m³加热熏蒸;4%福尔马林水溶液浸泡蜂箱、巢脾、蜂具12 h	注意密闭
	原液熏蒸	每只继箱用量:福尔马林10 mL、热水5 mL、高锰酸钾10 g	细菌 芽孢 病毒 孢子虫 阿米巴	福尔马林和热水加入容器,放入摞好的箱体中,蜂箱间用纸糊好,再加入高锰酸钾立即盖好,密闭12 h;室内消毒:每立方米30 mL福尔马林、30 mL水、18 g高锰酸钾	注意密闭

续表 6

名称	常用浓度(%)和作用时间	配制	作用范围	使用方法	备注
硫磺(燃烧时产生二氧化硫)	粉剂熏蒸 24 h 以上,2~5 g/箱		蜂螨 螟蛾 巢虫 真菌	5 个蜂箱为一体,每个继箱 8 张巢脾,巢箱中放一瓷容器。使用时,将燃烧的木炭放入容器内,立即将硫磺撒在木炭上,密闭蜂箱,熏蒸 12 h 以上	由于该药对卵、蛹无效,每隔 7 天要重复一次。连续重复 2~3 次

注意事项:①根据消毒药的类型与本蜂场的常见病、多发病选择消毒药。

②无论使用何种化学消毒剂,以浸泡和洗涤形式处理的,消毒过后用清水将药品洗涤干净,巢脾用分蜜机摇出巢中水分;熏蒸消毒的蜂具等,应在流通空气中放置 72 h 以上。

③巢脾上如有花粉等存在,其消毒浸泡时间,可视药品作用时间而适当延长,以达到消毒确实的目的。

食品动物禁用的兽药及其他化合物清单

序号	兽药及其他化合物名称	禁止用途	禁用动物
1	β-兴奋剂类:克罗特罗 Clenbuterol、沙丁胺醇 Salbutamol、西马特罗 Cimaterol 及其盐、酯及制剂	所有用途	所有食品动物
2	性激素类:己烯雌酚 Diethylstibestrol 及其盐、酯及制剂	所有用途	所有食品动物
3	具有雌激素样作用的物质:玉米赤霉醇 Zeranlo、去甲雄三烯醇酮 Trenbolone、醋酸甲孕酮 Mengestrol Acetate 及制剂	所有用途	所有食品动物
4	氯霉素 Chloramphenicol 及其盐、酯(包括琥珀氯霉素 Chloramphenicol Succinate)及制剂	所有用途	所有食品动物

续表

序号	兽药及其他化合物名称	禁止用途	禁用动物
5	氨苯砜 Dapsone 及制剂	所有用途	所有食品动物
6	硝基呋喃类:呋喃唑酮 Furazolidone、呋喃它酮 Furaltadone、呋喃苯烯酸钠 Nifurstyrenatesodium 及制剂	所有用途	所有食品动物
7	硝基化合物:硝基酚钠 Sodium nitrophenolate、硝呋烯腙 Nitrovin 及制剂	所有用途	所有食品动物
8	催眠、镇静类:安眠酮 Methaqualone 及制剂	所有用途	所有食品动物
9	林丹(丙体六六六)Lindane	杀虫剂	水生动物
10	毒杀芬(氯化烯)Camahechlor	杀虫剂、清塘剂	水生动物
11	呋喃丹(克百威)Carbofuran	杀虫剂	水生动物
12	杀虫脒(克死螨)Chlordimeform	杀虫剂	水生动物
13	双甲脒 Amitraz	杀虫剂	水生动物
14	酒石酸锑钾 Antimony potassium tarttate	杀虫剂	水生动物
15	锥虫胂胺 Tryparsamide	杀虫剂	水生动物
16	孔雀石绿 Malachite green	抗菌、杀虫剂	水生动物
17	五氯酚酸钠 Pentachlorophenol sodium	杀螺剂	水生动物
18	各种汞制剂包括:绿化亚汞(甘汞)Calomel、硝酸亚汞 Mercurous nitrate、醋酸汞 Mercurous acetate、吡啶基醋酸汞 Pyridyl mercurous acetate	杀虫剂	所有食品动物
19	性激素类:甲基睾丸酮 Methylaestosterone、丙酸睾酮 Testosterone Propionate、苯丙酸诺龙 Nandrolone Phenylpropionate、苯甲酸雌二醇 Estradiol Benzoate 及其盐、酯及制剂	促生长	所有食品动物

续表

序号	兽药及其他化合物名称	禁止用途	禁用动物
20	催眠、镇静类：氯丙嗪 Chlorpromazine、地西泮(安定)Diazepam 及其盐、酯及制剂	促生长	所有食品动物
21	硝基咪唑类：甲硝唑 Metronidazole、地美硝唑 Dimetronidazole 及其盐、酯及制剂	促生长	所有食品动物

中国养蜂学会对养蜂生产的用药要求

(1)禁用药物：

①氯霉素及其盐、酯(包括琥珀氯霉素)及制剂；

②氨苯砜及制剂；

③硝基呋喃类：呋喃唑酮、呋喃它酮、呋喃苯烯酸钠及制剂；

④硝基咪唑类：甲硝唑、地美硝唑及其盐、酯及制剂；

⑤杀虫脒(克死螨)；

⑥毒杀芬(氯化烯)；

⑦激素类等。

(2)慎用、少用最好不用的蜂药药物：

①其他抗生素；

②双甲脒(螨克)。

(3)凡曾用过氯霉素及其制剂的蜂群，要求更换旧巢脾。

(4)做好用药记录，严格遵守休药期。

参考文献

[1] 中国兽药典委员会. 中华人民共和国兽药典使用指南(2005 年版). 北京:中国农业出版社,2006.

[2] 周婷,王强,姚军. 巧防巧治蜜蜂病敌害. 北京:中国农业出版社,2004.

[3] 舒惠国. 国外畜牧业选编. 北京:中国农业科学技术出版社,2002.

[4] 张复兴. 现代养蜂生产. 北京:中国农业大学出版社,1998.

[5] 袁耀东. 简明养蜂手册. 北京:中国农业大学出版社,2002.

[6] 徐万林. 中国蜜源植物. 哈尔滨:黑龙江科学技术出版社,1983.

[7] 梁诗魁. 中国蜜蜂植物及其利用. 北京:中国农业出版社,1993.

[8] 冯峰. 中国蜜蜂病理及防治学. 北京:中国农业科技出版社,1995.

[9] 安奎. 养蜂学. 台北:华香园出版社,2004.

[10] 陈黎红. 蜂产品标准化生产技术. 北京:中国农业大学出版社,2003.

[11] 中国药典委员会. 中华人民共和国药典(2000 年版). 北京:化学工业出版社,2006.

[12] 中国养蜂学会. 中国养蜂学会培训教程.

[13] Russell Goodman. Beekeeping. Creative Solutions,1991.

[14] Dadant & Son. The Hive and Honey Bee. 1998.

[15] CAC Codex 2001.

[16] Apimonida Congress XXXIII.

[17] Amerecan Beekeeping,2000-2006.

[18] Honey Science,2000-2006.

图书在版编目(CIP)数据

蜂产品/陈黎红，韩胜明主编．—北京：中国农业大学出版社，2007.7
（无公害农产品高效生产技术丛书）

ISBN 978-7-81117-165-5

Ⅰ.蜂…　Ⅱ.①陈…　②韩…　Ⅲ.①蜂产品-加工　②蜂产品-综合利用
Ⅳ.S896

中国版本图书馆 CIP 数据核字(2007)第 026484 号

书　　名　蜂产品
作　　者　陈黎红　韩胜明　主编

策划编辑　刘　军　赵　中　　**责任编辑**　韩元凤
封面设计　郑　川　　**责任校对**　陈　莹　王晓凤
出版发行　中国农业大学出版社
社　　址　北京市海淀区圆明园西路 2 号　　**邮政编码**　100193
电　　话　发行部 010-62731190,2620　　读者服务部 010-62732336
　　　　　编辑部 010-62732617,2618　　出　版　部 010-62733440
网　　址　http://www.cau.edu.cn/caup　　**E-mail**　cbsszs@cau.edu.cn
经　　销　新华书店
印　　刷　涿州市星河印刷有限公司
版　　次　2007 年 7 月第 1 版　　2008 年 9 月第 2 次印刷
规　　格　890×1 240　32 开本　11.125 印张　307 千字
印　　数　4 001～7 000
定　　价　16.00 元

特别说明

为提高“三农”图书的科学性、准确性、实用性，推进“三农”出版物更加贴近读者，使农民朋友确实能够“看得懂、用得上、买得起”的优秀“三农”图书进一步得到市场的认可、发挥更大的作用，中央宣传部、新闻出版总署和农业部于2006年6～7月份组织专家对“三农”图书进行了认真评审，确定了推荐“三农”优秀图书150种(套)(新出联〔2006〕5号)。我社共6种(套)名列其中：

无公害农产品高效生产技术丛书

新编21世纪农民致富金钥匙丛书

全方位养殖技术丛书

农村劳动力转移职业技能培训教材

科学养兔指南

养猪用药500问

这些图书自出版以来，深受广大读者欢迎，近来一次性较大量购买的情况较多，为方便团体购买，请客户直接到当地新华书店预购，特殊情况可与我社联系。联系人董先生，电话010-62731190，司先生，010-62818625。

中国农业大学出版社

2006年9月